油品储运实用技术培训教材

储运加热炉及油罐技术

中国石化管道储运有限公司　编

中国石化出版社

内 容 提 要

　　《储运加热炉及油罐技术》是《油品储运实用技术培训教材》系列教材之一，主要内容包括油罐和热工设备专业理论知识、原理结构与操作维护保养、设备修理、常见故障及案例分析等技术。

　　本书是针对输油站库操作人员进行员工岗位技能培训的必备教材，也是炉罐专业管理技术人员必备的参考书，同时也可作为炉罐修理施工人员的参考资料。

图书在版编目（CIP）数据

储运加热炉及油罐技术/中国石化管道储运有限公司编.
—北京：中国石化出版社，2019.11
油品储运实用技术培训教材
ISBN 978 - 7 - 5114 - 5553 - 6

Ⅰ.①储…　Ⅱ.①中…　Ⅲ.①储油设备 – 燃油加热炉
– 技术培训 – 教材②石油管道 – 燃油加热炉 – 技术培训 –
教材　Ⅳ.①TE974

中国版本图书馆 CIP 数据核字（2019）第 215380 号

中国石化出版社出版发行

地址：北京市东城区安定门外大街 58 号
邮编：100011　电话：(010)57512500
发行部电话：(010)57512575
http://www.sinopec-press.com
E-mail:press@sinopec.com
北京科信印刷有限公司印刷
全国各地新华书店经销

*

787 × 1092 毫米 16 开本 14.5 印张 358 千字
2020 年 1 月第 1 版　2020 年 1 月第 1 次印刷
定价:76.00 元

《储运加热炉及油罐技术》
编写委员会

主　　编：高金初

副 主 编：刘万兴

编　　委：(按姓氏音序排列)

鲍善彩　陈　勇　崔　林　康智明

刘　军　刘启超　马云修　彭　承

尚　强　王　铎　王　磊　王凌凤

吴　昌　吴德起　熊　宇　周佳佳

序

管道运输作为我国现代综合交通运输体系的重要组成部分，有着独特的优势，与铁路、公路、航空水路相比投资要省得多，特别是对于具有易燃特性的油气运输、资源储备来说，更有着安全、密闭等特点，对保证我国油气供应和能源安全具有极其重要的意义。

中国石化管道储运有限公司是原油储运专业公司，在多年生产运行过程中，积累了丰富的专业技术经验、技能操作经验和管道管理经验，也练就了一支过硬的人才队伍和专家队伍。公司的发展，关键在人才，根本在提高员工队伍的整体素质，员工技术培训是建设高素质员工队伍的基础性、战略性工程，是提升技术能力的重要途径。基于此，管道储运有限公司组织相关专家，编写了《油品储运实用技术培训教材》。本套培训教材分为《输油技术》《原油计量与运销管理》《储运仪表及自动控制技术》《电气技术》《储运机泵及阀门技术》《储运加热炉及油罐技术》《管道运行技术与管理》《储运 HSE 技术》《管道抢维修技术》《管道检测技术》《智能化管线信息系统应用》等 11 个分册。

本套教材内容将专业技术和技能操作相结合，基础知识以简述为主，重点突出技能，配有丰富的实操应用案例；总结了员工在实践中创造的好经验、好做法，分析研究了面临的新技术、新情况、新问题，并在此基础上进行了完善和提升，具有很强的实践性、实用性。本套培训教材的开发和出版，对推动员工加强学习、提高技术能力具有重要意义。

前　言

《储运加热炉及油罐技术》为《油品储运实用技术培训教材》其中一个分册，为油品储运单位输油运行操作人员岗位技能培训类教材，在编写时主要考虑满足员工岗位技能提升和培训工作需要。

本教材共分两部分十六章，第一部分为热工设备技术，包括第一章到第十章，第二部分为储油罐技术，包括第十一章到第十六章。第一章介绍热工设备基础理论知识，第二章介绍直接式加热炉原理结构与操作维护，第三章介绍热媒加热炉原理结构与操作维护，第四章介绍真空相变炉原理结构与操作维护，第五章介绍换热器原理结构与操作维护，第六章介绍锅炉原理结构与操作维护，第七章介绍燃烧器原理结构与操作维护，第八章介绍加热炉控制系统组成与维护，第九章介绍加热炉检测与修理，第十章介绍加热炉腐蚀、故障及案例分析，第十一章介绍油罐概述，第十二章介绍金属油罐的结构与附件，第十三章介绍油罐的使用维护，第十四章介绍油罐的清洗、检测和修理，第十五章介绍油罐故障及事故案例，第十六章介绍地下水封洞库。

本教材由中国石化管道储运有限公司高金初任主编，中国石化管道储运有限公司潍坊输油处刘万兴任副主编，第一章到第十章参加编写的人员有：中国石化管道储运有限公司设备处熊宇，襄阳输油处陈勇、尚强，徐州输油处王铎，邹城输油处王凌凤，特种作业彭承、康智明。第十一章到第十六章参加编写的人员有：中国石化管道储运有限公司设备处王磊，检测公司马云修，潍坊输油处吴德起，襄阳输油处尚强，南京输油处崔林，宁波输油处梁博一和周佳佳，黄岛油库吴昌，邹城输油处鲍善彩，黄岛储备基地刘启超，设备管理处刘军负责主要审核。中国石化出版社对教材的编写和出版给予了通力协作和配合，在此表示感谢！

由于本教材涵盖的内容较多，编写难度较大，编者水平有限，加之编写时间紧迫，书中难免存在错误和不妥之处，敬请广大读者对教材提出宝贵意见和建议，以便教材修订时补充更正。

目　录

第一部分　热工设备技术

第一章　热工设备基础理论知识……………………………………………（1）

第一节　热传递……………………………………………………………（1）

第二节　燃料气……………………………………………………………（2）

第三节　燃料油……………………………………………………………（5）

第四节　加热炉概述………………………………………………………（9）

第五节　加热炉主要技术指标……………………………………………（9）

第六节　加热炉热效率的提升……………………………………………（13）

第七节　加热炉污染物排放指标…………………………………………（15）

思考题………………………………………………………………………（16）

第二章　直接式加热炉原理结构与操作维护………………………………（17）

第一节　直接式加热炉概述………………………………………………（17）

第二节　直接式加热炉一般结构…………………………………………（20）

第三节　直接式加热炉运行操作…………………………………………（26）

第四节　直接式加热炉维护保养…………………………………………（28）

思考题………………………………………………………………………（29）

第三章　热媒加热炉原理结构与操作维护…………………………………（30）

第一节　热媒加热炉概述…………………………………………………（30）

第二节　热媒加热炉与直接式加热炉的主要区别………………………（30）

第三节　热媒加热炉一般结构……………………………………………（31）

第四节　热媒加热炉运行操作……………………………………………（34）

第五节　热媒加热炉维护保养……………………………………………（39）

思考题………………………………………………………………………（42）

第四章　真空相变炉原理结构与操作维护…………………………………（43）

第一节　真空相变炉概述…………………………………………………（43）

第二节　真空相变炉工作原理……………………………………………（43）

第三节　真空相变炉一般结构 ……………………………………………（43）

第四节　真空相变炉运行操作 ……………………………………………（46）

第五节　真空相变炉维护保养 ……………………………………………（49）

思考题 ………………………………………………………………………（49）

第五章　换热器原理结构与操作维护 ………………………………………（50）

第一节　管壳式换热器概述 ………………………………………………（50）

第二节　管壳式换热器一般结构 …………………………………………（51）

第三节　管壳式换热器运行操作 …………………………………………（53）

第四节　管壳式换热器维护保养 …………………………………………（54）

思考题 ………………………………………………………………………（55）

第六章　锅炉原理结构与操作维护 …………………………………………（56）

第一节　锅炉概述 …………………………………………………………（56）

第二节　锅炉分类 …………………………………………………………（58）

第三节　锅炉一般结构 ……………………………………………………（60）

第四节　锅炉运行操作 ……………………………………………………（61）

思考题 ………………………………………………………………………（67）

第七章　燃烧器原理结构与操作维护 ………………………………………（68）

第一节　燃烧器概述 ………………………………………………………（68）

第二节　Baltur 燃烧器结构组成 …………………………………………（68）

第三节　Baltur 燃烧器工作原理 …………………………………………（78）

思考题 ………………………………………………………………………（86）

第八章　加热炉控制系统组成与维护 ………………………………………（87）

第一节　加热炉控制系统概述 ……………………………………………（87）

第二节　加热炉控制系统组成 ……………………………………………（87）

第三节　加热炉控制系统主要功能 ………………………………………（89）

第四节　加热炉控制系统运行与维护 ……………………………………（94）

思考题 ………………………………………………………………………（97）

第九章　加热炉检测与修理 …………………………………………………（98）

第一节　加热炉炉管检测 …………………………………………………（98）

第二节　加热炉弯头检测 …………………………………………………（101）

第三节　加热炉对流室及炉膛清灰 ………………………………………（103）

第四节　加热炉炉管试压 …………………………………………………（104）

第五节　加热炉常规检测 …………………………………………………（105）

第六节　加热炉修理 ………………………………………………………（108）

思考题 ………………………………………………………………………（113）

第十章　加热炉腐蚀、故障及案例分析 ·· (114)

　第一节　加热炉腐蚀分析 ·· (114)

　第二节　加热炉常见故障及处理 ·· (116)

　第三节　加热炉案例分析 ·· (117)

　思考题 ·· (119)

第二部分　储油罐技术

第十一章　油罐概述 ·· (120)

　第一节　油罐发展简况 ·· (120)

　第二节　油罐类型与适用范围 ·· (121)

　思考题 ·· (122)

第十二章　金属油罐的结构与附件 ······································ (123)

　第一节　油罐基础 ·· (123)

　第二节　立式浮顶金属油罐 ·· (130)

　第三节　立式拱顶金属油罐 ·· (156)

　第四节　内浮顶油罐 ·· (159)

　思考题 ·· (159)

第十三章　油罐使用与维护 ·· (160)

　第一节　油罐的运行操作 ·· (160)

　第二节　维护保养 ·· (162)

　第三节　故障及处理措施 ·· (167)

　思考题 ·· (171)

第十四章　油罐检测与修理 ·· (172)

　第一节　油罐机械清洗 ·· (172)

　第二节　油罐检测 ·· (177)

　第三节　油罐大修 ·· (183)

　思考题 ·· (201)

第十五章　油罐故障及事故案例 ·· (202)

　第一节　油罐基础沉降风险 ·· (202)

　第二节　油罐浮顶沉没事故 ·· (205)

　第三节　油罐着火事故预防 ·· (209)

　第四节　油罐溢油事故 ·· (211)

第十六章　地下水封洞库 ·· (214)

　第一节　地下水封石洞储油原理 ·· (214)

第二节　地下水封石洞油库选址要求………………………………（214）

第三节　地下水封石洞油库的优缺点………………………………（215）

第四节　结构和附件…………………………………………………（216）

第五节　运行管理……………………………………………………（220）

思考题…………………………………………………………………（221）

第一部分 热工设备技术

第一章 热工设备基础理论知识

第一节 热传递

热传递（或称传热）是一个物理过程，指由于温度差引起的热能在物质间相互传递的现象。热传递过程中物质的热量产生变化、内能发生改变。

一、热传递的基本形式

热传递主要存在三种基本形式：热传导、热辐射和热对流。只要在物体内部或物体间有温度差存在，热能就必然通过以上三种方式中的一种或多种从高温到低温处传递。在实际的传热过程中，这三种方式往往是伴随着进行的。

1. 热传导

热传导又称为导热，是指当不同物体之间或同一物体内部存在温度差时，就会通过物体内部分子、原子和电子的微观振动、位移和相互碰撞而发生的能量传递现象。热传导是固体热传递的主要方式，在气体或液体等流体中，热的传导过程往往和对流同时发生。

2. 热对流

热对流是指流体内部质点发生相对位移而引起的热量传递过程。是液体和气体的主要传热方式，其通过流动使热量均匀传播到整体的每个部分。由于流体间各部分是相互接触的，除了流体的整体运动所带来的热对流之外，还伴有由于流体的微观粒子运动造成的热传导。

3. 热辐射

所有物体都有的传热方式，以光波、微波等形式向外传递热量。一切温度高于绝对零度的物体都能产生热辐射，温度愈高，辐射出的总能量就愈大。一般的热辐射主要靠波长较长的可见光和红外线传播。当物体的温度在 500 ~ 800℃时，热辐射中最强的波长成分在可见光区。

二、加热炉热传递过程

管式加热炉属于直接加热炉的一种，加热原油或其他介质是利用燃烧燃料产生的热量通过辐射、传导及对流三种传热形式传递给被加热介质。根据加热炉的炉体结构可将其具体传热过程分为两部分，由于原油是先从对流室进入炉体，因此传热过程是从对流室传递至辐射室。

1. 对流室传热过程

液体（气体）燃料在加热炉辐射室炉膛中燃烧，产生高温烟气并以它作为热载体，利用烟囱产生的负压流向对流室，从烟囱排出。待加热的原油首先进入加热炉对流室炉管，该处炉管主要为钉头（翅片）管（增大传热面积），炉管主要以对流方式从流过对流室的烟气中获得热量，这些热量又以热传导方式由炉管外表面传导到炉管内表面，同时又以对流方式传递给管内流动的原油，如图1.1-1所示。原油再次由对流室炉管进入辐射室炉管。

图1.1-1 对流室传热过程

2. 辐射室传热过程

在辐射室内，燃烧器喷出的火焰主要以辐射方式将热量的一部分辐射到炉管外表面，另一部分辐射到炉管的炉墙上，炉墙再次以辐射方式将热辐射到背火面一侧的炉管外表面上。这两部分辐射热产生作用，使炉管外表面升温并与管壁内表面形成了温差，又以热传导方式流向管内壁，管内流动的原油又以对流方式不断从管内壁获得热量，实现了加热原油的工艺要求，如图1.1-2所示。

图1.1-2 辐射室传热过程

加热炉加热能力的大小取决于火焰的强弱程度（炉膛温度）、炉管表面积和总传热系数的大小。火焰愈强，则炉膛温度愈高，炉膛与油流之间的温差越大，传热量越大；火焰与烟气接触的炉管面积越大，则传热量越多；炉管的导热性能越好，炉膛结构越合理，传热量也越多。火焰的强弱可用控制燃烧器火嘴的方法调节。但对一定结构的炉子来说，在正常操作条件下炉膛温度达到某一值后就不再上升。炉管表面的总传热系数对一台炉子来说是一定的，所以每台炉子的加热能力有一定的范围。在实际使用中，火焰燃烧不好和炉管结焦等都会影响加热炉的加热能力。

第二节 燃料气

一、燃料气的理化性质

1. 组成

燃料气中的可燃质包括 H_2、CO、H_2S 和 $C_1 \sim C_5$ 烃类气体等，还可能含有或多或少的

N_2、O_2、CO_2、SO_2等，其组成一般用体积分数表示。燃料气理化性质和热工性质都可按各组分的体积分数和各组分的性质计算得到。

2. 密度和相对密度

每立方米燃料气的质量叫燃料气的密度。燃料气可近似地看作理想气体，其非标准状态下的密度可由标准状态下的密度和所处的温度、压力来计算。

$$\rho_0 = \sum x_i \rho_{0i}$$

$$\rho_{t,p} = \rho_0 \frac{273 \ (101.32 + p)}{(273 + t) \ 101.32}$$

式中　ρ_0——燃料气在标准状态下的密度，kg/Nm^3；

　　　$\rho_{t,p}$——燃料气在温度 t 和压力 p 下的密度，kg/Nm^3；

　　　x_i——单一气体在燃料气中所占的体积分数，例如 H_2 占 50%，则 $x_{H_2} = 0.5$；

　　　ρ_{0i}——单一气体在标准状态下的密度，kg/Nm^3，从表 1.2-1 查得；

　　　t——温度，℃；

　　　p——压力，kPa。

表 1.2 – 1　标准状态下的气体密度表

气体名称	空气	氢气	氧气	氮气	氯气	氨气
$\rho_{0i}/(kg/Nm^3)$	1.293	0.08988	1.429	1.251	3.214	0.771
气体名称	氩气	乙炔	甲烷	乙烷	丙烷	丁烷
$\rho_{0i}/(kg/Nm^3)$	1.785	1.172	0.7167	1.357	2.005	2.703
气体名称	乙烯	丙烯	天然气	煤气	一氧化碳	二氧化碳
$\rho_{0i}/(kg/Nm^3)$	1.264	1.914	0.828	0.802	1.250	1.927

注：标准状态为温度 0℃，压力 0.1013MPa。

标准状态下，$1m^3$ 燃料气的质量与同体积空气质量之比，称为燃料气的相对密度，用 S 表示：

$$S = \frac{\rho_0}{1.293}$$

3. 平均容积比热容

比热容是指没有相变化和化学变化时，一定量均相物质温度升高 1K 所需的热量。平均容积比热容是指混合气体的平均比热容。

由下式计算：

$$C_{v,f} = \sum x_i C_{vi}$$

式中　$C_{v,f}$——燃料气的平均容积比热容，$kJ/(Nm^3 \cdot ℃)$；

　　　C_{vi}——单一气体的平均容积比热容，$kJ/(Nm^3 \cdot ℃)$，由表 1.2-2 查得；

　　　x_i——单一气体体积分数。

表 1.2-2 各种气体平均容积比热容   kJ/(m³·℃)

温度/℃	O₂	N₂	CO	H₂	CO₂	H₂O	SO₂	CH₄	C₂H₄	干空气	湿空气	烟气
0	1.3063	1.2937	1.2979	1.2770	1.5994	1.4947	1.7233	1.5491	1.8255	1.2979	1.3230	1.4235
100	1.3188	1.2979	1.3021	1.2895	1.7082	1.5073	1.8129	1.6412	2.0641	1.3021	1.3272	1.4320
200	1.3356	1.3021	1.3063	1.2979	1.7878	1.5240	1.8883	1.7585	2.2818	1.3063	1.3356	1.4400
300	1.3565	1.3063	1.3147	1.3000	1.8631	1.5407	1.9552	1.8883	2.4953	1.3147	1.3439	1.4490
400	1.3775	1.3147	1.3272	1.3021	1.9301	1.5659	2.0180	2.0139	2.6879	1.3272	1.3565	1.4570
500	1.3984	1.3272	1.3440	1.3063	1.9887	1.5910	2.0683	2.1395	2.8638	1.3440	1.3690	1.4738
600	1.4151	1.3398	1.3565	1.3105	2.0432	1.6161	2.1143	2.2609	3.0271	1.3565	1.3858	1.4905
700	1.4361	1.3523	1.3733	1.3147	2.0850	1.6412	2.1520	2.3781	3.1694	1.3691	1.3984	1.5052
800	1.4486	1.3649	1.3858	1.3188	2.1311	1.6664	1.1813	1.4953	3.3076	1.3816	1.4109	1.5198
900	1.4654	1.3775	1.3984	1.3230	2.1688	1.6957	2.2148	2.6000	3.4322	1.3984	1.4277	1.5324
1000	1.4779	1.3900	1.4151	1.3314	2.2023	1.7250	2.2358	2.7005	3.5462	1.4110	1.4403	1.5449
1100	1.4905	1.4026	1.4235	1.3356	2.2358	1.7501	2.2609	2.7884	3.6551	1.4235	1.4528	1.5554
1200	1.5031	1.4151	1.4361	1.3440	2.2651	1.7752	2.2776	2.8638	3.7514	1.4319	1.4612	1.5659
1300	1.5114	1.4235	1.4486	1.3523	2.2902	1.8045	2.2986	2.8889	3.7514	1.4445	1.4738	1.5785
1400	1.5198	1.4361	1.4570	1.3606	2.3143	1.8296	2.3195	2.9601	—	1.4528	1.4821	1.5910
1500	1.5282	1.4445	1.4654	1.3691	2.3362	1.8548	2.3404	3.0312	—	1.4696	1.4947	1.6036
1600	1.5366	1.4528	1.4738	1.3733	2.3572	1.8784	2.3614	—	—	1.4779	1.5031	1.6161
1700	1.5449	1.4612	1.4831	1.3816	2.3739	1.9008	2.3823	—	—	1.4863	1.5114	1.6287
1800	1.5533	1.4696	1.4905	1.3900	2.3907	1.9217	—	—	—	1.4947	1.5198	1.6412
1900	1.5617	1.4738	1.4989	1.3984	2.4074	1.9427	—	—	—	1.4989	1.5282	1.6538
2000	1.5701	1.4831	1.5031	1.4068	2.4232	1.9636	—	—	—	1.5073	1.5324	1.6663

二、燃料气的热工性质

1. 发热量（热值）

燃料气的低热值由下式求得：

$$Q_1 = \sum x_i Q_{1i}$$

式中 Q_1——燃料气低热值，kJ/Nm³燃料气；

Q_{1i}——单一气体的低热值，kJ/Nm³；

x_i——单一气体体积分数。

2. 烟气热焓 I_g（kJ/kg 燃料气）

$$I_g = \sum W_i I_i$$

式中 I_g——烟气总热焓；

W_i——烟气中各组分的质量，kg/kg 燃料气；

I_i——烟气中各组分的热焓。

第三节 燃料油

一、燃料油的理化性质

1. 相对密度和密度

燃料油的相对密度是指其单位体积的质量与标准温度下同体积水的质量之比。相对密度 d_4^{20} 表示 20℃时单位体积的燃料油的质量与 4℃时同体积水的质量之比。相对密度 $d_{15.6}^{15.6}$ 表示燃料油与水在 15.6℃时单位体积质量之比。d_4^{20} 与 $d_{15.6}^{15.6}$ 之间的换算列于表 1.3 −1。

表 1.3 −1 相对密度 $d_{15.6}^{15.6}$ 与 d_4^{20} 换算

$d_{15.6}^{15.6}$ 或 d_4^{20}	校正值	$d_{15.6}^{15.6}$ 或 d_4^{20}	校正值
0.700 ~ 0.710	0.0051	0.830 ~ 0.840	0.0044
0.710 ~ 0.720	0.0050	0.840 ~ 0.850	0.0043
0.720 ~ 0.730	0.0050	0.850 ~ 0.860	0.0042
0.730 ~ 0.740	0.0049	0.860 ~ 0.870	0.0042
0.740 ~ 0.750	0.0049	0.870 ~ 0.880	0.0041
0.750 ~ 0.760	0.0048	0.880 ~ 0.890	0.0041
0.760 ~ 0.770	0.0048	0.890 ~ 0.900	0.0040
0.770 ~ 0.780	0.0047	0.900 ~ 0.910	0.0040
0.780 ~ 0.790	0.0046	0.910 ~ 0.920	0.0039
0.790 ~ 0.800	0.0046	0.920 ~ 0.930	0.0038
0.800 ~ 0.810	0.0045	0.930 ~ 0.940	0.0038
0.810 ~ 0.811	0.0045	0.940 ~ 0.950	0.0037
0.812 ~ 0.820	0.0044		

注：$d_{15.6}^{15.6} = d_4^{20} +$ 校正值；$d_4^{20} = d_{15.6}^{15.6} -$ 校正值。

相对密度的表示方法还有相对密度指数 API。API 与 $d_{15.6}^{15.6}$ 之间的关系如下：

$$API = \frac{141.5}{d_{15.6}^{15.6}} - 131.5$$

燃料油的密度表示单位体积燃料油的质量。20℃时燃料油的密度用 ρ^{20}（kg/m³）表示。温度 t℃时的密度用 ρ^t（kg/m³）表示。ρ^t 与 ρ^{20} 之间有以下关系：

$$\rho^t = \frac{\rho^{20}}{1 + \beta_t (t - 20)}$$

式中　β_t——燃料油的体积膨胀系数，m³/(m³·K)，$\beta_t = 0.0025 - 0.002 \, d_4^{20}$。

2. 黏度

燃料油的黏度是对其流动阻力的量度，它表征燃料油输送和雾化的难易程度。常用的有动力黏度、运动黏度和各种条件黏度。

动力黏度的单位是 $Pa \cdot s$ 或 $N \cdot s/m^2$。

运动黏度的单位是 m^2/s。

运动黏度与同温度下流动的密度的乘积，即为动力黏度：

$$\mu = \nu \times \rho$$

式中　μ——动力黏度，$Pa \cdot s$；

　　　ν——运动黏度，m^2/s；

　　　ρ——密度，kg/m^3。

3. 比热容

燃料油的比热容是 1kg 燃料油升高 1℃所需的热量。其值随温度和密度而变化。重质燃料油的比热容 C_f 可以根据其平均温度 t_f 用下式计算：

$$C_f = 1.74 + 0.0025 \, t_f \quad [kJ/(kg \cdot K)]$$

作近似计算时，重质燃料油的比热容可取为 2.1kJ/(kg·K)。

4. 导热系数

无水重质燃料油在温度 t℃时的导热系数 λ_t 可按下式计算：

$$\lambda_t = \lambda_{20} - \beta \, (t - 20) \quad [kJ/(m \cdot h \cdot K)]$$

式中　λ_{20}——20℃时燃料油的导热系数，$kJ/(m \cdot h \cdot K)$；

　　　β——系数，见表 1.3-2。

表 1.3-2　燃油黏度系数表

燃料油 50℃时的黏度/°E	≤100	>100
$\lambda_{20}/[kJ/(m \cdot h \cdot K)]$	0.528	0.569
β	0.00046	0.00075

5. 闪点、燃点及自燃点

闪点是在大气压力下，燃料油蒸气和空气混合物在标准条件下接触火焰，发生短促闪火现象时的油品最低温度，用以表明燃料油着火的难易。其测定方法有开口杯法和闭口杯法两种。闭口杯法测定的闪点一般比开口杯法测定的闪点低 30~40℃。

在无压系统（非密闭系统）中加热燃料油时，其加热温度不应超过闪点，一般应低于闪点 10℃，以免发生火灾。在压力系统（密闭系统）中则不受此限，可加热到燃烧器要求的黏度所相应的温度。

在大气压力下，燃料油加热到所确定的标准条件时燃料油的蒸气和空气的混合物与火焰接触即发火燃烧，且燃烧时间不少于 5s，此时的最低温度称为燃点。一般油品的燃点比闪点略高。

自燃点是指燃料油缓慢氧化而开始自行着火燃烧的温度。自燃点的高低主要取决于燃料油的化学组成，并随压力而改变，压力越高，油质越重，自燃点就愈低。值得指出的是，重质燃料油的自燃点比轻质油品的自燃点要低得多。例如汽油在空气中的自燃点为510～530℃，而减压渣油的自燃点只有230～240℃。

6. 凝点和倾点

凝点是燃料油丧失流动能力时的温度，即燃料油在倾斜45°的试管里，经过5～10s尚不流动的温度。倾点是燃料油在标准试验条件下刚能流动的温度。凝点加2.5℃即为倾点的数值。

燃料油的密度愈大，石蜡含量愈高，则凝点也愈高。一般说来，温度在凝点以上，燃料油才能自流到泵入口或从管中流出，因此，它对燃料油的装卸、加热及输送系统的设计都有影响。

7. 元素组成

燃料油主要由碳、氢两种元素组成，其余还有硫、氧、氮等。氧和氮的含量很少，可以忽略，而硫的含量一般均要给出。元素组成是进行燃料油热工性质计算的基础，而燃料油的元素组成数据一般又很难找到。在这种情况下，可以用燃料油的相对密度d_4^{20}来估算其氢、碳的含量：

$$w_H = 26 - 15d_4^{20}$$
$$w_C = 100 - (w_H + w_S)$$

式中 w_H、w_C、w_S——分别为燃料油中氢、碳、硫的质量分数。

8. 硫分

燃料油中都不同程度地含有硫，按含硫量的多少可分为三种，见表1.3-3。

表1.3-3 含硫原油分类

燃料油种类	低硫燃料油	含硫燃料油	高硫燃料油
w_S/%	<0.5	0.5～1.0	>1.0

硫的影响在于它燃烧后生成SO_2和SO_3，它们在不同情况下与灰分反应或在低温下与水生成酸，而造成管表面的堵塞、高温硫腐蚀、露点腐蚀及大气污染等。

9. 灰分

燃料油的灰分一般小于0.2%，其中包括钠、镁、钒、镍、铁、硅等及少量其他金属化合物。灰分对管式炉能造成积灰堵塞、高温腐蚀和耐火砖的侵蚀等危害。尤其是其中的钒和碱金属，燃烧后生成V_2O_5及碱金属硫酸盐（Na_2SO_4、$MgSO_4$、$CaSO_4$），其危害最大。

10. 水分

含水燃料油在罐中预热到100℃时会造成冒罐事故（突沸）。燃料油含水（水呈非乳化状态）会使火焰脉动、间断甚至熄火。一般燃料油含水3%就会使燃烧不稳定，含水5%就会造成燃烧中断，因此燃料油在供给燃烧器之前应进行充分脱水，水分应控制在2%以下。

11. 机械杂质

燃料油中的机械杂质含量为0.1%～2%。新建加热炉，管线中的焊渣、沙石、焦块等混入燃料油中，使机械杂质（特别是大颗粒的机械杂质）增加。机械杂质易造成燃烧器喷孔、阀门的堵塞和磨损。因此燃料油在供给燃烧器前应经过严格的过滤。

12. 残炭

燃料油的黏度愈大，胶质和沥青质愈多，残炭值也就愈高，这是一般规律。重质燃料油的残炭值在 10% ~ 13%。在燃烧器连续使用时，残炭一般不会造成什么坏影响，但当使用蒸汽雾化或常因熄火而停运时，残炭往往易在燃烧器喷口积炭结焦，造成雾化不良，影响燃烧，严重时还会造成火焰偏斜和淌油等。

二、燃料油的热工性质

1. 发热量

燃料油的发热量是燃料油定温完全燃烧时的热效应，即最大反应热。按燃烧产物中水蒸气所处的相态（液态还是气态），有高、低发热量之分。当燃烧产物中的水蒸气（包括燃料油中所含水分生成的水蒸气和燃料油中氢燃烧时生成的水蒸气）凝结为水时的反应热，叫高发热量。燃料油的高发热量可用"氧弹"法测得。当燃烧产物中的水蒸气仍以气态存在时的反应热叫低发热量，它等于从高发热量中扣除水蒸气凝结热后的热量。由于管式炉的排烟温度远超过水蒸气的凝结温度，为避免低温腐蚀和结垢堵塞问题，今后管式炉的排烟温度也不大可能降到水蒸气的凝结温度，因此加热炉的热平衡和热效率计算中均采用低发热量。

燃料油的发热量可按其元素组成计算：

$$Q_H = 399 w_C + 1256 w_H + 109 (w_S - w_O)$$
$$Q_L = 399 w_C + 1030 w_H + 109 (w_S - w_O) - 25 w_W$$

式中　　　　　　　Q_H——燃料油的高发热量（亦称高热值），kJ/kg；

　　　　　　　　　Q_L——燃料油的低发热量（亦称低热值），kJ/kg；

w_C、w_H、w_O、w_S、w_W——燃料油中碳、氢、氧、硫和水分的质量分数。

2. 空气量

在有元素分析数据的情况下，按可燃元素燃烧反应的化学平衡式和空气的质量分数组成：O_2 23.2%，N_2 76.8% 推导出燃料油燃烧所需的理论空气量计算式：

$$L_0 = \frac{2.67 w_C + 8 w_H + w_S - w_O}{23.0}$$

$$V_0 = L_0 / 1.293$$

式中　L_0——理论空气量，kg 空气/kg 燃料；

　　　V_0——理论空气量，Nm³ 空气/kg 燃料。

3. 烟气组成

烟气由二氧化碳（CO_2）、二氧化硫（SO_2）、水蒸气（H_2O）、氧（O_2）和氮（N_2）等组成。各组分的质量按下列各式计算：

$$G_{CO_2} = \frac{44}{12} \cdot w_C = 3.67 w_C \quad (kg/kg \ 燃料)$$

$$G_{SO_2} = \frac{64}{32} \cdot w_S = 2w_S \ （kg/kg \ 燃料）$$

$$G_{H_2O} = \frac{18}{2} \cdot w_H + w_W + w_S = 9w_H + w_W + w_S \ （kg/kg \ 燃料）$$

$$G_{O_2} = 0.232 L_0 （\alpha - 1） \ （kg/kg \ 燃料）$$

$$G_{N_2} = 0.768 L_0 \ （kg/kg \ 燃料）$$

$$而 \ \overline{G_g} = G_{CO_2} + G_{SO_2} + G_{H_2O} + G_{O_2} + G_{N_2} \ （kg \ 烟气/kg \ 燃料）$$

4. 理论燃烧温度

燃料在理论空气量下完全燃烧所产生的热量全部被烟气所吸收时，烟气所达到的温度叫理论燃烧温度。

第四节　加热炉概述

一个设备，具有用耐火材料包围的燃烧室，利用燃料燃烧产生的热量将物质（固体或流体）加热，这样的设备叫作"炉子"。工业上有各种各样的炉子，如冶金炉、热处理炉、窑炉、焚烧炉和蒸汽锅炉等。

本书所论述的"管式加热炉"，是指利用燃料（原油、天然气）燃烧产生的热量给管内原油加热的设备，是长输管道主要设备，作用是防凝降黏。

管式加热炉最初是作为取代炼油"釜式蒸锅"的工艺设备而发明的，它的诞生在炼油工业的历史上是划时代的事件，使炼油工艺从古老的间歇式釜式蒸馏进入到近代的"连续管式蒸馏"方式，从此开始逐步得到发展。所以管式加热炉也被叫作"管式釜"。输油管道用加热炉由炼油工业加热炉发展而来，并在此基础上进行改进。

目前，长输管道原油加热方式主要有直接加热和间接加热两种。直接式加热炉是燃料燃烧后直接加热炉管中的介质，介质直接吸收加热炉燃烧释放的热量，其主要炉型为卧式圆筒加热炉、管式快装加热炉等，其特点是结构简单，介质加热温度高，维护保养少；间接加热炉是燃料燃烧后先加热中间介质（导热油、水等），介质通过与中间介质进行换热达到加热目的，其主要炉型有真空相变加热炉、热媒炉、锅炉等，其特点是运行安全可靠。

第五节　加热炉主要技术指标

一、热负荷

每台加热炉单位时间内向管内介质传递热量的能力称为热负荷，一般用 MW 为单位，又称功率或热功率。

热负荷是衡量加热炉做功能力的指标，管内介质所吸收的热量用于升温、汽化或化学反应，全都是有效利用热。热负荷越大，其生产能力越大，是加热炉的重要工艺指标之一。加热炉的设计热负荷 Q 通常取计算值的 $1.15 \sim 1.2$ 倍。

加热原油或其他液体介质的加热炉热负荷可按下式进行计算：

$$Q = \frac{q_m \ (i_2 - i_1)}{3.6 \times 10^3} + q$$

式中　Q——加热炉的热负荷，kW；

　　　q_m——被加热介质的质量流量，kg/h；

　　　i_1——被加热介质在进炉温度时的比焓[①]，kJ/kg；

　　　i_2——被加热介质在出炉温度时的比焓，kJ/kg；

　　　q——其他热负荷，kW。

二、热效率

热效率是指加热炉燃烧器燃烧产生的总热量被有效利用的程度，是衡量管式加热炉优劣的一个重要参数。一般为总吸热量除以总供热量，其定义可用下式表达：

$$\eta = \frac{Q_y}{Q_z} \times 100\%$$

式中　Q_y——被加热介质吸收的有效热量，即总吸热量；

　　　Q_z——加热炉燃烧器供给的热量，即总供热量。

热效率的计算公式为：

$$\eta = \frac{3.6 \times 10^3 \ Q_d}{B(h_L + \Delta h_a + \Delta h_f + \Delta h_m)} \times 100$$

式中　η——热效率，%；

　　　Q_d——设计热负荷，kW；

　　　B——燃料消耗量，kg/h；

　　　Δh_L——燃料低位发热量，kJ/kg；

　　　Δh_a——由单位燃料量燃烧所需空气带入体系的热量，kJ/kg；

　　　Δh_f——由单位燃料量带入体系的显热，kJ/kg；

　　　Δh_m——由雾化单位燃料量所需雾化剂带入体系的显热，kJ/kg。

其中 h_L、Δh_a、Δh_f、Δh_m 参数应按照 SH/T 3045—2003《石油化工管式炉热效率设计计算》的要求确定。

热效率是衡量燃料消耗、评价加热炉设计和操作水平的重要技术指标。早期加热炉由于技术水平的限制，其热效率只有 60% ~ 70%，后来随着技术水平的提升及炉型的更新，已基本达到 90% 左右。加热炉热效率的提升是提高能源利用率的根本方法，是节能降耗的必然要求。随着节能降耗形势的日益严峻，国家能源战略的总体要求，今后加热炉的热效率必将不断提高。

注释：①焓是热力学中表示物质系统能量的一个状态参数，符号为 H，单位为 J。数值上等于系统的内能 U 加上压强 p 和体积 V 的乘积，即 $H = U + pV$。1kg 或者 1mol 工质的焓称为比焓，用 h 表示，单位是 J/kg 或 J/mol。比焓的数值可通过对被加热介质进行实测或者查表获得。

经过分析，影响管式加热炉热效率的因素主要有以下几点：

（1）排烟温度过高，烟气带走的热损失；

（2）不完全燃烧造成的热损失；

（3）过剩空气造成的热损失；

（4）炉外壁的散热损失；

（5）炉管结垢或积灰严重影响传热效率。

三、设计压力

通常将炉管强度计算时所规定的计算压力作为设计压力。设计压力是设备运行参考的极限值，是留有余量的，一般要求在设备正常运行过程中的实际工作压力应低于设计压力，以确保运行过程的安全。

四、炉膛温度

烟气离开辐射室的温度称为炉膛温度，也就是烟气未进入对流室的温度或辐射室挡火墙前的温度，是加热炉运行的重要参数。在炉膛内（辐射室）燃料燃烧产生的热量，是通过辐射和对流传给炉管的。传热量的大小与炉膛温度和管壁温度有关。原油从加热炉中获得的热量其中又以辐射传热为主。辐射换热与火焰的绝对温度的四次方成正比，因此，在高温区中，辐射受热面的吸热效果要比对流受热面的效果好，吸收同样数量的热量，辐射换热所需的受热面积即金属消耗量要比对流换热的少。炉膛温度高，辐射室传热量就大，所以炉膛温度能比较灵敏地反映炉出口温度。但是从运行角度考虑，炉膛温度过高，辐射室炉管热强度过大，有可能导致辐射管局部过热结焦同时进入对流室的烟气温度也过高，对流室炉管也易被烧坏，使排烟温度过高，加热炉热效率下降，所以炉膛温度是保证加热炉长周期安全运行的重要指标。

五、排烟温度

排烟温度是烟气离开加热炉最后一组对流受热面进入烟囱的温度。排烟温度不应过高，否则热损失大。在操作时应控制排烟温度，在保证加热炉处于负压完全燃烧的情况下，应降低排烟温度。排烟温度的调节一般用控制进风量，即调整过剩空气系数的办法。降低排烟温度，可减少加热炉排烟热损失，提高热效率，从而节约燃料消耗量，降低加热炉运行成本。但排烟温度过低，使对流受热面末段烟气与载热质的传热温差降低，增加了受热面的金属消耗量，提高了加热炉的投资费用。因此，排烟温度的选择要经过经济比较。在选择最合理的排烟温度时，还应考虑低温腐蚀的影响。由于燃料中的硫在燃烧后可生成硫化物，它在烟气中和水蒸气形成硫酸蒸气，当受热面壁温低于硫酸蒸气的露点温度时，硫酸蒸气就会冷凝下来，腐蚀壁面金属。如受热面壁温低于烟气中水蒸气的露点时，则水蒸气也会凝结在管壁上，加剧了腐蚀，并且容易引起堵灰。

六、炉管压降及流速

炉管压降是指介质在入口处压力与出口处的压力差，静压头的影响除外。炉管压降是介质在管内流速及是否结焦的重要指标，例如，8000kW 热负荷的该型加热炉设计额定流量为 510m³/h，炉管压降为 0.166MPa，实际运行过程中一般控制在 0.2 ~ 0.3MPa，确保管内介质流速处于合理范围。

若炉管压降控制过小，管内介质流速太低，易使管内介质结焦而烧坏炉管，管内介质流速也不能过大，过大时一般炉管压降较大。

七、炉膛负压

炉膛负压是指炉膛内相对外界的压差，直接影响加热炉的热效率及安全运行。运行过程中可以通过调节加热炉烟道挡板开度调节烟囱的抽力大小，从而调节炉膛负压，保证炉膛内负压在合适范围。一般控制炉膛负压在 -20 ~ -40Pa。

八、过剩空气系数

实际供给燃料燃烧的空气与理论空气量的比值叫作过剩空气系数。在保证燃烧完全的前提下，使炉子在低而稳定的过剩空气系数下是有利的。过剩空气系数过小会造成燃烧不完全而浪费燃料；过剩空气系数过大，进入炉膛的空气量大，炉膛温度下降，影响传热效率，也增加了烟气量。此外，烟气中的氧气较多，会使炉管表面氧化加剧，缩短炉管寿命，过剩空气系数通常在 1.1 ~ 1.5 左右。

九、炉膛体积发热强度

燃料燃烧的总发热量除以炉膛体积，称之为炉膛体积发热强度，简称为体积热强度，它表示单位体积的炉膛在单位时间里燃料燃烧所发出的热量，一般用 kW/m³ 为单位，即：

$$g_v = \frac{BQ_L}{V}$$

式中　g_v——炉膛体积发热强度，kW/m³；

　　　B——燃料用量，kg/s；

　　　Q_L——燃料的低热值，kJ/kg 燃料；

　　　V——炉膛（或辐射室）体积，m³。

炉膛大小对燃料燃烧的稳定性有影响，如果炉膛体积过小，则燃烧空间不够，火焰容易舔到炉膛和管架上，炉膛温度也高，不利于长周期安全运行，因此炉膛体积发热强度不允许过大，燃油一般小于 125kW/m³，燃气一般小于 165kW/m³。

十、辐射表面强度

辐射炉管每单位表面积（一般按炉管外径计算表面积）、每单位时间内所传递的热量 q_R 称为炉管的辐射表面热强度，也称为辐射热通量或热流率，单位为 W/m²。

q_R 表示辐射室炉管传热强度的大小，应注意它一般指全辐射室所有炉管的平均值。由于辐射室内各部位受热不一样，不同的炉管以及同一根炉管上的不同位置，实际上局部热强度很不相同。一台炉子的平均辐射热强度究竟取多少为宜，与许多因素有关，例如管内介质的特性、管内介质的流速、炉型、炉管材质、炉管尺寸、炉管的排列方式等。推荐的 q_R 为 $30000\,W/m^2$。

十一、对流表面热强度

含义同辐射热强度一样，单位也是 W/m^2，但它是对对流室而言。近年来为提高对流传热，对流炉管的管外侧大量使用了钉头或翅片。钉头管或翅片管的对流表面热强度习惯上仍按炉管外径计算表面积，而不计钉头或翅片本身的面积。钉头管或翅片管按此计算出的热强度一般在光管的 2 倍以上，也就是说，一根钉头或翅片管相当于两根以上光管的传热能力。

十二、运行控制指标

加热炉运行控制指标（图 1.5 - 1）是加热炉运行过程中的重要参数，通常该参数是根据炉型设计参数确定的，也有根据该型加热炉整体实际运行情况确定，是保证加热炉正常节能稳定运行的重要依据。

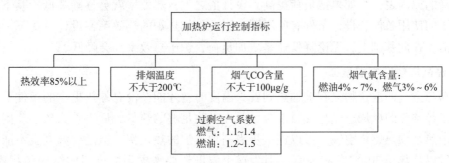

图 1.5 - 1　加热炉运行控制指标

其中，过剩空气系数简化公式为：

$$\alpha = 21 / (21 - w_{O_2} \times 100)$$

式中　w_{O_2}——烟气含氧量。

加热炉运行控制中由于多种原因致使运行工况控制不好，包括：风门调节不当，供风过大；运行负荷低于设计值；燃料品质不好造成腐蚀和积灰；供风系统操作不当；燃烧器选型问题等，这些问题导致的直接结果是加热炉排烟气氧含量和过剩空气系数普遍偏高。通过调查发现，企业中加热炉烟气中的平均氧含量普遍都高于标准的指标，平均排烟温度也高于标准温度。过高的烟气氧含量导致炉内的过剩空气较多，这样会造成排烟温度偏高，烟气带走的热量越多，对热效率的影响也就越大。过大的过量空气系数还会加速炉管的氧化，促使氮氧化物增加，给环境造成不利的影响，影响炉管使用寿命。

第六节　加热炉热效率的提升

加热炉是长输管道消耗燃料的主要设备，因此提高加热炉的热效率，对降低总能耗具有重要的意义。提高加热炉热效率的手段较多，涉及的因素也较广泛。在保证燃料完全燃烧和炉墙保温正常的情况下，加热炉热效率的高低，关键取决于排出烟气的状况。

排出烟气量越少，排烟温度越低，则烟气带走的热量损失越小，加热炉热效率越高。为了提高热效率，关键在于要回收烟气带走的热量或减少烟气带走的热量。

为了提高热效率，要进行烟气废热回收，可以装设空气预热器、热管或废热炉产生蒸汽等。当热效率提高 10%～15% 时，燃料用量可节约 10%～15%。空气经过预热后，燃烧时能降低噪声和减少油嘴结焦现象。提高热效率的主要措施有以下几方面。

1. 选用合理的热负荷

在实际操作中，热效率随负荷的变化而变化。降负荷后，如能正确调整烟道挡板、风门，维持低的过剩空气量，炉子又完全不漏风，随着炉子负荷的降低，热效率应该有所上升。但实际的炉子总存在着漏风，不易调好燃烧空气量等问题，因此在通常降负荷操作中，过剩空气系数变大，热效率总是反而下降。即使过剩空气系数通过调节能保持不变，低负荷下热效率仍有所降低，可能是因为火焰变短小以后，炉膛内火焰的"充满度"很低，导致辐射效果变差的缘故。另外。降低负荷后，炉壁的散热面积相对增大，也是使热效率下降的原因之一。如果把负荷提高到设计值之上，热效率就会逐渐降低，其下降的程度随炉子的使用条件和设计条件有所不同。因此，加热炉的热效率在设计负荷下一般将达到最高值，在此基础上，无论降低还是增加负荷，炉子热效率都会降低。

2. 提高燃烧空气温度

燃料与空气的混合物只有被加热到着火温度时，才能在没有外热提供的条件下继续燃烧，即未经预热的燃烧空气与燃料混合后要先吸收足够的热量，后再着火放热。因此，利用烟气余热来预热燃烧空气，可以进一步提高加热炉的热效率。但是，温度也不能提得太高，一般以预热至300℃左右为宜，因为这个温度还要考虑到燃烧器的结构和材质问题。另外，空气温度太高，会引起油枪端部结焦或引起预混式火嘴回火，也可能使因雾化不良、流淌至风道内的燃料油着火。

3. 降低排烟温度

主要通过增加尾部受热面来降低排烟温度，取决于投资和回收效益的关系，随着油气的价格上升，排烟温度应当不断下降，但是由于低温腐蚀导致对流管穿孔易引发火灾，因此不能进入露点腐蚀区。通过对对流室炉管进行定期清灰清垢、在末端增加省煤器等措施，提高热交换效率，降低排烟温度。

4. 控制过剩空气系数

合理选用过剩空气系数控制氧含量：过剩空气系数如果过小，会使燃料燃烧不完全，热效率下降；但如果过大，大量过剩空气又会将热量带走排入大气，使炉子热损失增多，热效率下降。过剩空气系数取之过大，还会引起燃烧温度下降，露点温度升高，加剧炉管氧化，促使氮氧化物 NO_x 增加，从而产生极不利的影响。在保证燃烧完全的前提下，使炉子在低而稳定的过剩空气系数下操作是有利的。

5. 减少不完全燃烧热损失

不完全燃烧热损失主要有：机械不完全燃烧热损失、化学不完全燃烧热损失。通过使用性能好的燃烧器，控制燃油雾化、配风、燃油温度、黏度、压力、雾化角、火焰长度、燃烧器火嘴磨损及燃气压力等参数，降低不完全燃烧等情况。

6. 改进燃烧器

除在设计中采取合理结构，促使燃料与空气的良好混合，减少过剩空气以外，操作过程中亦应在燃烧器处合理供风。如果供风量过多，会降低加热炉热效率；供风量过少，会导致化学不完全燃烧和机械不完全燃烧，造成热损失，同样也会使热效率下降。空气从炉子其他不密封处或从未点燃的火嘴处漏入炉膛内，会造成排烟中的过剩空气量增加，而燃烧器处的供风量可能不足，这样就带来排烟中过剩系数大，而又存在不完全燃烧情况，导致加热炉热效率大幅度下降。

7. 减少散热损失

减少散热损失主要通过采取新型保温材料、远红外涂料等措施，降低炉体散热损失，提高热效率。

第七节　加热炉污染物排放指标

近年来，国家对大气污染防治越来越重视，要求越来越严格。大气环境保护事关人民群众根本利益；事关经济持续健康发展；事关全面建成小康社会；事关实现中华民族伟大复兴中国梦。当前，我国大气污染形势严峻，区域性大气环境问题日益突出，随着我国工业化、城镇化的深入推进，能源资源消耗持续增加，大气污染防治压力继续加大。大气污染物排放标准是为了控制污染物的排放量，使空气质量达到环境质量标准，对排入大气中的污染物数量或浓度所规定的限制标准。当前，国家和各地方政府部门相关环保法律、法规及标准在频繁调整、更新，国家和地方有关标准如果调整，应执行调整后的最新标准。

加热炉燃料燃烧产生的烟气大气污染源之一，除京津冀大气污染传输通道城市执行大气污染物特别排放限值外，加热炉污染物排放标准按照 GB 9078—1996《工业炉窑大气污染物排放标准》执行，锅炉污染物排放标准按照 GB 13271—2014《锅炉大气污染物排放标准》执行。

一、加热炉污染物排放限值

1. 1997 年 1 月 1 日之前建设的加热炉

（1）烟尘：

一级标准：$100 mg/m^3$；二级标准：$300 mg/m^3$；三级标准：$350 mg/m^3$。

（2）SO_2（燃油或燃煤锅炉窑）：

一级标准：$1200 mg/m^3$；二级标准：$1430 mg/m^3$；三级标准：$1800 mg/m^3$。

2. 1997 年 1 月 1 日之后建设的加热炉

（1）烟尘：

一级标准：$50 mg/m^3$；二级标准：$200 mg/m^3$；三级标准：$300 mg/m^3$。

（2）SO_2（燃油或燃煤锅炉窑）：

一级标准：禁排；二级标准：$850mg/m^3$；三级标准：$1200mg/m^3$。

二、锅炉污染物排放限值

1. 2014 年 7 月 1 日前建设的锅炉

（1）SO_2：

燃油：$300mg/m^3$；燃气：$100mg/m^3$。

（2）氮氧化物：

燃油：$400mg/m^3$；燃气：$400mg/m^3$。

2. 自 2014 年 7 月 1 日起新建设的锅炉

（1）SO_2：

燃油：$200mg/m^3$；燃气：$50mg/m^3$。

（2）氮氧化物：

燃油：$250mg/m^3$；燃气：$200mg/m^3$。

三、京津冀大气污染传输通道城市等重点地区污染物特别排放限值

京津冀大气污染传输通道城市等重点地区污染物特别排放限值按照《关于京津冀大气污染传输通道城市执行大气污染物特别排放限值的公告》执行。

（1）锅炉污染物特别排放限值：

①SO_2：

燃油：$100mg/m^3$；燃气：$50mg/m^3$。

②氮氧化物：

燃油：$200mg/m^3$；燃气：$150mg/m^3$。

③颗粒物：

燃油：$30mg/m^3$；燃气：$20mg/m^3$。

（2）对于目前国家排放标准中未规定大气污染物特别排放限值的行业，待相应排放标准制修订或修改后，执行相应大气污染物特别排放限值。

（3）地方有更严格排放控制要求的，按地方要求执行。

思考题

1. 热传递的基本形式都有哪些，加热炉的热传递都包含哪些形式，具体的传热过程是怎么样的？

2. 燃料气中的可燃质包括哪些成分，燃料油相对密度指数 *API* 是如何计算的？

3. 加热炉的主要技术指标都包括哪些，其中过剩空气系数过大或者过小会对加热炉产生怎样的影响，一般控制在多少范围？

4. 加热炉热效率的提升有哪些手段及措施，效率提升会带来哪些益处？

5. 简要阐述一下直接式加热炉及间接式加热炉的主要区别有哪些，各自的特点是什么？

第二章 直接式加热炉原理结构与操作维护

第一节 直接式加热炉概述

一、直接式加热炉型号

目前管道公司在用的直接式加热炉主要是轻型快装式直接加热炉，其热负荷有2326kW、2500kW、5000kW、8000kW 几种类型，加热炉的型号主要由三部分组成，各部分之间用短横线相连，编号规则定义如下：

$$\underline{\underset{1}{\triangle\triangle}\ \underset{2}{****}}\ -\ \underline{\underset{3}{\triangle}/\underset{4}{**}}\ -\ \underline{\underset{5}{\triangle}/\underset{6}{*}}$$

1——炉型代号，其主要形式代号见表2.1－1；

2——额定热负荷，单位为 kW；

3——被加热介质，其主要介质代号见表2.1－1；

4——设计工作压力，单位为 MPa；

5——燃料种类，其主要种类代号见表2.1－1；

6——设计序号，一般为阿拉伯数字，通常第一次设计不表示。

表2.1－1 加热炉代号意义

加热炉形式	代号	被加热介质	代号	燃料种类	代号
管式卧式	GW	原油	Y	油	Y
管式立式	GL	天然气	Q	天然气	Q
火筒式直接	HZ	水	S	油气两用	Y（Q）
火筒式间接	HJ	气液混合物	H	煤	M

例如：GW8000－Y/6.4－Y 型加热炉，代表额定负荷为8000kW，被加热介质为原油，炉管设计压力为6.4MPa，燃料油种类为燃油的管式卧式加热炉。

二、直接式加热炉铭牌

铭牌又称标牌，主要用来记载设备型号、额定工作情况下的一些技术数据及生产厂家、生产日期等信息，供正确使用而不致损坏设备。铭牌应采用耐腐蚀金属材料制作，并在设备明显位置安装。

徐州石油机械厂生产的 GW 系列管式加热炉铭牌见图 2.1－1。采用长方形铝制标牌，底色采用黑色磁漆，符号、数字、文字及图案、边框等采用凸字金属本色抛光工艺，凸显信息内容。

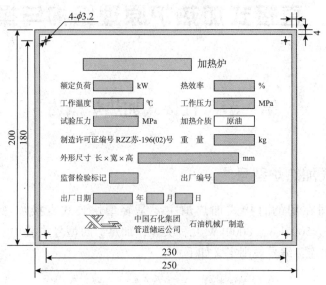

图 2.1－1　GW 系列管式加热炉铭牌

铭牌上至少要标明下列内容：
（1）加热炉的型号、名称；
（2）制造厂名称和制造许可证号；
（3）产品编号；
（4）额定热负荷，kW；
（5）加热介质；
（6）设计热效率,%；
（7）工作压力（壳程、管程），MPa；
（8）工作温度,℃；
（9）设备总质量，kg；
（10）设备外形尺寸，mm；
（11）制造年月；
（12）出厂检验单位及检验标志。

三、直接式加热炉主要特点

直接式加热炉的特殊性在于直接用火焰加热；与一般工业炉相比，管式加热炉的炉管承受高温、高压和介质腐蚀；与锅炉相比，管式加热炉内的介质不是水和蒸汽，而是易燃、易爆、易裂解、易结焦和腐蚀性较强的油和气。直接式加热炉一般具有以下特点：
（1）被加热介质为易燃、易爆的液体或气体，且温度和压力一般较高；
（2）加热方式为明火直接加热；
（3）长周期连续运行，不间断生产；

（4）所用燃料为液体或气体燃料；

（5）操作条件苛刻，安全要求高。

四、直接式加热炉技术参数

由于管道储运有限公司在用加热炉基本以 5000kW、8000kW 加热炉为主，而 GW 系列加热炉在结构形式与附属设施上基本一致，因此以管道储运有限公司在用 GW8000 - Y/6.4 - Y 型管式加热炉作为主要炉型对管式加热炉的主要结构进行介绍。该型加热炉设计热负荷 8000kW，设计热效率 90%，其主要技术参数见表 2.1 - 2。

表 2.1 - 2　GW8000 - Y/6.4 - Y 型管式加热炉设计数据

设计数据						
热功率 8000kW		设计压力 6.4MPa		排烟温度 160℃		设计热效率 90%
介质温度	入口 35℃	受热面积	辐射 252m²	介质流量	额定 510m³/h	额定压降 0.166MPa
	出口 70℃		对流 170m²		最小 320m³/h	最大重量 107945kg
工作介质	名称	原油		热流密度	辐射	24.07kW/m²
	相对密度 d_4^{20}	0.8935			对流	18.09 kW/m²
	黏度（50℃）32.8	mPa·s			炉膛	kW/m²
水压试验　8MPa		燃料种类　胜利混合原油		基本风压　450Pa		地震设防烈度 8 度

五、直接式加热炉设计运行参数

加热炉的设计运行参数是保证加热炉安全运行的重要指标，加热炉在投用前必须核对其设计参数与工艺参数是否存在冲突或者不适应的情况。管道公司在用加热炉设计运行参数值见表 2.1 - 3。

表 2.1 - 3　管式加热炉设计运行参数

设计参数	单位	2326kW	2500kW	5000kW	8000kW
出炉温度	℃	70	70	70	70
额定流量	m³/h	141	170	352	510
最小排量	m³/h	84	115	232	320
设计压力	MPa	6.4	6.4	6.4	6.4
热负荷	kW	2326	2500	5000	8000
燃油耗量	kg/h	223	240	482	836
炉管压降	MPa	0.12	0.073	0.138	0.166
排烟温度	℃	180	150	160	160
炉膛温度	℃	750	750	780	720
热效率	%	85	90	90/88	90

第二节 直接式加热炉一般结构

直接式加热炉采用轻型撬式快装式钢结构，主要由四大部分组成：辐射室、对流室、烟囱和燃烧器。辐射室采用水平八角箱式结构，位于加热炉下部，炉管沿辐射室四周水平布置。对流室采用立式箱式结构，位于加热炉上部，炉管在对流室内交错成列密集水平布置于对流室管板上。烟囱置于对流室上部，部分烟囱设置破风圈避免或者减少气流流动产生卡曼涡旋引起烟囱发生共振。燃烧器安装在辐射室炉膛前部正中间。

其他附属配件包括：炉管、避雷针、烟道挡板、防爆门、看火孔、人孔、吹灰器、炉管吊架、平台扶梯、炉前防雨棚等。

直接式加热炉的基本结构见图2.2-1、图2.2-2。

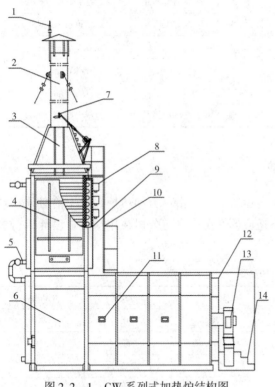

图2.2-1 GW系列式加热炉结构图

1—避雷针；2—烟囱；3—烟囱底座；4—对流室；5—转油线；
6—辐射室；7—烟道挡板；8—吹灰器；9、12—辐射室弯头箱；
10—平台扶梯；11—看火孔；13—燃烧器；14—炉前平台

图2.2-2 GW系列式加热炉全貌

一、辐射室

辐射室内辐射炉管为双管程，炉管沿辐射室周边对称水平布置，辐射炉管之间用急弯弯头连接，弯头置于前、后墙弯头箱内，处于低温区，焊缝不受火焰加热，确保炉管安全可靠和长寿命。辐射室断面炉管布置图见图2.2-3、图2.2-4。

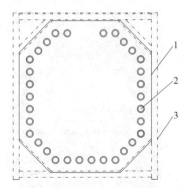

图2.2-3　GW系列式加热炉辐射室炉管布置图
1—辐射室壁板；2—辐射炉管；3—辐射室钢结构

图2.2-4　GW系列式加热炉辐射室内部

辐射室保温一般采用耐火折叠纤维毡紧密铺设而成，龙骨采用不锈钢 $\phi5$ 圆钢制作，确保加热炉修理周期内的使用。

辐射室是加热炉的核心部分，从燃烧器火嘴喷出的燃料（油或气）在炉膛内燃烧，需要一定的空间才能燃烧完全，同时还要保证火焰不直接扑到炉管上，以防将炉管烧坏，所以辐射室的体积较大。由于火焰温度很高（最高处可达1500~1800℃左右），又不允许冲刷炉管，所以热量主要以辐射方式传送。辐射室是加热炉进行热交换的主要场所，其热负荷占全炉的70%~80%。辐射室内的炉管，通过火焰或高温烟气进行传热，以辐射热为主，将热量传递给炉管，后者再把热量再传递给管中原油。其有两个作用：一是作燃烧室；二是将燃烧器喷出的火焰、高温烟气及炉墙的辐射传热通过炉管传给介质。

二、对流室

对流室内钉头（翅片）炉管也是双管程，炉管沿对流室内成列水平布置，炉管之间用急弯弯头连接，弯头置于前、后墙弯头箱内，处于低温区，焊缝不受火焰加热，确保炉管安全可靠和长寿命。对流室保温一般采用耐火纤维毡铺设或者耐火轻质水泥浇筑。

对流室是靠辐射室排出的高温烟气进行对流传热来加热物料。其主要作用是：在对流室内的高温烟气以对流的方式将热量传给炉管内的介质。在对流室内也有很小一部分烟气及炉墙的辐射传热。如果加热炉只有辐射室而无对流室的话，则排烟温度提高，造成能源浪费，经济效益降低。在对流室内，烟气冲刷炉管的速度越快，传热的能力越大，所以对流室窄而高些，排满炉管，且间距要尽量小。有时为增加对流管的受热表面积，以提高传热效率，一般采用钉头管或翅片管。烟气离开对流室时还含有不少热量，有时可用空气预热器进行部分热量回收，使烟气温度降到200℃左右，再经烟囱排出，但需要用鼓风机或引风机强制通风。有时则利用烟囱的抽力直接将烟气排入大气。由于抽力受烟气温度、大气温度变化的影响，要在烟道内加挡板进行控制，以保证炉膛内最合适的负压。

图2.2-5中自上而下第2~3排、6~7排、12~13排炉管上下间隙比其他排炉管间隙大，主要是为了放置吹灰管，便于燃油加热炉定期对炉管进行吹灰，提高热对流效率。

GW 系列式加热炉对流室内部结构见图 2.2 – 6。

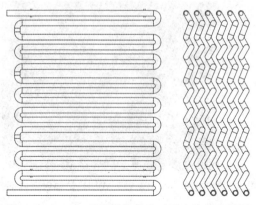

图 2.2 – 5　GW 系列式加热炉对流室炉管布置图　　图 2.2 – 6　GW 系列式加热炉对流室内部结构

对流室内烟气以较高速度冲刷炉管管壁，进行有效的对流传热，其热负荷约占全炉的 20% ~ 30%。内部排列有对流管，共 96 根，分 6 组，共 16 排，下 3 排为光管，上 13 排为钉头管。为保证钉头管的有效换热面积，一般要求钉头管的钉头根部的焊接面积不应小于钉头截面积的 80%。钉头管钉头布置见图 2.2 – 7 和图 2.2 – 8。

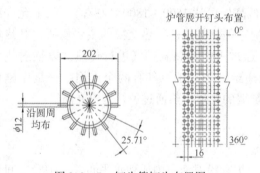

图 2.2 – 7　钉头管钉头布置图　　　　　　图 2.2 – 8　钉头管实物图

三、烟囱（通风系统）

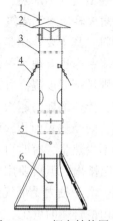

图 2.2 – 9　烟囱结构图

1—避雷针；2—烟囱帽；3—烟囱筒壁；
4—烟囱拉线；5—烟道挡板轴承法兰；
6—烟囱座

烟囱（通风系统）的作用是把燃烧用空气导入燃烧器，将废烟气引出炉子。它分为自然通风和强制通风两种方式。自然通风依靠烟囱本身的抽力，强制通风使用引风机。烟囱结构见图 2.2 – 9。

加热炉运行产生的烟气比外界空气的温度高、重量轻，因此可沿着烟囱上升排入大气中。烟囱的抽力大小和烟气与外界空气温度之差以及烟囱高度有关。烟气与外界空气温差越高，烟囱高度越大则烟囱的抽力就越大。为了保证烟囱有适当的抽力，烟囱的直径和高度需根据烟气量、烟气平均温度和烟气的流速等数值进行计算。

烟囱附件有烟囱帽（图2.2－10）、烟道挡板、避雷针、控制系统等。烟道挡板设在烟囱的根部，蝶阀开关由电动执行器来执行。

通过在烟囱内加设挡板，调节挡板开度就可控制一定的抽力，保证炉膛内最合适的负压。一般要求炉膛内保持负压－20～－40Pa，这样既控制了辐射室的通风量，又使火焰不会外扑，确保操作安全。烟囱挡板采用单轴式或多轴式，管道公司在用加热炉一般为单轴，单轴式转轴位于挡板中心，结构简单，故障率低；多轴式有多个叶片，各轴位于各叶片中心，并用连杆连接，较单轴挡板灵活好用，调节范围大。

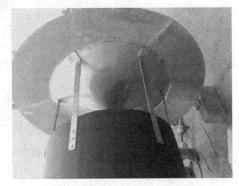

图2.2－10　烟囱帽实物图

管道公司在用的GW系列加热炉是由管道技术作业分公司生产制造，烟道挡板采用6mm厚不锈钢板，制成圆板，用螺栓固定在转轴上，转动部件采用滚动轴承。从实际应用效果来看，这种烟道挡板结构具有很大的缺陷，使用一段时间后，滚动轴承内的油脂会因烟囱内高温烟气的侵蚀，而流出或变质，以致轴承内、外圈及滚动体生锈腐蚀，转动不畅。一般加热炉使用2～3年即出现频繁卡滞或卡死现象，严重影响到加热炉的安全运行。为克服该问题，近年来对烟道挡板进行改进，应用新材料、新技术、新工艺，采用耐高温、耐腐蚀的自润滑石墨轴承；芯轴在直径加大的基础上，采用整体不锈钢空心轴，既减轻了重量又增强了抗弯强度；板片采用高强铝合金组合槽型设计，既增大了抗折强度又减轻了重量，且便于现场组合安装；传动改为齿轮传动，消除了摇臂拉杆机构的力矩不均衡和传动力矩死点问题，使烟道挡板的转动平稳、力矩均衡。同时将烟道挡板独立成一个单独的模块，方便对原烟囱进行改造。由于模块化工厂制造，其制造安装精度提高，有利于挡板转轴的灵活转动，有效避免拉杆式挡板由于烟囱高温变形，转轴两端不同心卡死问题的发生。

新型结构烟道挡板见图2.2－11，新型烟道挡板传动机构及模块化结构见图2.2－12。

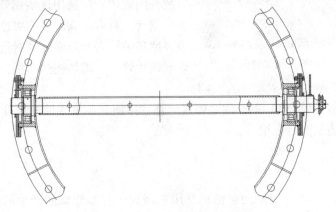

图2.2－11　新型结构烟道挡板

图 2.2 – 12   新型烟道挡板传动机构及模块化结构

四、燃烧器

燃烧器性能的好坏直接影响燃烧质量和炉子的热效率，必须有可靠的燃料供应系统。目前，长输管道的直接式加热炉均使用机电一体化燃烧器，主要采用 Baltur 燃烧器。燃烧器按照使用燃料可分为：燃油燃烧器（又分为轻油、重油），燃气燃烧器，油气两用燃烧器。

五、炉管及吊架

炉管是排列在辐射室和对流室中用于吸收热量并传递给被加热介质的管路，是加热炉形成传热表面最重要的组成部分。炉管按其部位可分为对流管和辐射管，相连两根炉管一般采用180°急弯弯头连接将炉管连成一个整体。被加热介质在炉管内流动并通过炉管吸收燃料燃烧产生的热量。由于在高温下工作，炉管一旦破裂，管内易燃易爆介质喷射至高温炉膛将引起火灾爆炸事故，因此炉管应选用优质钢管，一般采用20#裂化钢管，具有耐高温、耐腐蚀特性及较好的机械强度和炉管表面热强度。对流管一般采用钉头管或翅片管用于增加换热面积，提高热效率。钉头管及辐射管参见图2.2 – 8 和图2.2 – 4。

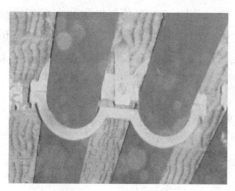

图 2.2 – 13   炉管吊架实物图

炉管吊架（图2.2 – 13）的作用是固定炉管管排使其不发生明显形变，设计一般采用"8"字形耐高温铸钢或合金钢。

六、孔门

防爆门（图2.2 – 14、图2.2 – 15）是用来释放炉膛爆炸瞬间产生的较高炉膛内压力的装置。加热炉在正常操作下一般不会产生爆炸事故的，炉膛产生爆炸或爆喷一般是由于点炉前因为炉管腐蚀穿孔可燃介质泄漏、燃料阀门和喷油嘴等关闭不严，燃料泄漏至炉膛未及时发现或多次点火未着，没有进行有效吹扫等情况，导致炉膛内聚集一定可燃物，在点火瞬间产生爆炸。在发生爆炸的瞬间，炉膛压力将防爆门推开泄放部分压力，降低爆炸损失。但有防爆门的加热炉并不能完全避免在炉膛发生爆炸时可以避免炉体不受损失。

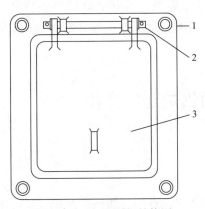

图 2.2 - 14 防爆门结构图
1—安装法兰；2—转轴；3—盖板

图 2.2 - 15 防爆门实物图

看火孔用来观察辐射室内燃料燃烧产生的火焰颜色、形状、长短及相对位置等，此外还用来对辐射室内炉管、吊架、前后墙、耐火纤维毡衬里等部位情况进行检查。看火孔个数及位置的设置一般应满足能全面观察辐射室火焰及炉膛情况等要求，便于掌握加热炉辐射室整体情况。一般用耐火玻璃板盖住，以防漏入冷风。

人孔是一种带有盖的孔道，便于人员进出炉膛内部进行检修、维护、保养等而设置的通道，对加热炉的日常检查、维修、保养等工作十分重要，根据要求每个炉膛室至少应设置一个人孔。

七、吹灰器

吹灰器（图 2.2 - 16、图 2.2 - 17）是设置在对流室炉管之间用于定期喷射蒸汽或空气及采用其他方式清除对流室钉头（翅片）管吸热表面上积灰的装置。一般在对流室设置两列三排共六组，通过引入蒸汽或压缩空气将对流炉管上的烟尘进行吹扫，吹扫下来的烟尘随烟囱排入大气。部分加热炉经过除尘改造后，烟尘经除尘器净化后洁净的气体排入大气。

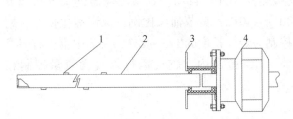

图 2.2 - 16 气动旋转吹灰器结构
1—吹灰孔；2—吹灰管；3—安装法兰；4—气动旋转头

图 2.2 - 17 吹灰器实物图

八、炉墙及衬里

加热炉炉墙衬里全部采用新型耐火纤维毡铺设而成，具有良好的绝热特性，热损失小，安装方便，重量轻，造价低。耐火纤维毡安装时交错压缝排列，表面层和中间层之间用高温黏合剂粘贴并用炉壁锚固的方式进行固定。

第三节　直接式加热炉运行操作

一、点炉前的准备

加热炉在入冬前第一次投运或停用时间超过 2 年，点炉前加热炉必须经检测单位检验且检验结论为正常运行或监护运行。岗位人员必须对炉体内部进行检查，防止炉内聚集大量油气造成炉膛爆炸。

启动控制系统电源，送上加热炉前控制柜中的电源（合上刀开关），合上各电路空气开关。导通燃油、燃气系统，调节燃烧器前燃、燃气油压力，应能满足燃烧器额定压力。操作炉前控制柜烟道挡板手操器使烟道挡板至全开状态。手动启动燃烧器风机，预吹扫 3 ~5min 后停风机。

二、加热炉启停、负荷调整

1. 加热炉现场启炉

打开燃烧器的动力电源，合上控制箱内风机、燃油电加热器、主燃油泵、控制电源、仪表电源、吹灰控制器、变频器等设备空气开关，相应指示灯亮；将状态按钮设置成手动"MAN"状态。负荷调节开关应置中间位置；手动调节烟道挡板手操器，将烟道挡板设成全开状态；燃油运行需点动油泵，观察燃油回路是否循环，检查工作压力是否在 2MPa ± 0.2MPa 范围内；燃气运行需检查燃气炉前动态压力应稳定在 5 ~8kPa。

按下燃烧器启动按钮，程序控制器执行检测程序完成后开始点火，如果点火没有成功，依据程序控制器方框内图标指示，分析原因并处理后，经过吹扫重新点火。

运行正常后，将按钮"MAN"手动切换至"AUT"自动位置，燃烧器进入自动调节状态。调节烟道挡板，炉膛负压控制在 −20 ~ −40Pa；调节油风比例，保证雾化良好，燃烧完全；燃烧器正常燃烧时，火焰长度应控制为炉膛长度的 1/3 ~2/3，火焰中不应有明显的火星；燃油运行烟气含氧量控制在 4% ~8% 范围内，燃气运行烟气含氧量控制在 3% ~7%。

2. 加热炉负荷调整

（1）风油（气）比例的调节：调节开关置于"MAN"位置，调节"MIN"在最小工况位置上，伺服马达开始动作，比例盘转角旋转到约 12°（约 3 个调节螺丝距离），然后停止调节，使开关回置于"0"位置，通过调节比例盘风量调节螺丝，调节合适的空气量；

调节开关置于"MAN"位置，调节"MAX"在最大工况位置上，通过视觉观察火焰，并根据需要调节螺丝到合适的空气量；在整个调节比范围内重复调节，确认燃油（气）量是逐渐增加以及在调节范围终端达到最大出力；在调节过程中，通过观察火焰颜色来调节，以光亮的橙黄色火焰为好，避免带有黑烟的红色火焰，调节完后拧紧调节螺丝上的固定螺丝；将按钮"MAN"手动切换至"AUT"自动位置，则燃烧器进入自动调节状态。

（2）风压的调节：调节燃烧头与火焰盘之间的距离，提高通过火焰盘的风压，满足低出力所需的高流速和旋转，以保证火焰良好的稳定性；燃烧头与火焰盘之间的距离应尽可能调整在较高气流压力下并调整在最大出力时的位置，应避免完全关闭空气通道；在调节燃烧头时，通过燃烧器上的观察孔进行人为控制调节；在燃烧器启动过程中，应根据点火过程中测得的压力值来调节空气压力开关；在实际调节过程中，往往风压调节和油风比例调节相互配合进行。

3. 加热炉停运

关闭燃烧器控制箱面板上的总电源，燃烧器停止运行。停止辅助油泵运行。关闭主控箱内各控制开关（冬季电伴热除外）和燃料油罐中加热棒的电源。关闭燃烧器前进油总阀，防止油枪关闭不严向炉膛漏油。短时间停运加热炉时，可以不停燃料油管线，保持燃料油循环。

长时间停运加热炉时，应停运辅助油泵，关闭燃料油来油、回油总阀或关闭炉侧燃气管线球阀，切断燃气供应。

4. 加热炉远程启停炉、负荷调整操作

将炉前控制柜远程就地切换开关指向远程；进入站控计算机画面，点击加热炉区，进入加热炉操作画面；输入操作人员姓名和密码，取得加热炉操作权限；点击"点炉"按钮，加热炉进入自动点炉程序，点炉成功后炉膛画面出现火焰；点击"出炉温度"按钮，输入加热炉出炉温度，加热炉自动升降负荷。

点击"停炉"按钮，加热炉进入自动停炉程序，停炉后炉膛画面火焰消失。

5. 加热炉吹灰操作

吹灰系统启用前应先启动螺杆式空气压缩机，空压机启动前应检查压缩机外部，各重要组合件是否紧固，不允许任何连接有松动的现象；检查仪表盘钮子开关、启动按钮、停车按钮、紧急停车按钮、运行指示灯和报警指示灯是否完好，钮子开关应处于空载（卸载）位置；关闭手动排污阀、气冷却器排放阀，手动按规定方向盘车，转动联轴器数转，应灵活无阻滞现象；接通压缩机电源，电源指示灯应亮。储气罐压力达到0.5MPa以上，按炉前吹灰控制器按钮，吹灰器自动顺序吹灰。

6. 加热炉系统运行中的检查

（1）加热炉的运行检查：辐射管不应有弯曲、脱皮、鼓包、变色、过热等异常现象；炉内耐火衬里无脱落、破损，炉体外表面无局部过热，表面温度不超标；燃烧器雾化良好，火焰明亮，烟囱不冒黑烟；火焰长度为炉膛长度的1/3~2/3，不偏烧，不舔管；燃烧器电加热器运行正常，加热温度控制在80℃以上；燃烧器风机运行正常，无异常振动、响声，风机风压能满足燃烧器要求；燃料油泵、加压泵运转正常，无异常振动、响声，加压

泵压力能满足燃烧器要求；各管线、阀门连接良好，无渗漏现象；控制仪表、监视仪表工作正常；加热炉各孔、门严密；燃料油罐液位在正常范围内，电加热器运行正常，管线电伴热工作正常；加热炉烟道挡板调节灵活，炉膛负压控制在 $-20 \sim -40Pa$。

加热炉不超温超压运行，出炉温度符合工艺要求；加热炉两管程温差不超过3℃；加热炉各工艺参数应在规定值之内；检查中如发现异常情况，值班人员应及时处理、汇报并做好记录。

（2）燃烧器运行中的检查：燃烧器喷嘴、风机、油泵应运转正常；各管线连接处应无渗漏现象；燃料油管线、阀门应无渗漏现象；辅助油泵应运转正常。

燃烧器控制仪表、检测仪表应工作正常；检查电加热器三相电流是否平衡，电伴热应工作正常；运行控制参数应在规定值之内。

当燃烧器系统出现故障时，则会自动进行"自锁"，按复位按钮，燃烧器自动开始点火和运行。如果"自锁"连续发生 $3 \sim 4$ 次时，应停运燃烧器，进行检查或维修。

第四节　直接式加热炉维护保养

加热炉维护保养分为：日常维护保养、季维护保养。季维护保养记录应存入设备档案。保养时遵循"清洁、润滑、调整、紧固、防腐、密封"的原则；加热炉停炉超过30天应及时清灰，并做好干法保养；加热炉设备的安全阀、燃油流量计等应按检定周期送检。

一、日常维护保养

日常维护保养的内容按十字作业（清洁、润滑、调整、紧固、防腐）的要求进行。

加热炉炉体、人梯、平台及护栏应清洁、卫生，做到无油污无杂物。加热炉管线、阀门及附件应清洁，保温完好，着色符合要求。检查加热炉各种孔门应齐全、完好。检查管线、阀门、法兰等无跑、冒、滴、漏现象，发现渗漏及时处理。活动烟道挡板，保证开关灵活。

二、季维护保养

在日常维护保养中发现的问题，根据重要程度、使用条件等，不能立即处理的，纳入季维护保养计划，加以实施。

每季度手动试验防爆门一次。每季活动保养紧急放空系统，确保阀门灵活、严密，管线畅通。

加热炉长期停炉后应进行干法保养。具体方法如下：

（1）加热炉炉膛彻底清灰；

（2）将干燥剂用布袋、蛇皮袋吊装在辐射室炉管上；

（3）关闭炉膛人孔、看火孔和烟道挡板；

（4）干燥剂用量如下：块状氧化钙又称生石灰，按每立方米加热炉容积加 $2 \sim 3kg$；

无水氯化钙按每立方米加热炉容积加2kg；硅胶按每立方米加热炉容积加1.5~3kg；

（5）每隔半个月检查一次受热面有无腐蚀，并及时更换失效的干燥剂。

停用的加热炉应保持炉管内原油的低流量流动，防止介质在炉管内的凝固；当工艺条件无法保证原油在炉管内流动时，应采用清水对炉管内原油进行扫线，扫线时，清水应添加防腐剂。

长期停用加热炉应进行封存，炉管进行扫线；对燃料油管线扫线，燃油泵进行保养，燃料油管线仪表拆除封存；燃烧器拆除封存。在加热炉停用后，燃料油罐位应维持在最低罐位状态，必要时油罐应进行清罐检查。

思考题

1. GW8000 – Y/6.4 – Y 型加热炉的型号各部分字母及数字代表什么意义？

2. 加热炉的铭牌上至少要标明哪些主要内容？

3. 直接式加热炉的主要结构由哪几部分组成？其中辐射室、对流室采用了什么结构，具体作用是什么？

4. 防爆门的主要作用是什么？加热炉炉墙衬采用什么材料？其主要优势有哪些？

5. 加热炉运行中的检查主要有哪些方面？其中炉膛负压、火焰长度需要如何控制？

6. 加热炉维护保养分为哪几类？保养时遵循什么原则？

7. 加热炉长期停炉后应如何进行保养？具体方法是什么？

第三章 热媒加热炉原理结构与操作维护

第一节 热媒加热炉概述

热媒炉是原油管道输送中必备的热力装置，主要是通过中间介质导热油（热媒）进行热量的传输和交换，并使原油升温。热媒先后流经加热炉的对流段和辐射段炉管，升高温度而带走加热炉炉膛和烟道中燃烧产物的热量后，离开加热炉，流入换热器将大部分热量传给原油，把原油加热到输送所需的温度。热媒通过换热器热量交换后，冷却了再送回加热炉吸收热量，完成对原油的间接加热。用热媒加热炉替代原油加热炉的主要目的是减小加热炉尺寸，降低钢材消耗量，提高加热炉效率，避免炉管结焦，提高加热设备安全性能。

热媒加热炉所需热媒基本要求：

（1）在工作温度范围内应该呈液态状态，便于泵送，黏度小，可节省热媒泵的消耗功率；

（2）在工作温度范围内要有较高的比热容和导热系数，可以使用较少数量的热媒就可满足原油的加热要求；

（3）热媒对炉管没有腐蚀性，具有良好的热稳定性，不易分解和不易与任何物质发生化学反应。

第二节 热媒加热炉与直接式加热炉的主要区别

直接式加热炉中加热原油的数量大，但原油温升小。炉管内原油的流速不能太大，因此使用单管程会使炉管直径增大，造成加热炉体积庞大；使用多管程要采取措施使平行各管有基本相同的流量分配，以防止严重偏流而引起炉管结焦。常用的直接式加热炉为双管程，管径大约为 $\phi 219\text{mm}$。

热媒加热炉中由于热媒温升可以较大，热媒流量较少，热媒可以在较小管径的炉管中用单管程在加热炉中吸热。因此热媒加热炉体积较相同热负荷的直接式加热炉体积要小。

直接式加热炉中被加热的原油是未经处理的，其中可能含有各种腐蚀性成分。热媒加热炉中的热媒是循环使用的。通常用热媒是经过专门筛选过的合成碳氢化合物，对金属没有腐蚀性。

两者的通风方式不同，原油加热炉炉管管径较大，炉膛尺寸大，对流段内炉管管距较大，整个加热炉风烟道系统阻力小，利用适当高度烟囱内烟气和烟囱外空气的密度不同所产生的压力差，足以克服空气和烟气流动时的阻力，这种通风方式称为自然通风。因此直接式加热炉炉膛和对流段烟道均处于负压状态，加热炉外的冷空气会从调风器、看火孔、人孔及其他炉体开孔处渗入，使炉膛温度降低，燃料燃烧不完全；对流室过量空气系数增大，使排烟热损失增加，从而使直接式加热炉炉效降低。

热媒加热炉炉管径较小，炉膛尺寸小，对流段内烟气阻力大。整个加热炉风烟道系统阻力不可能全靠烟囱的抽力克服。主要阻力由装在炉膛前的鼓风机来克服。这样，整个送、引风系统基本上处于正压状态（即大于大气压），故冷空气不可能渗入。炉膛与烟道也应严密封闭，以免烟气外冒，影响操作人员的安全和污染环境。热媒加热炉炉膛正压燃烧使得炉膛容积热负荷增大，炉子结构比较紧凑，材料和制造费用可节省。如果燃料雾化良好和燃烧正常，可以使各项热损失有较大的降低，因此热媒加热炉的热效率要高于直接式加热炉的热效率。

第三节 热媒加热炉一般结构

由于热媒加热炉不是一个单体，它是由多个单体设备组合而成的一个系统或一个装置，而每个设备都具备自行的独立系统。主要由以下系统组成：热媒加热炉系统（包括燃烧控制和烟囱）、热媒－原油换热系统、热媒膨胀稳定系统、燃料供给系统（燃油和燃气）等。

1. 热媒加热炉系统

热媒加热炉系统是原油加热系统整套装置的主要组成部分，其核心设备为热媒加热炉。热媒加热炉系统除了主要设备热媒加热炉以外，还有燃料油－热媒换热器、油气分离器、燃油过滤器、燃料油电加热器、燃料增压油泵和供给燃烧器用空气的鼓风机（统称燃油燃烧器）、燃气减压调节装置、吹灰器等。不同热负荷的热媒加热炉配用不同的燃料油泵和燃气减压调节装置。热媒的进出口温度一般控制在 121～274℃，热媒炉的理想温差为 153℃。

热媒加热炉辐射室和对流室分别见图 3.3－1 和图 3.3－2。

图 3.3－1 热媒加热炉辐射室   图 3.3－2 热媒加热炉对流室

2. 热媒 - 原油换热器系统

热媒在热媒加热炉中吸收了燃料油（或燃气）燃烧释放出来的大量热能，使其温度升高到热媒最高的油膜温度以下，如 T - 55 的热媒温度范围为 260 ~ 315℃，一般热媒加热炉控制系统设定的热媒温度为 274℃，升温后的热媒进入到管壳式换热器（热媒 - 原油换热器），作为热流体。要加热的原油作为冷流体通过管壳式换热器提高所需要的温度。如图 3.3 - 3 所示。

图 3.3 - 3　热媒 - 原油换热器

热媒在管束内流动（又称走管程），原油在管束与管壳之间的空间内流动（又称走壳程）。为了减少热损，换热器的外表面进行了相应厚度的保温。

（1）循环泵：是推动导热油不断循环流动的动力源，它的额定流量必须和热媒炉相匹配，以保证加热炉管内导热油的流速能达到设计要求及热媒炉、导热油能长期安全供热。当热媒炉供热系统在高温情况下运行时，循环泵不能停止运转，以免导热油流量减少及停止，从而导致热媒炉盘管内导热油变质结焦损害热媒炉。因此循环泵在一般供热系统中要配置一台型号相同、状态良好的备用泵，一旦运行中的泵出现故障，即可切换到备份泵运行。

（2）膨胀罐：是钢制常压卧式容器，其主要作用为：①为循环泵提供背压，防止循环泵抽空；②吸收热媒膨胀量，保持热媒系统平衡；③向系统内补充导热油；④系统启动时排气脱水；⑤监控导热油系统液位，维护系统正常运行。膨胀罐在安装时一般不得安装在热媒炉的正上方，以防因导热油膨胀而喷出引起火灾。膨胀罐设置在不低于系统最高点 1.5m 处。膨胀管不得采取保温措施。溢流管上严禁安装阀门。对于容积大于或者等于 20m³ 的膨胀罐，设置一个独立的快速排放阀，或者在其内部气相和液相空间分别设置膨胀管线，其中液相空间膨胀管线上设置一个快速切断阀。根据此要求，本系统是采用膨胀罐内部气相和液相空间分别设置膨胀管线，其中液相空间膨胀管线上设置一个快速切断阀的方式。此快速切断阀采用气动控制的方式，为气开阀，正常运行时阀门全开，需要仪表风持续供应，当系统中流量低到报警时，通到此阀的仪表风管线的电磁阀会关闭，仪表风管线将切断，快速切断阀将迅速关闭，防止罐内导热油流到系统更低点。当此阀关闭后，阀位反馈信号将会报警连锁并停炉。一般在运行情况下，膨胀罐内储存着系统总容量的 20% 以上有机热载体，对于容量大的系统，罐内的有机热载体数量是必须加以重视的。当系统内发生泄漏时，如果不能有效和迅速地阻止膨胀罐内的有机热载体流入系统内位置更低的部分，则该系统的有机热载体泄漏量将会增加 20% 以上，并增大泄漏事故的危险程度和处理难度。所以膨胀管线上设置一个快速切断阀是很有必要的，对于系统泄漏条件下的安全控制和减少经济损失是非常必要的。

（3）储油罐：是钢制常压卧式容器，主要用来储存膨胀罐、炉管及系统部分导热油，正常工作时应处于低液位状态，随时准备接受外来排入的导热油。

（4）取样冷却器：系统至少应设置一个有机热载体的取样冷却器。斜向系统宜装设在循环泵进出口之间或者有机热载体供应母管和回流母管之间。在用的有机热载体的质量检测需要保证被测样品具有代表性，有代表性的样品应该从参与系统循环的管线或这杯中取得。在高温条件下取样应当保证取样人员在操作过程中的安全，还应当保证取样操作时样品中易于挥发的成分不会逸出，其他的成分不会在与空气接触时发生剧烈氧化反应。为此，需要在系统中设置一个取样冷却器。当需要取样时，将取样冷却器的冷却水管线的阀门先打开，然后将取样冷却器导热油进口阀门打开，出口阀门半开，当有导热油流出时，如果流出的导热油还较热，则将导热油进出口阀门关闭，让冷却水流动 5min 或者更长时间，让冷却水将导热油充分冷却后再将导热油出口的阀门打开接取导热油样品。

（5）充填泵组：充填泵组是由齿轮注油泵及 6 个阀门组成，用来向系统补充或抽出导热油，供操作人员调试系统供给导热油或检修时将导热油卸入储油罐中。充填泵组用途一：注油至系统 1、开启阀门 L26、L25。油桶中的导热油借助充填泵动力，经过阀门 L26、L25，沿接至膨胀罐的注油管线，至膨胀罐中，将热媒加热系统中的导热油注满。用途二：系统中导热油抽至油桶，开启阀门 L28、L27。系统中的导热油沿接至循环泵的管线，经过阀门 L28、L27，借助充填泵动力，将导热油抽入油桶中。用途三：抽油至膨胀罐，再通过溢流管溢流到储油罐，开启阀门 L28、L25。系统中的导热油沿接至循环泵的管线，经过阀门 L28、L25，借助充填泵动力，将导热油抽入膨胀罐中。如果膨胀罐的空间不够，则导热油会通过膨胀罐与储油罐之间的溢流管溢流进入储油罐。用途四：储油罐抽油至油桶，开启阀门 L31、L28、L27。储油罐中的导热油，经过阀门 L31、L28、L27，借助充填泵动力，将导热油抽入油桶中。

（6）安全阀：热媒系统中设置三处安全阀。

①热媒炉出口安全阀：设置在热媒炉出口管线上用来防止导热油超压，排放压力为 0.9MPa。

②膨胀罐顶安全阀：设置在膨胀罐的罐顶。其作用是防止氮封系统压力过高，排放压力为 0.06MPa。

③储油顶安全阀：设置在储油罐的罐顶。其作用是防止氮封系统压力过高，排放压力为 0.06MPa。

（7）氮封系统：氮封系统的作用是用氮气对膨胀罐和储油罐中的导热油进行覆盖，使罐内的自由空间充满氮气，使罐内导热油与空气隔离，避免导热油与氧气接触而产生氧化，变质老化，也避免水蒸气的进入。氮封系统装有监测设备，同时在氮气管线进出口设置呼吸阀，使膨胀罐和储油罐中压力稳定在一个范围内（0.02~0.04MPa），从而实现微压操作，超压自动释放，压力不足自动充气的功能。氮封系统中还有一条氮气管线引入热媒炉中，如热媒炉内部盘管有泄漏并发生燃烧，迅速打开氮气控制阀进行灭火，达到安全保护的目的。

3. 热媒稳定供给系统

热媒在整套装置中起着载热介质的作用而在系统中循环使用。它的物理化学性能稳定与否对系统安全可靠运行是至关重要的。

作为热媒的基本要求是在工作温度范围内呈液体状态，易泵送，有较大的比热容和导热系数。满足这些基本要求的液体主要是碳氢化合物（有机化合物）。一般有机化合物与空气接触容易氧化而变质，因此要使热媒热物理性质稳定，循环系统应该是密闭的。考虑到热媒的热膨胀而体积变大，因而热媒循环系统设置有膨胀罐，膨胀罐内充以惰性气体（氮气）作为覆盖层，防止热媒与空气相接触而氧化，确保热媒系统中的热媒周而复始地完成热媒的吸热放热，供给原油一定的加热温度来完成原油的安全外输。

4. 燃料供给系统（燃油和燃气）

燃料供给系统是热媒加热炉的燃烧热源，燃料油取自油罐来油，经脱水，来油压力控制在 0.4MPa 以下，进入燃烧器的燃料油系统；天然气来自天然气管道，通过计量减压至燃烧器所需的 15~25kPa。

第四节　热媒加热炉运行操作

热媒加热炉用来加热热媒，并不直接加热原油。原油是在热媒－原油换热器中被间接加热。热媒起着中间热载体的作用，在装置中循环使用。热煤加热炉系统在装置中是一核心设备。热煤加热炉操作人员不仅要熟悉热媒加热炉的本身结构、性能等特点，还必须全面了解、熟悉换热器系统、热媒稳定（循环）供给系统以及它们与热媒加热炉之间的相互关系。

一、热媒炉的点炉操作

首先确认燃烧器为何种型号燃烧器。燃烧器的种类分为燃油燃烧和燃气燃烧。而燃油燃烧器又分为三种：即旋杯式、介质雾化式和机械雾化式。不论选用何种燃烧器，都要遵循燃烧器燃烧所必备的燃烧条件。

目前，热媒加热炉使用的燃烧设备为百得油气两用分体机，由主机头、助燃风机和加热装置组成，而主机头的两侧，左侧为燃油供给，右侧为燃气供给。如图 3.4－1、图 3.4－2 所示。

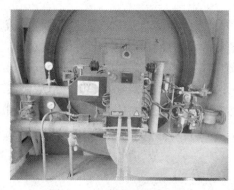　

图 3.4－1　燃烧机的主机头　　　　　图 3.4－2　助燃风机

炉前柜采用的是强弱电分别安置，这样可以消除强电干扰弱点信号，使得运行更加可靠、安全。如图 3.4－3、图 3.4－4 所示。

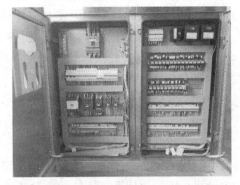

图 3.4 – 3　炉前柜正面图　　　　　图 3.4 – 4　炉前柜电气与控制线路板

图 3.4 – 5 是热媒炉配电柜左侧控制面板。

图 3.4 – 6 是热媒炉配电柜右侧控制面板。

图 3.4 – 5　炉前柜上部左侧操作面板

1—总电源；2—电机热保护；3—电加热运行；
4—热媒泵停止；5—热媒泵运行；6—风机手自动；
7—电伴热控制；8—电热丝控制；9—油泵电动；
10—热媒泵启动；11—风机运行；12—电伴热运行；
13—电热丝运行；14—油泵运行；15—热媒泵停止；
16~25—备用；26—电压显示器；
27—燃料油温度控制器

图 3.4 – 6　炉前柜上部右侧操作面板

1—控制电源；2—启动准备；3—燃油选择；4—燃气选择；
5—远程控制；6—就地控制；7—紧急停止；8—电源开关；
9—燃油/燃气选择；10—就地/远控选择；11—燃油复位；
12—燃气复位；13—启动指示；14—停止指示；15—负荷手动；
16—负荷自动；17—故障指示；18—蜂鸣器；19—燃烧器启动；
20—燃烧器停止；21—负荷手/自动；22—负荷大/小；23—备用；
24—消音；25—燃油指示；26—燃气指示；27—备用；28—进油阀；
29—回油阀；30—旁通阀；31—气动吹灰控制器；
32—热媒温度控制器

热媒炉的点炉操作步骤如下。

（1）启动燃料油或燃料气系统：

①燃烧介质为液体燃料时，开启燃料油泵进行循环，观察；

②燃烧燃料为气体燃料时，检测燃气压力应控制在规定范围内，一般控制在 0.02 ~ 0.025MPa 最佳；

③导通燃气（燃油）管线，观察燃烧子系统压力表显示值应符合燃烧器要求，若不符

合要求应予以校正。

（2）启动热媒泵，使热媒循环处于正常运行工况，热媒系统内无空气、无杂质、无杂音，热媒膨胀罐液位始终保持在规定最低液位以上。

（3）开启氮气灭火系统：打开氮气储罐球阀，为氮气灭火操作做好准备。若炉膛内意外着火，上微机即可发出指令，打开灭火电磁阀，实现灭火操作。

（4）在炉前控制柜上确认本机启动的是燃油还是燃气，并把开关切换至所要启动位置，按"启动按钮或开关"。

每台热媒炉安装单台燃油（气）燃烧器或油气两用燃烧器，该燃烧器由燃烧控制器、紫外线火焰探测器、引火电磁阀、高压脉冲打火器、主燃料电磁阀和风门装置等构成，燃烧器控制电路与控制器外部控制电路通过信号电缆进行连接。

现场检测仪表包括一体化温变计、差压流量计、温度开关、差压开关和液位开关等；现场的电动执行机构包括换热器处的电动三通调节阀和电磁阀。

（5）设定并确定启炉前的各个参数，如：热媒流量、燃料压力、燃料温度、热媒出炉温度、热媒进炉压力等。

（6）顺序点火：采用先点引火、后点主火的自动点火程序。观察整个点火过程，首先进行大风预吹扫180s（此时间视各种炉型而定，小负荷炉膛可以适当减少吹扫时间），180s后，一切正常，程序继续往下走，关小鼓风机开度约10%，以点着火为准，高压脉冲打火（或液化气引燃），引燃火种，数秒钟后主电池阀打开，燃料导通点燃。全过程由燃烧控制器管理。

（7）自动报警和停炉保护：当热媒炉运行出现故障时，控制器检测到报警信号后，就自动进入停炉程序，并给出相应报警信息提示（声音或代码），供操作人员判断并处理故障。

（8）自动顺序启停炉：在设备条件及参数满足启炉条件的情况下，可编程控制器接受启炉信号后，执行启炉程序，实现自动启炉。在设备条件不满足正常运行要求或运行参数越限的情况下，可编程控制器自动执行停炉顺控程序，实现自动停炉，同时锁定第一报警点，并发出声、光报警。

（9）温度自动调节：原油换热器原油出口温度通过现场一体化温变计的检测，将信号传入负荷调节器，在其内部与原油温度设定值进行比较，经 PID 运算后，通过输出 4～20mA 模拟电流控制调节阀开度，从而控制燃料油（气）消耗量，达到调节原油出口温度的目的。

二、热媒炉点火成功后的正常运行观察

首先确认热媒炉点火正常，观察火焰呈明亮光源，不舔炉管，火焰长度在规定范围内；烟囱不冒黑烟或白烟，氧量控制在规定范围之内。热媒流量、热媒泵及进出炉压力、热媒膨胀罐液位、燃烧设备的燃料压力稳定，均在规定值范围内。热媒炉设备运行无振动、无杂音等异常现象。热媒炉的各个辅机以及辅助设备运行正常，各参数均在规定范围之内。运行参数的变化应执行调度令，随时调节热媒炉的各个参数的变化。吹灰除尘装置正常运行。

热媒加热炉在正常运行中必须引起注意的是：切换至正常运行流程后，热媒炉最好不要在小火状态下运行，由于小火运行燃烧温度低，会使设备腐蚀加快，并影响炉子热效率；热媒加热炉除特殊情况外，不建议超负荷运行；火焰长度不得超过炉膛长度的75%，禁止火焰接触炉管，发现此种情况应及时处理；冷炉启动时，应逐渐提升热媒炉负荷，炉膛升温速度以100℃/h为宜；热媒膨胀罐液位过低时，应及时补充相同型号的热媒，并重新对热媒脱水干燥；热媒运行三个月，应进行化学分析，如发现不正常应查明原因进行处理；不允许两炉一泵或一炉两泵运行（根据设计规范热媒泵与热媒炉运行动能是相应配套的），即热媒泵与热媒炉配套运行；认真进行巡回检查，注意各系统的运行情况，及时进行维护保养；有报警事故发生时，应查明原因，且妥善处理后，方可再投运装置。

三、热媒加热炉的热媒补充与脱水方法

热媒炉即便在安装试压过程中，装置中的水通过各种手段诸如用压缩空气、氮气等进行吹扫排放，但在管路中仍然存在水气，同样新热媒中也含有部分水迹。然而，水在高温下会变成水蒸气，与热媒混合后，将会导致泵的压力发生不规则的变化，造成泵的抽空、管线振动和异常的噪声；最主要原因是，由于它的存在，不能使热媒温度上升到所达到的温度，而且会减低热媒的使用寿命，因此，热媒系统运行之前必须对热媒进行脱水干燥。

将系统调整为脱水流程，即所有热媒全部通过热媒膨胀罐处理水分后，再由热媒泵输出。脱水一般分为低温脱水和高温脱水。

在低温脱水时，也就是在启动热媒加热炉之前，首先确认系统制高点即热媒膨胀罐的液位处于低液位以上，若不满足，必须进行新热媒的添加，选用160目过滤网过滤后将新热媒打入膨胀罐内，直至液位达到最低液位为止。开启较小的负荷热媒加热炉进行小负荷操作。热媒出炉温度控制在100~110℃，使热媒通过膨胀罐循环，打开膨胀罐顶部的放空管阀门，当温度达到100℃以上时，水将变为水蒸气从膨胀罐顶部排放口排出。通过膨胀罐循环的最少时间为3h，直到排气口不冒气为止。

在高温脱水时，把热媒温度升到135~140℃，继续通过膨胀罐循环，如有爆沸或油炸声，或从膨胀罐排出蒸汽，则需保持135~140℃的温度继续脱水。应该指出的是，当水排出后，就有必要添加新热媒以保证膨胀罐的液位。所添加新的热媒要在低温脱水温度下进行。

无论何种脱水模式，都是将热媒中的水分脱离出来，那么，对于新热媒只是脱水而已，而对于已经运行多年的热媒，脱水完成后，还要脱低沸点物，这部分同样会阻止热媒的正常流动，同样会出现汽蚀现象。所以，当证实热媒中没有水后，将热媒温度升高到150℃，继续通过膨胀罐循环，且至少保持8h，尽可能地排出热媒中的水和低沸点化合物。当确定各回路中不再有水和低沸点物时，脱水、脱低沸点物完成。

在脱水过程中，无论是在试运行阶段，还是在脱水阶段，都要对装置内各设备及附件进行检查测试，以确认其运行状态良好。一旦发现问题，立即停炉进行处理。脱水时更要注意，如果热媒系统中有水存留是极其危险的，尤其在高温状态下，水将变成蒸汽，引起系统压力突然升高。如果温度足够高，产生的蒸汽压力会导致系统压力超过设计压力，发生事故，因此，必须确认热媒系统内的水分全部排净，方可进入正常运行流程。在脱水、

气和脱低沸点物时，不能投运氮气覆盖系统。为了防止爆喷，应把膨胀罐放空管引到地面，并设置废气液回收容器，使排气口插入回收容器中，使脱出的水气及低沸点物泄放在回收容器中。在此阶段的换热设备应根据脱水情况进行投入，建立热媒循环。脱水一旦完成，关闭膨胀罐顶部的排气阀，为了延长热媒的使用寿命，立即切换到正常运行流程，以备加热运行。在系统脱水干燥过程中，应密切注意防止高温热媒的溢出，烫伤操作人员。

四、热媒炉停运操作

热媒炉的停运操作包括正常停运和事故状态紧急停运。在正常停运的情况下，调度部门应提前通知各有关部门，以便各部门提前做好准备，特别是通知热媒炉操作岗位，以便他们按指令提前降温。

无论是正常停运还是紧急停运，停炉后的一段时间内，应尽量保持热媒泵正常运行，维持循环，以防止炉管内静止热媒因温升过高而汽化或结焦。

热媒加热炉正常停运可按以下程序和要求进行：

（1）正常停运按先降温，后停炉，最后停热媒泵的顺序进行；

（2）停炉过程中应保持燃料压力稳定；

（3）热媒炉正常停炉程序按停炉操作的步骤和要求进行；

（4）停炉后，应保证燃烧器后吹扫时间不低于180s，且炉膛温度不得高于350℃；

（5）若长时间停炉，应将燃料（油）气管路上的球阀关闭；

（6）若短时间停炉，应保持燃烧系统处于待命状态，且维持热媒泵正常运行，保持系统热媒循环；

（7）停炉过程中，应维持热媒循环，若为长时间停炉，待炉温降到100℃以下时，可停止热媒泵运行。此时应指定专人检查炉内压力变化情况，防止意外事件发生；

（8）对系统中任何零部件的检修均应在系统完全停运后进行；

（9）热媒系统停运后，应采取相应防冻、防腐措施；

（10）若长时间停运，应在热媒泵停止运行后，应保持氮气覆盖热媒膨胀罐液面，与大气隔开，确保氮气覆盖压力在0.03MPa；

（11）若热媒炉长时间停运，可关闭氮气灭火系统。

当热媒系统在正常运行期间，发生紧急情况，不能按正常停炉程序和降温速度进行系统停运操作时，可采用紧急停运。有下列情况之一者，必须采取紧急停运：热媒炉炉管烧穿；热媒炉炉管内断流或静止（热媒泵故障或管线堵塞）；燃料供应中断；热媒炉受到严重破坏；热媒循环系统严重泄漏；热媒炉内发生二次燃烧；热媒炉出口压力持续上升不能消除；热媒炉进出口压力表或温度计全部失灵；燃烧器故障，不能维持正常燃烧；仪表系统故障失常，不能进行正常操作及膨胀罐液位超限报警且一时难以查明原因。

当发生热媒炉炉管烧穿、炉体破坏或炉管内断流，但并不危及炉体及系统安全时，可按正常停运处理；否则按紧急停运处理。当发生仪表系统故障时，若能维持手动操作，可手动正常停运。

紧急停运程序：按动炉前柜上的紧急停炉按钮，停止燃烧器运行，并关闭事故热媒炉燃料（油）气供给阀；按热媒紧急排放程序排放事故炉内的热媒；若炉内着火，则氮气灭火系统应自动投入运行，并起到灭火作用，且应立即拨打火警119；维持热媒循环，按正常停运，按炉膛降温程序进行炉膛降温，抢修仪表控制系统（仪表失灵，可手动正常停炉时用此程序，其他情况本装置不适用）。

若为其他情况，可按以下程序进行紧急停运操作：①站控室上位机发出停炉指令，停运热媒炉；②保持热媒在系统中的循环；③热媒炉由上位机进行全自动控制，设有多个安全报警点，所以发生紧急停运的情况相当少。即便发生，自控系统能锁定第一故障代码，操作人员可尽快发现故障所在并进行处理。

第五节　热媒加热炉维护保养

热媒加热炉与其他生产设备一样，同样要进行维护保养和定期检查维修，在确保安全的基础上，维护设备长久、正常地运行。

热媒加热炉在低压状态下，密闭的系统内循环加热，相对于其他加热设施的维护保养要简单，维修要容易。一般分为日常检查和定期检修。日常检查的数据和定期检修的记录是判断热媒加热炉正常与否的重要资料，一定要整理好并和正常运行状态的资料进行对照、比较，做好监视工作，及时发现问题、处理问题。而且，检修工作不仅靠有经验的专职技术人员，而且也要特别重视平常资料的整理、积累、保管。

维护保养和定期检修的分类方式有多种，热媒加热炉的日常检查分为日常保养、季保养和年度保养。定期检修就是设备按规定运行几年后的定期修理。不论何种保养还是定期检修，都应该做好记录且记录应完整、准确、可靠。

一、热媒加热炉维护保养

日常维护保养所做的工作就是值班人员对正在运行的设备的监护和停用设备的清洁，按照"十字作业法"，即清洁、润滑、调整、紧固和防腐。对设备本身及设备周围做到清洁卫生、无污染、无杂物；对运行中的设备做到润滑良好、无杂音、无异常振动，及时做好添加润滑脂（油）；观察运行中的设备符合运行规程并对其各参数值按照规定范围，根据运行的实际工况进行调整；检查在用设备的牢固工况，密封处不得有渗漏现象；由于设备常年受日晒雨淋影响，及时做好除锈防腐处理。重点是要做好定时巡视工作，对各测量点认真做好记录。发现异常，应及时分析处理。同时也要检查备用设备的情况，并做好记录存档。

季度的保养，就是在日常维护保养之后，问题依然出现时，需要在季度保养中实现，制定保养计划。所做的主要内容有：检查主要运行设备的破损程度，进行修理维护；按照燃烧器使用说明书的保养要求，进行燃烧器密封组件的检查维护；必要时清扫炉膛积灰和结焦，以维系热媒加热炉的高效运行；检查系统管网支（吊）架稳固情况，必要时应及时处理；检查保温是否完好，否则应及时修补；清洗燃料管路及热媒管线上过滤器的过滤网；搞好紧急排放系统的清洁、润滑、紧固，保证灵活好用、畅通无阻。

年度保养维护要求：对热媒加热炉进行年度检验、检测和清灰；全面检查热媒加热炉及其辅助设备在运行中出现的问题，特别对热媒加热炉炉管腐蚀、变形、鼓包、裂纹及焊口质量情况进行检查，并做详细记录；检查修补保温材料是否损坏；检查并解体吹灰装置，要求装置旋转灵活好用，吹灰管无变形；热媒紧急排放安全阀一年一度送检，并要求出具检验报告；检查并维护标定现场一、二次仪表，以及远传装置，出现偏差超出规定范围的，给予更新；从运行的热媒加热炉内取出热媒送到有资质的化验机构进行热媒化验，分析成分以决定是可以继续使用或进行相应的处理；热媒加热炉因长期停运要进行干式法封存保养，炉膛内放置干式保护剂；检查所有设备地基有无下沉、倾斜、开裂，若有应进行处理。

二、热媒加热炉常见故障及处理方法

热媒加热炉常见故障及处理方法如表 3.5 – 1 所示。

表 3.5 – 1　热媒加热炉常见故障及处理方法

现象	现象可能发生故障的原因	处理方法
火焰故障	燃（油）气系统故障	检查管路中的各个阀门开关和燃（油）气压力等
	电极不打火	检查点火变压器、点火线圈、电极以及两个电极位置
	风门过大，导致火焰吹灭	检查风门开度，适当调节至最佳位置
	火焰监视器故障	拔出并肉眼观察监视器周围有无杂物，清扫，有破损的直接更换
火焰爆喷	点炉初始，风油配比不当	调节伺服马达的风油比节点
	多次点火不成功，炉膛内存积燃料油	严禁再次点炉，查明原因，大风吹扫炉膛，等待故障处理
	油嘴磨损严重	更换
	自力式调节阀失灵	修理或调整阀的设定值
系统燃油压力过低	燃油过滤器堵塞	清理过滤器
	燃油罐中没油	给燃油罐上油并排水
	燃料油中含水过多	给燃油罐排水
	燃油调节器故障	修正燃油调节器或更新
燃油温度过低	加热器设置温度过低	调整加热器设置温度定值
热媒罐液位过高	热媒中含水较多	查明含水原因，立即脱水或异常事故，停炉检查
	系统压力波动伴有水击声	
热媒罐液位过低	热媒循环系统有严重渗漏区域	停炉检查，查出渗漏点进行修补，根据膨胀罐液位高低适量补充新热媒
热媒泵突然停止	热媒泵电机的接线头绝缘破坏	做绝缘处理
	热媒泵空气开关的接线端子接触电阻大	压紧接线端子
	热媒炉电源掉闸	查明掉闸原因，合闸送电
	热媒泵的控制电源保险丝断	更换保险
	膨胀罐中热媒液位有高低限报警	处理液位

续表

现象	现象可能发生故障的原因	处理方法
热媒压力过低	热媒泵前过滤器堵塞	检查过滤器并清洗，检测热媒流量
	热媒循环系统有泄漏	检查热媒循环系统
	压力开关失灵	校核压力开关
热媒压差过高	热媒炉管有泄漏或炉管堵塞	停炉检查炉管泄漏点并处理结焦
	压力开关设置过低	调整压差设定值
热媒炉入炉压力过高	热媒膨胀罐内氮气压力过高	减低氮封压力
	炉管堵塞，阀门开度不够	检测炉管结焦程度，以及检查阀门开度
	热媒系统响应流程不畅通	检查热媒循环系统响应流程
	压力表失灵	校核压力表
热媒炉出炉温度过高	原油换热器中原油通过量过小	增加换热器原油通过量
	进原油换热器的热媒通过量过小	增加进换热器热媒的通过量
	热电偶失灵	校核热电偶
	热媒炉负荷超载	降低热媒炉的运行负荷
烟道温度高	对流室积灰过多	进行吹灰器吹灰

三、热媒加热炉定期检修

热媒加热炉随着时间的推移逐步在老化，一般按照累计运行时间 36000h 或者日历间隔时间达到 6 年（含备用、封存和检修时间），该加热设备必定要进行定期检修。

设备的定期检修单位要审查其资质。检修单位必须有国家政府部门颁发的锅炉、压力容器、压力管道等特种设备安装改造维修许可证等相应资质；从事修理加热设备的施工人员必须考取国家修理焊接、探伤的职业资格证件。

定期修理项目的鉴定结果，必须依据热媒加热炉相关修理规范，结合其损坏程度，使用单位编制修理技术方案，并经审核后确定修理项目内容。

定期修理项目的质量要求：

（1）所需要更换或者修理的零部件应符合原设计要求；

（2）对于所有在修理中要进行焊接的部位，焊接前均应将坡口表面及坡口边缘外侧不小于 20mm 范围内的油漆、污垢、铁锈、毛刺等清理干净；

（3）对设备基础沉降部位应找正、垫平达到原设计要求；

（4）系统中各部件的安装质量应符合 SY/T 0524 及图纸要求；

（5）修理后应全部消除系统存在的缺陷及隐患；

（6）系统中所有钢结构的修理质量均应符合 GB 50205 的规定；

（7）修理后的设备均应达到原设计的 98% 以上，符合设备铭牌要求。

修理完成后，要进行各个单体项目的检查，并组织进行单体试运行和联合运行，在试运行期间做好试车记录。试运过程中出现的问题立即处理，不得遗留问题，消除故障，提请使用单位验收。

最终要进行修理项目的验收。使用单位接到修理单位提请的验收申请后，组织相关部门参加的验收小组对本次修理的项目进行最终验收，写出验收意见并出具验收纪要存档。

思考题

1. 热媒炉是原油管道输送中必备的热力装置，其属于直接式加热炉还是间接式加热炉，它的主要工作过程是什么？

2. 简要阐述热媒加热炉与直接式加热炉的主要区别有哪些？

3. 热媒加热炉主要系统组成有哪些？其中热媒加热炉系统除了主要设备热媒加热炉以外还有哪些？

4. 热媒加热炉中的氮封系统主要作用是什么？

5. 请简要阐述热媒加热炉的热媒补充与脱水方法。

第四章　真空相变炉原理结构与操作维护

第一节　真空相变炉概述

相变加热炉：在加热炉本体内没有不凝结气体或不凝结气体分压力（绝对压力）接近于零的状态下，锅内介质通过不断蒸发、冷凝的气液两相循环，连续将吸收的热量传递给换热管内工质的加热炉。

真空相变加热炉（负压相变加热炉）：锅内介质蒸汽压力低于当地大气压力的相变加热炉。

真空相变加热炉以下简称真空相变炉，主要用于油气田和长输管道油气集输等生产过程中，加热原油、天然气、生产用水或其混合物等工质。

第二节　真空相变炉工作原理

燃烧器将燃料充分燃烧，热量经加热炉火筒（辐射受热面）及烟管（对流受热面）传递给锅壳内中间介质水，水受热沸腾由液相变为气相蒸发，水蒸气逐步充满炉体的气相空间，由于换热管内被加热工质管壁温度远低于蒸汽温度，从而使蒸汽在换热管外壁冷凝，并把热量传递给换热管内工质。冷凝后的水在重力作用下落回水空间。如此循环往复，实现了相变换热过程。

第三节　真空相变炉一般结构

真空相变炉采用两回程湿背间接加热式结构，主要由燃烧器、炉胆、回燃室、烟管、水盘管、底座、走条、烟囱以及爆破片、真空压力表、液位计等组成。主要结构见图 4.3 - 1。

烟管：采用耐硫酸低温露点腐蚀用 ND 钢，某站真空相变炉换热管规格为 $\phi51mm \times 5mm$，85 根。

盘管（换热管）：采用 20G 钢（GB/T 5310—2017《高压锅炉用无缝钢管》），ZKR3000 - Y/6.4 - Q/Q 型真空相变炉换热管规格为 $\phi51mm \times 4mm$，444 根。见图 4.3 - 2 ~ 图 4.3 - 5。

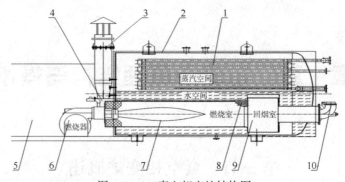

图 4.3 - 1 真空相变炉结构图

1—盘管；2—本体；3—烟囱；4—烟箱；5—操作间；
6—燃烧器；7—火筒；8—烟管；9—回烟室；10—防爆门

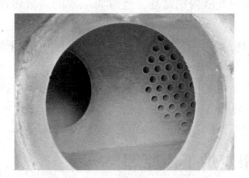

图 4.3 - 2 真空相变炉换热管一

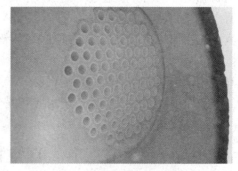

图 4.3 - 3 真空相变炉换热管二

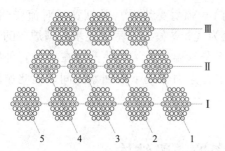

图 4.3 - 4 真空相变炉换热管编号示意图一

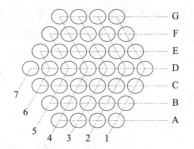

图 4.3 - 5 真空相变炉换热管编号示意图二

液位计：采用磁翻板液位计传感器，现场为磁翻板形式，带远传功能。如图 4.3 - 6 所示。

玻璃视窗：ZKR3000 - Y/6.4 - Q/Q 型相变加热炉采用磁翻板液位计传感器、玻璃视窗，对比监控水位。如图 4.3 - 7 所示。

爆破片：ZKR3000 - Y/6.4 - Q/Q 型真空相变炉安装 2 个反拱形爆破片，安装法兰规格 $DN80$，爆破压力 0.02MPa。如图 4.3 - 8 所示。

爆破片装置由爆破片和夹持器两部分组成。爆破片是在标定爆破压力及温度下爆破泄压的元件，夹持器则是在容器的适当部位装接夹持爆破片的辅助元件。爆破片安全装置具有结构简单、灵敏、准确、无泄漏、泄放能力强等优点。能够在黏稠、高温、低温、腐蚀的环境下可靠地工作。

图 4.3-6 磁翻板液位计传感器

图 4.3-7 玻璃视窗

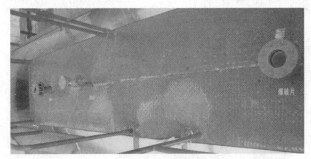

图 4.3-8 爆破片

　　真空泵用来抽净相变炉内空气,主要用在相变炉启期,当炉内空气抽净后,真空泵停运。ZKR3000-Y/6.4-Q/Q 型相变加热炉真空泵型号为美国 Airtech 品牌 HP-140V, 8m³/h, 0.38kW, 1440r/min。如图 4.3-9 所示。

　　预热回收系统:烟囱中部为余热回收系统,烟气余热加热循环水,循环水通过伴热线给原油管线加热,实现烟气余热回收。如图 4.3-10、图 4.3-11 所示。

图 4.3-9 真空泵

图 4.3-10 预热回收系统

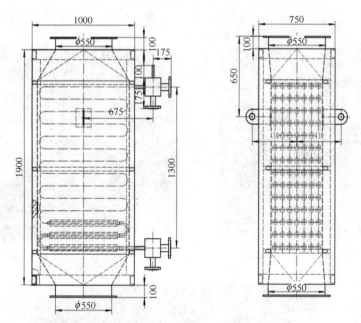

图 4.3 - 11　预热回收系统结构图

第四节　真空相变炉运行操作

真空相变炉采用现代虚拟软件技术为特征的人机界面技术，使用触摸屏技术，实现"直观、方便、安全、高效"的智能操作环境。

在需人为输入参数时，如"定时控制参数""通用运行参数"等，可直接按数字显示框，系统将弹出数字输入窗口，此窗口可分为输入数字显示、数字输入范围显示、数字功能按键三个区域。直接按数字键，输入相应数字后，再按"确认"键即可完成一个数据的输入。例：如需输入 0.85，则分别按下"0"". ""8""5"键后，按下"ENT"键即可，输入过程中还可按"CR"键消除全部输入数字。如想放弃此次输入操作并退出数字输入窗口，只需按下"ES"键即可。见图 4.4 - 1 和图 4.4 - 2。

图 4.4 - 1　人机界面

图 4.4 - 2　控制柜

一、运行前的检查

1. 相变炉本体检查

基础检查内容及要求：基础完好，无不均匀沉降，地脚螺栓连接完好、紧固，底部无杂物，无积水。

2. 炉体检查内容及要求

各部位涂色符合规定；保温层、防水层完好；水位正常，温度、压力参数正常；防爆门灵活好用；爆破片完好，无裂纹；平台、梯子、栏杆安全可靠，防雨棚完好。

3. 炉前控制柜检查内容及要求

炉前控制柜内元器件、线缆连接牢固无松动；合上炉前控制柜电源开关，触摸屏（人机界面）屏幕运行正常，参数显示正常，保护参数设置正确。

4. 燃气燃烧器检查

燃烧器安装后的检查内容及要求：燃烧器应垂直于炉体前墙，以保持燃烧头处于水平状态；燃烧头伸入炉膛内的长度应符合要求，满足燃料喷射角度要求且不妨碍扩散通道的移动；燃烧器安装在室内时，室内必须有良好的通风条件，并安装可燃气体报警装置；燃烧器安装在半露天的操作棚内时，雾天易使电离电极接地造成燃烧器停机，应在燃烧器进风口处安装除雾装置。

5. 燃烧器启动前的检查内容及要求

燃烧器进风口下部地面应保持清洁，以免吸入杂物影响燃烧器的正常工作；燃烧器各部件齐全完好，与燃气管线连接紧固牢靠；电源线、信号线完好，电压正常。断路保险保护完好；燃烧器的空气压力开关、燃气压力开关应完好。空气压力开关设定值为 5 ~ 10mbar；最大燃气压力开关设定值为 50mbar，最小燃气压力开关设定值为 10 ~ 20mbar；燃烧器控制面板上的开关应置于"0"位置。

6. 供气系统检查内容及要求

调压柜完好，各截断阀开关灵活，压力表、流量计、安全阀完好并应有检验合格证；供气压力能满足相变炉负荷要求，来气压力宜为 0.25 ~ 0.35MPa；燃气管线及调压柜内各连接处螺栓紧固，无漏气现象，可用肥皂水或便携式可燃气体探测仪检验各连接处是否渗漏。

7. 工艺管线检查内容及要求

工艺管线完整，进出炉阀门、压力表截止阀等密封部位试压无渗漏；紧急放空阀完好，开关灵活；紧急放空管线畅通，紧急放空池（罐）符合安全规定。

8. 附属系统检查内容及要求

真空泵电气连接牢固，试运正常；余热回收系统管路正常，循环水泵试运正常。

二、系统的运行操作

1. 点炉前的准备

投运燃气系统，全开调压柜内进线处总截断阀，检查柜内有无异常情况，并全开调压柜内干线截断阀。调压柜调压后的压力应稳定在 25 ~ 35kPa；检查二次调压后压力，保证调压后静态压力稳定在 8 ~ 12kPa，动态压力应稳定在 5 ~ 8kPa。如压力不符合要求，则打开调压阀上盖进行调节，调压结束后拧紧盖子；手动启动燃烧器风机，预吹扫 3 ~ 5min 后停机；启动余热回收系统循环水泵。

2. 现场启炉

燃烧器控制面板上的开关应置于"2"位置，点击炉前控制柜触摸屏上启炉按钮，启动全自动燃烧器点火运行。燃烧器点火程序应严格按该类型燃烧控制系统要求进行。当按下点火开关后，应严密监视燃烧器及控制系统的运行情况。如果按程序不能一次点燃，应分析原因，至少间隔 10min 后，再进行二次点火。点火成功后，观测炉膛火焰，火焰颜色为明亮的蓝色火焰，刚性好无抖动，否则应分析原因并进行处理。

当相变炉开始正常运行时，要随时观察相变炉盘管进、出口压力，温度，锅内水位和压力在规定范围内。通过设置水浴温度自动调节燃烧器负荷。相变炉在第一次启炉或者长时间停炉后的启炉，需对相变炉造真空。

（1）真空阀造真空操作方法：在点火前，应关闭被加热工质的进、出口阀门，设置水浴停炉温度为 95℃。点火后，水浴温度不断上升，蒸汽压力达到真空阀设定值时，真空阀自动打开排汽，排放水蒸气的同时将锅内空气排出，约 10 ~ 15min 后，打开被加热工质进、出口阀门，使真空阀快速复位，以建立锅内的真空度，在微正压或微负压状态下运行。

（2）无真空阀造真空操作方法：在点火前，应关闭被加热介质的进、出口阀门，设置水浴停炉温度为 95℃。点火后，打开炉顶进水阀，水浴温度不断上升，锅内介质受热迅速汽化，蒸汽及炉内空气通过进水阀排出炉外，约 10 ~ 15min 后（以蒸汽大量产生开始），关闭炉顶进水阀，打开被加热工质进、出口阀门，以建立锅内的真空度，在微正压或微负压状态下运行。

（3）启动真空泵，继续抽真空，使锅内压力变为负压（ - 0.03 ~ - 0.01MPa，表压），相变炉造真空完成，停运真空泵。

3. 运行中的检查

相变炉在正常运行时，应按时进行巡回检查，每季度对熄火联锁保护进行一次试验。并在设备运行记录中填写检查情况。

相变炉安全水位为水位计中心线 ±40mm，接近下限时应安排停炉补水作业；不允许水位低于下限。相变炉水位设置一般为两个磁翻板水位计组合或一个磁翻板水位计加水位玻璃视窗的组合。运行检查时应互相比对，避免出现假水位；相变炉水浴温度的升温和降温应缓慢进行，严禁急速升降温度。相变炉内的真空度应为 - 0.01 ~ - 0.03MPa。对比相同负荷工况下，水浴温度升高明显，则需要启动真空泵进行抽真空；在点炉初期，因炉水温度低而产生烟气冷凝水，可开启烟箱冷凝水疏水阀疏水。经过一段时间后，排烟温度随负荷变化处于相对稳定数值；当相变炉长期运行，排烟温度明显提高时，应打开烟门，彻底清理烟管中的积灰；相变炉运行中或停炉后，严禁同时关闭被加热工质的进、出口阀门或进、出站阀门，以免造成热力憋压事故；相变炉运行中遇突然停电造成燃烧器及控制系统停运时，应首先关闭燃气阀门，并严密观察炉子的变化情况。

4. 正常停炉

按下炉前控制柜触摸屏上停炉按钮，燃烧机自动停机，燃烧器控制面板上的开关应置于"0"位置，燃烧器断电；短时间停炉，除停运余热循环泵（冬季可不停运）外，无须进行其他操作；冬季因燃烧器或燃气管路故障造成相变炉停炉，短期不能恢复时，应严密监视水浴温度，为防止炉水冻凝，应将相变炉壳程内的水放光，并清洗干净；长期停用的，应采用干法保养，即在壳程内放入硅胶或生石灰，防止氧化腐蚀，同时对盘管进行扫线。

5. 故障停炉

（1）相变炉逐级锅壳、炉胆、封头漏水（汽）；

（2）加热工质盘管泄漏；

（3）水位控制失效；

（4）压力表或防爆真空阀（爆破片）失效；

（5）相变炉元件损坏，危及运行人员安全；

（6）燃烧设备损坏，严重威胁相变炉安全运行。

相变炉因故障停炉，须正确判断故障原因，待故障排除后，方可再次启运相变炉。

第五节　真空相变炉维护保养

真空炉相变炉在一般锅炉维护基础之上，日常维护重点是消除漏气问题、维持真空度。可能漏气的部位主要在各法兰密封面，螺纹连接面，焊缝处，炉体各附件（重力阀，阀门，水位计，压力真空表，压力变送器，液位控制开关及其连接件的连接处）。炉胆、烟管、挠流丝（片）随运行时间的增长，会出现积灰，导致真空相变炉出力降低，特别是挠流丝（片）积灰会明显提高烟风阻力，应根据运行情况，定期清灰。各安全保护、联锁保护有关部分应定期维护，校验、检定，保证动作可靠。

思考题

1. 请简要阐述真空相变炉工作原理。

2. 真空相变炉采用两回程湿背间接加热式结构，主要由哪些部分组成？

3. 相变炉在第一次启炉或者长时间停炉后的启炉，需对相变炉造真空，简要阐述如何造真空？

4. 导致真空相变加热炉发生故障停炉的原油有哪些？

5. 请简要阐述真空相变加热炉的维护保养重点。

第五章 换热器原理结构与操作维护

换热器是一种在不同温度的两种或两种以上流体间实现物料之间热量传递的节能设备，使热量由温度较高的流体传递到温度较低的流体，以满足工艺条件需要，同时也是提高能源利用率的主要设备之一。换热器按传热原理分为：①间壁式换热器；②蓄热式换热器；③复式换热器；④混合式换热器。间壁式换热器有管壳式、套管式和其他形式，是目前应用最广的换热器。本章着重讲述管壳式换热器。

第一节 管壳式换热器概述

管壳式换热器由一个壳体和包含许多管子的管束所构成，冷、热流体之间通过管壁进行换热的换热器。壳体以内、管子和管箱以外的区域称为壳程，通过壳程的流体称为壳程流体（A 流体）。管子和管箱以内的区域称为管程，通过管程的流体称为管程流体（B 流体）。

管壳式换热器主要由管箱、管板、管子、壳体和折流板等构成。通常壳体为圆筒形；管子为直管或 U 形管。为提高换热器的传热效能，也可采用螺纹管、翅片管等。管子的布置有等边三角形、正方形、正方形斜转 45°和同心圆形等多种形式，前 3 种最为常见。按三角形布置时，在相同直径的壳体内可排列较多的管子，以增加传热面积，但管间难以用机械方法清洗，流体阻力也较大。

管板和管子的总体称为管束。管子端部与管板的连接有焊接和胀接两种。在管束中横向设置一些折流板，引导壳程流体多次改变流动方向，有效地冲刷管子，以提高传热效能，同时对管子起支撑作用。折流板的形状有弓形、圆形和矩形等。为减小壳程和管程流体的流通截面、加快流速，以提高传热效能，可在管箱和壳体内纵向设置分程隔板，将壳程分为 2 程和将管程分为 2 程、4 程、6 程和 8 程等。管壳式换热器的传热系数，在水 – 水换热时为 $1400 \sim 2850 \text{W}/(\text{m}^2 \cdot \text{℃})$；用水冷却气体时，为 $10 \sim 280 \text{W}/(\text{m}^2 \cdot \text{℃})$；用水冷凝水蒸气时，为 $570 \sim 4000 \text{W}/(\text{m}^2 \cdot \text{℃})$。

管壳式换热器作为一种传统的标准换热设备，在化工、炼油、石油化工、动力、核能和其他工业装置中得到普遍采用，特别是在高温高压和大型换热器中的应用占据绝对优势。通常的工作压力可达 4MPa，工作温度在 200℃以下，在个别情况下还可达到更高的压力和温度。一般壳体直径在 1.8m 以下，管子长度在 9m 以下，在个别情况下也有更大或更长的。

第二节　管壳式换热器一般结构

管壳式换热器按照应力补偿的方式不同，可以分为以下三个种类。

一、固定管板式换热器

固定管板式换热器是结构最为简单的管壳式换热器，它的传热管束两端管板是直接与壳体连成一体的，壳体上安装有应力补偿圈，能够在固定管板式换热器内部温差较大时减小热应力。固定管板式换热器的热应力补偿较小，不能适应温差较大的场合。

图 5.2 - 1 为固定管板式换热器结构，A 流体从接管 1 流入壳体内，通过管间从接管 2 流出。B 流体从接管 3 流入，通过管内从接管 4 流出。如果 A 流体的温度高于 B 流体，热量便通过管壁由 A 流体传递给 B 流体；反之，则通过管壁由 B 流体传递给 A 流体。固定管板式换热器的结构简单、制造成本低，但参与换热的两流体的温差受一定限制；管间用机械方法清洗有困难，须采用化学方法清洗，因此要求壳程流体不易结垢。

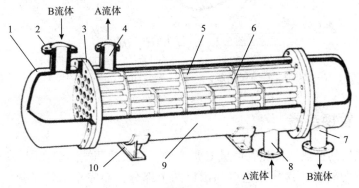

图 5.2 - 1　固定管板式换热器

1—管箱；2—接管 3；3—管板；4—接管 2；5—传热管；
6—折流板；7—接管 4；8—接管 1；9—壳体；10—支座

二、浮头式换热器

浮头式换热器是管壳式换热器中使用最广泛的一种，它的应力消除原理是将传热管束一段的管板放开，任由其在一定的空间内自由浮动而消除热应力。浮头式换热器的传热管束可以从壳体中抽出，清洗和维修都较为方便，但是由于结构复杂，因此浮头式换热器的价格较高。

图 5.2 - 2 为浮头式换热器的结构。管子一端固定在一块固定管板上，管板夹持在壳体法兰与管箱法兰之间，用螺栓连接；管子另一端固定在浮头管板上，浮头管板与浮头盖用螺栓连接，形成可在壳体内自由移动的浮头。由于壳体和管束间没有相互约束，即使两流体温差再大，也不会在管子、壳体和管板中产生温差应力。对于图 5.2 - 2（a）的结构，拆下管箱可将整个管束直接从壳体内抽出。为减小壳体与管束之间的间隙，以便在相

同直径的壳体内排列较多的管子，常采用图 5.2 - 2（b）的结构，即把浮头管板夹持在用螺栓连接的浮头盖与钩圈之间，但这种结构装拆较麻烦。浮头式换热器适用于温度波动和温差大的场合；管束可从壳体内抽出用机械方法清洗管间或更换管束。但与固定管板式换热器相比，它的结构复杂、造价高。

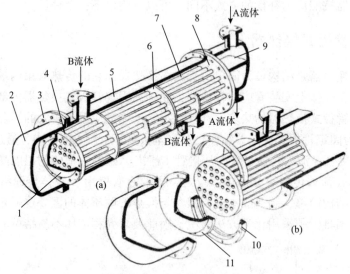

图 5.2 - 2　浮头式换热器

1—浮头；2—管箱；3—法兰；4—浮头管板；5—壳体；6—折流板；
7—传热管；8—固定管板；9—分程隔板；10—钩圈；11—浮头盖

三、U 形管换热器

U 形管换热器的换热器传热管束呈 U 形弯曲，管束的两端固定在同一块管板的上下部位，再由管箱内的隔板将其分为进口和出口两个部分，而完全消除了热应力对管束的影响。U 形管换热器的结构简单、应用方便，但很难拆卸和清洗。其结构见图 5.2 - 3。

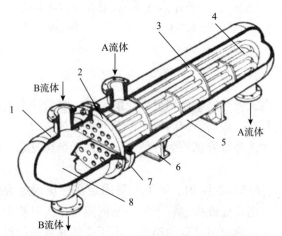

图 5.2 - 3　U 形管换热器的结构

1—管箱；2—管板；3—折流板；4—管子；5—壳体；6—支座；7—法兰；8—分程隔板

　　一束管子被弯制成不同曲率半径的 U 形管，其两端固定在同一块管板上，组成管束。管板夹持在管箱法兰与壳体法兰之间，用螺栓连接。拆下管箱即可直接将管束抽出，便于清洗管间。管束的 U 形端不加固定，可自由伸缩，故它适用于两流体温差较大的场合；又因其构造较浮头式换热器简单，只有一块管板，单位传热面积的金属消耗量少，造价较低，也适用于高压流体的换热。但管子有 U 形部分，管内清洗较直管困难，因此要求管程流体清洁，不易结垢。管束中心的管子被外层管子遮盖，损坏时难以更换。相同直径的壳体内，U 形管的排列数目较直管少，相应的传热面积也较小。

第三节　管壳式换热器运行操作

一、投用前的检查

　　检查换热器已按照使用要求、设计规范正确安装，连接牢固。周围无影响运行安全的阻碍物、易燃品。检查随机文件，查看设备铭牌，压力、温度符合使用要求。检查混凝土基础无裂纹、剥落、下沉。钢结构焊缝无裂纹、无其他缺陷。检查高温、低温流体管线类别标志和流向标志是否准确清晰，排空管线是否畅通、无渗漏。检查阀门状态标识是否正确、阀门是否无渗漏。检查换热器附属设施保温层、防水层是否完好。检查换热器及相关管线的测温仪表、测压仪表、流量计量仪表是否连接可靠，显示是否正常。冷凝水池（罐）清理干净，冷凝水含油监控措施完好。换热器安装完成后已在当地有关部门办理特种设备使用登记证。

二、投用换热器

　　确认换热器高温、低温流体管线相关阀门处于关闭状态。缓慢打开换热器低温流体进口阀门，使低温流体缓慢流入；缓慢打开排气阀，低温流体从排气口流出，关闭排气阀。缓慢打开换热器低温流体出口阀，观察低温流体进出口压力、温度变化，并确认低温流体导通。导通高温流体时，根据流体类别的不同，采用不同的操作方式。当高温流体为蒸汽时，打开蒸汽直通阀，缓慢打开蒸汽进口阀，排空换热器蒸汽系统残液后，打开蒸汽疏水阀，关闭蒸汽直通阀。

　　当高温流体为导热油、热水时，缓慢打开高温流体进口阀门，使高温流体缓慢流入；缓慢打开排气阀，高温流体从排气口流出，关闭排气阀。打开换热器高温流体出口阀。提高高温流体温度及过流量，同时调整低温流体过流量，使换热器高、低温流体出口温度符合工艺运行要求。温度上升到规定值时，对换热器螺栓进行热紧。

三、运行中的检查

　　换热器在规定压力、温度等条件下运行。换热器管线上的压力仪表、温度仪表、流量计量仪表等指示正确，接头无渗漏。分析管、壳程流体的温度及压力，对比参数异常时及时汇报上级调度。换热器运行时，应注意高温、低温流体是否串通。根据流体类别不同，采用不同的判断方法。当低温流体为原油、高温流体为蒸汽时，应观察蒸汽冷凝水池（罐）水面是否有油花。当低温流体为原油，高温流体为导热油或热水时，应通过高温流体管线上的排放阀进行观察，必要时进行化验确认。

当低温流体为水，高温流体为导热油时，应通过高温、低温流体管线上的排放阀进行观察，必要时进行化验确认。判断高温、低温流体存在串通可能，需停运换热器进行进一步检查或修理。换热器进出口阀门、调节阀开度指示正确，阀体无渗漏。

检查换热器及管线保温层是否完好，换热器及其配管连接是否完好，有无异常振动、渗漏、应力变形。

四、停运换热器

因流体供应突然中断，换热器紧急停运时，根据流体类别不同，采用不同的处理方法。当高温流体供应突然中断时，低温流体流程不变，紧急关闭高温流体进口阀门，防止高温流体突然恢复，造成热冲击。当低温流体供应突然中断时，紧急关闭高温流体进口阀门，防止高温流体对低温流体持续加热，造成低温流体汽化。

短期停运换热器，关闭高温流体进口阀，低温流体可维持原流程，保持流动性。长期停运换热器，先关闭高温流体进口阀，排空高温流体残液，当高温流体为水或蒸汽时，流体残夜排空后，关闭高温流体出口阀；换热器外壳温度降低到80℃以下，关闭低温流体进出口阀门，打开放空阀进行放空，残液排空后关闭放空阀。

通过氮气吹扫残液，流体残液排空后，关闭排空阀，换热器高温、低温流体腔体内充氮气进行防腐保护。氮气保护压力宜为 0.1~0.3MPa。

第四节　管壳式换热器维护保养

一、维护保养周期

维护保养周期分为日常维护保养、季度维护保养、年度维护保养。日常维护保养工作由班组完成，季度维护保养工作由站队牵头完成，年度维护保养工作由抢维修队牵头完成。

二、日常维护保养内容及要求

对停运换热器应检查氮气保护压力，低于规定值应及时补充。对停运换热器及管线阀门进行检查，防止因阀门密封不严，导致停运换热器串入流体。

三、季度维护保养内容及要求

通过数据分析，掌握换热器运行中的有关情况，特别是有无流体堵塞和内漏现象。检查换热器有无异常声响与振动。检查换热器基础有无下沉、倾斜、开裂等问题，紧固件是否完好。对高温流体流量调节阀进行全行程测试。对蒸汽疏水阀进行保养，冷凝水池（罐）进行检查、清理。对保温层外表面进行测温检查，对过热部位进行处理。

四、年度维护保养内容及要求

压力表、安全阀等安全附件按规定进行校验，换热器按照规定进行压力容器检验。换热器壳体设置固定检查点，拆除保温层，对该部位进行防腐、测厚检查。对换热器封头进行渗漏检查，对螺栓进行目测，发现裂纹需及时更换。对弯头、法兰等部位焊缝进行检查，发现问题及时处理。对换热器配管应力变形部位进行分析处理。将维护保养完成情况填写记录并存档。

思考题

1. 换热器按传热原理分为哪些？
2. 管壳式换热器按照应力补偿的方式不同，可以分为哪些种类？
3. 请简述管壳式换热器投用前需要检查哪些方面？
4. 管壳式换热器维护保养有哪些，其中日常维护保养的主要内容有哪些？
5. 请简要阐述管壳式换热器停运的步骤是什么？

第六章　锅炉原理结构与操作维护

第一节　锅炉概述

锅炉是一种能量转换设备，向锅炉输入的能量有化学能、电能，锅炉输出具有一定热能的蒸汽、高温水或有机热载体。它是利用燃料燃烧后释放的热能或工业生产中的余热传递给容器内的水，使水达到所需要的温度（热水）或一定压力蒸汽的一种热力设备。它是由"锅"（即锅炉本体水压部分）、"炉"（即燃烧设备部分）、附件仪表及附属设备构成的一个完整体。锅炉在"锅"与"炉"两部分同时进行，水进入锅炉以后，在汽水系统中锅炉受热面将吸收的热量传递给水，使水加热成一定温度和压力的热水或生成蒸汽，被引出应用。在燃烧设备部分，燃料燃烧不断放出热量，燃烧产生的高温烟气通过热的传播，将热量传递给锅炉受热面，而本身温度逐渐降低，最后由烟囱排出。

锅的原义指在火上加热的盛水容器，炉指燃烧燃料的场所，锅炉包括"锅"与"炉"两大部分，"锅"与"炉"一个吸热，一个放热，是密切联系的一个整体设备。锅炉在运行中由于水的循环流动，不断地将受热面吸收的热量全部带走，不仅使水升温或汽化成蒸汽，而且使受热面得到良好的冷却，从而保证了锅炉受热面在高温条件下安全地工作。锅炉中产生的热水或蒸汽可直接为工业生产和人民生活提供所需热能，也可通过蒸汽动力装置转换为机械能，或再通过发电机将机械能转换为电能。提供热水的锅炉称为热水锅炉，主要用于生活，工业生产中也有少量应用。产生蒸汽的锅炉称为蒸汽锅炉，常简称为锅炉，多用于工业生产、火电站、船舶、机车和工矿企业。

《工业锅炉产品型号编制方法》（JB/T 1626—2002）规定，工业锅炉（电加热锅炉除外）产品型号由三部分组成，各部分之间用短横线相连（示意见图 6.1 – 1），各部分表示内容如下。

a）型号的第一部分表示锅炉本体形式和燃烧设备形式或燃烧方式及锅炉容量。共分三段，第一段用两个大写汉语拼音字母代表锅炉本体形式（见表 6.1 – 1）：第二段用一个大写汉语拼音字母代表燃烧设备形式或燃烧方式（见表 6.1 – 2）；第三段用阿拉伯数字表示蒸汽锅炉额定蒸发量（t/h）或热水锅炉额定热功率（MW）。各段连续书写。

b）型号的第二部分表示介质参数。对蒸汽锅炉分两段，中间以斜线相连，第一段用阿拉伯数字表示额定蒸汽压力（MPa）；第二段用阿拉伯数字表示过热蒸汽温度（℃），蒸汽温度为饱和温度时，型号的第二部分无斜线和第二段。对热水锅炉分三段，中间也以斜线相连，第一段用阿拉伯数字表示额定出水压力（MPa）；第二段和第三段分别用阿拉伯数字表示额定出水温度（℃）和额定进水温度（℃）。

c）型号的第三部分表示燃料种类。用大写汉语拼音字母代表燃料品种，同时用罗马数字代表同一燃料品种的不同类别与其并列（见表6.1-3）。如同时使用几种燃料，主要燃料放在前面，中间以顿号隔开。

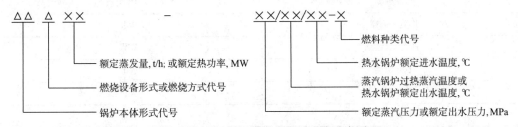

图6.1-1 工业锅炉产品型号组成示意图

表6.1-1 锅炉本体形式代号

锅炉类别	锅炉本体形式	代号
锅壳锅炉	立式水管	LS
	立式火管	LH
	立式无管	LW
	卧式外燃	WW
	卧式内燃	WN
水管锅炉	单锅筒立式	DL
	单锅筒纵置式	DZ
	单锅筒横置式	DH
	双锅筒纵置式	SZ
	双锅筒横置式	SH
	强制循环式	QX

注：水火管混合式锅炉，以锅炉主要受热面形式采用锅壳锅炉或水管锅炉本体形式代号，但在锅炉名称中应写明"水火管"字样。

表6.1-2 燃烧设备形式或燃烧方式代号

燃烧设备	代号
固定炉排	G
固定双层炉排	C
链条炉排	L
往复炉排	W
滚动炉排	D
下饲炉排	A
抛煤机	P
鼓泡流化床燃烧	F
循环流化床燃烧	X
室燃炉	S

注：抽板顶升采用下饲炉排的代号。

表 6.1-3 燃料种类代号

燃料种类	代号
Ⅱ类无烟煤	WⅡ
Ⅲ类无烟煤	WⅢ
Ⅰ类烟煤	AⅠ
Ⅱ类烟煤	AⅡ
Ⅲ类烟煤	AⅢ
褐煤	H
贫煤	P
型煤	X
水煤浆	J
木柴	M
稻壳	D
甘蔗渣	G
油	Y
气	Q

例如：WNS0.7-0.7/95/70-Y 型锅炉是表示卧式内燃室燃炉，额定热功率为 0.7MW，额定蒸气压力为 0.7MPa，额定出水温度为 95℃，额定进水温度为 70℃，燃料为油的热水锅炉。

第二节　锅炉分类

一、按用途分类

电站锅炉：用于火力发电厂的锅炉，容量大、参数高、技术新、要求严。

工业锅炉：在纺织、印染、制药、化工、炼油、造纸等的流程、采暖、制冷中提供蒸汽或热水的锅炉。

生活锅炉：为各工矿、企事业单位、服务行业等提供低参数蒸汽或热水的锅炉。此类锅炉需求量大，全国各地有很多制造厂。

特种锅炉：如双工质两汽循环锅炉，核燃料、船舶、机车、废液、余热、直流锅炉等。

二、按压力分类

常压锅炉：无压锅炉，就是在一个正常大气压下工作的锅炉。

低压锅炉：压力小于等于 2.5MPa。

中压锅炉：压力小于等于 3.9MPa。

高压锅炉：压力小于等于 10.0MPa。

超高压锅炉：压力小于等于 14.0MPa。

亚临界锅炉：压力介于 17～18MPa。

超临界锅炉：压力介于 22～25MPa。

三、按工质种类和输出状态分类

蒸汽锅炉工质为水，输出工质为水蒸气。蒸汽有饱和蒸汽及过热蒸汽之分。热水锅炉工质为水，输出工质为未饱和的热水。

特种锅炉工质应用除水以外的其他化工流体，如水银蒸气锅炉。

四、按本体结构形式分类

锅壳式锅炉的燃烧和吸热蒸发都在圆筒体内完成，它有卧式和立式之分。

水管锅炉是主要受热面为管子的锅炉，是早期锅炉的一项重大改进，安全可靠性大大提高。

锅筒式锅炉是锅筒置于火侧之外不受热的锅炉，有双锅筒、单锅筒和多锅筒式，锅筒有横置式、纵置式等。

五、按燃料或能源种类分类

当锅炉烧用不同燃料时就称为该种燃料的锅炉或某两种燃料的混烧锅炉。

火床燃烧锅炉：燃料置于料床上燃烧，称炉排炉或层燃炉。燃料一般为块粒状原煤，容量最大。

室燃锅炉：燃料在炉室或炉膛内燃烧，一般有煤粉锅炉、燃油锅炉、烧气锅炉等，是当代最大容量的机组，也称悬浮燃烧锅炉，还有介于层燃和室燃之间的半悬浮燃烧锅炉，如机械抛煤机、风力抛煤机锅炉等。

旋风燃烧锅炉：煤粉或细粒煤在旋风筒中燃烧，它有卧式和立式两种，旋风筒内燃烧热强度很高，适用于低灰熔点煤和难着火的煤。

沸腾燃烧锅炉：以粒状燃料置于火床上，在高压风吹动下使燃料层跳动沸腾成流态化，亦称流化床锅炉。

六、按排渣方式分类

排渣有固态和液态之分，固态排渣众所周知，液态排渣将煤中灰分在高温燃烧时形成液体，流入水中裂化成半透明晶体作建筑材料。

七、按炉内烟气压力分类

负压与微正压燃烧锅炉：从炉膛至锅炉出口烟气压力低于大气压力，使引风机的吸风力大于送风机时建立负压系统，反之当送风机的送风压力大于引风机的吸风能力时，形成微正压燃烧。微正压燃烧可减少漏风热损失，但对锅炉的密封要求高得多。

增压燃烧锅炉：增高燃烧烟气压力至几个大气压，压力烟气作燃气轮机工质，推动发电机发电或带动空气压缩机获得较高压力空气作助燃介质，在较高压力下燃烧可加快燃烧速度和提高传热效果。

八、按循环方式分类

自然循环锅炉：水冷壁管内工质的流动循环，依靠上升和下降管之间工质的比重差建立循环压头产生自然循环，这种锅炉只适用至亚临界压力。

控制辅助循环锅炉：在水冷壁与下降管之间增设循环泵，克服流动阻力确保水循环安全可靠，它适用于亚临界和近临界压力的锅炉。

直流锅炉：从水到过热蒸汽出口，依靠给水泵压力一次通过各受热面的锅炉，它适用于高压以上至超临界压力。

复合循环锅炉：在直流锅炉的蒸发区段附加可控强制再循环系统的锅炉，使在低负荷或启动过程中保持水冷壁良好的运行条件，高负荷时进入纯直流运行。低倍率循环锅炉原理相似于控制循环锅炉，促使水冷壁循环倍率降低，加快蒸发速度。

九、按总体布置方式分类

锅炉总体布置方式大体有"D"形、"T"形、"π"形、"塔"式和"箱"式等多种，不作细述。

十、按锅炉房布置方式分类

露天布置锅炉全在露天环境半露天布置锅炉一部分处在露天，另一部分设有简易房屋。

室内布置锅炉整体都在锅炉房屋内。

十一、按通风方式分类

自然通风锅炉：燃烧空气依靠烟囱引风力自然吸入，均为小型锅炉所用。

机械通风平衡通风锅炉：大型锅炉烟风系统阻力较大，燃烧所需空气由送风机强迫送入，燃烧烟气由引风机抽吸出去，维持烟风道的阻力平衡。

第三节　锅炉一般结构

锅炉整体的结构包括锅炉本体、辅助设备和安全装置两大部分。锅炉中的炉膛、锅筒、燃烧器、水冷壁、过热器、省煤器、空气预热器、构架和炉墙等主要部件构成生产蒸汽的核心部分，称为锅炉本体。锅炉本体中两个最主要的部件是炉膛和锅筒。

WNS 系列锅炉是近年来应用较多的卧式内燃三回程全湿背式蒸汽锅炉，采用全波形炉胆，具有良好的热伸缩性；全扳边对接焊接技术，降低了炉体温差应力；管子与管板连接采用先胀后焊形式，消除了腐蚀问题，延长锅炉的使用寿命；螺纹烟管换热，提高了锅炉的换热系数。该型号锅炉外形美观、热效率高、燃料耗量低、出力稳定、安装周期短、维修方便、自动化程度高。燃料在炉胆内燃烧产生高温烟气，经回燃室→第一对流管束→前烟箱→第二对流管束→后烟箱→烟囱排入大气。炉胆在设计中采用波形炉胆，能较好地与火焰形状相适应，保证了燃烧充分，波形炉胆降低了炉胆刚性，减小了变形应力。同时在回燃室安装了弹簧式防爆门和检查孔，本体上设置的人孔有利于锅炉的安全运行及维修。其结构见图 6.3 - 1，实物见图 6.3 - 2。

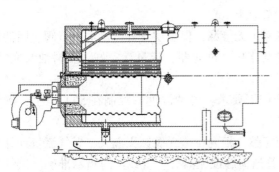

图 6.3 - 1　WNS 系列锅炉结构示意图

图 6.3 - 2　WNS 系列锅炉实物图

第四节　锅炉运行操作

一、点火前的检查

1. 锅炉本体检查

检查锅炉内部有无杂物及其他异常情况，各种门孔例如手孔、人孔、检查孔、观察孔等是否严密，炉膛有无异常，炉墙和筒体是否完整无裂纹及保温良好，防爆门是否完整严密、动作灵活。

2. 安全附件的检查

水位计严密清晰，安装位置正确，正常水位与高低水位有明显标志，照明充足。锅壳锅炉的最低安全水位，应高于最高火界 100mm。对直径小于或等于 1500mm 的卧式锅壳锅炉的最低安全水位，应高于最高火界 75mm。

在用锅炉的安全阀至少每年检查一次，须由当地特种设备安全监察部门检验，检验后，应作铅封，处于完好工作状态。安全阀检验后，其检验结果如整定压力等应记入锅炉技术档案。安全阀的整定压力视工作压力而定，按 TSG G0001—2012《锅炉安全技术监察规程》相关内容执行。

排污阀宜采用闸阀、扇形阀、斜截止阀或球形旋塞阀，畅通好用。排污阀公称直径为 20～65mm，卧式锅壳锅炉锅壳上的排污阀通径不应小于 40mm。汽压表及各种压力表表盘干净、刻度清晰，指针在零点，贴有检定标志，铅封完好。汽压表标有工作压力红线。

3. 附属设备的检查

给水泵（上水泵）、鼓风机、燃油泵转向正确，能随时启动。给水泵、鼓风机、燃油泵、除氧器及汽水换热器处于完好状态。水处理设备完好，软化水源充足，水质应符合GB/T 1576 的规定。

4. 燃油系统的检查

（1）燃料油罐检查：燃料油罐罐体完整，无渗漏。保温层完好；燃料油罐呼吸阀定期清洗，能正常运行；燃料油罐液位计显示准确，液位控制在正常范围内；燃料油罐电加热器能够正常运行，保证罐内原油温度在50℃以上。

（2）燃料油管线检查：燃料油管线畅通、无渗漏，保温层良好。燃油调节阀、回油调节阀等完好、灵活、无渗漏。燃料油管线电伴热、过滤器、流量计完好。燃料油泵完好，无渗漏。

（3）燃烧器前燃油温度、压力应符合如下要求：燃油温度宜控制在50℃以上；燃油压力控制在0.2~0.3MPa。

（4）燃气锅炉供气系统检查：调压柜完整，柜内设施无腐蚀无漏气，燃气流量计计量准确，安全阀定期校验，灵敏可靠。供气管道无腐蚀无漏气，管线压力指示准确。供气压力能满足锅炉负荷要求，正常情况下，来气压力应稳定在0.25~0.35MPa，调压柜调压后压力应稳定在25~35kPa，炉前动态压力应稳定在5~10kPa。

5. 水汽管线、风管线、阀门及其他检查

各种管线要畅通，保温完好，安装牢固，紧固件和密封垫符合要求，位置正确，螺丝满扣整齐。

各种阀门手轮完整紧固，阀杆无锈，填料饱满。各种管道的涂色要符合有关的规定。各种管道上要有明显的表示介质流动方向的箭头。所有照明光源位置合理，能满足操作和监视要求。检查电路系统、电源是否接通，继电器等触点有无异常，各种指示灯是否完好，火焰检测器及各种连锁的限制器是否正常。

二、点炉前的准备

1. 锅炉单台与多台同时运行的点炉准备

打开锅炉主蒸汽二次阀。关闭锅炉主蒸汽一次阀、所有排污阀。打开所有水位计的汽阀、水阀及所有压力表阀，关闭所有的水位计放水阀。打开排汽阀（包括主蒸汽管线上的排汽阀）。打开锅炉的给水分炉总阀，关闭锅炉给水所有阀门。

按给水泵操作规程启运给水泵。缓慢打开给水调节阀的旁路阀手动给锅炉上水，当水位达到正常水位后，关闭给水旁路阀。按给水泵操作规程停泵，并处于备用状态。当水位保持1h不变后，打开排污阀放水至最低水位，关闭排污阀。

按操作规程启运鼓风机，吹扫炉膛3~5min后按停机，并处于备用状态。关闭雾化器进油阀和回油阀，打开油系统循环阀门，投入燃油系统电伴热，使燃油温度达到高出燃油凝点20℃时，立即按燃料油泵操作规程启运油泵，燃料油循环最少1.5h后才允许点炉。

2. 锅炉房联网锅炉中已有运行锅炉时增加锅炉的准备

关闭锅炉主蒸汽一次阀。打开锅炉主蒸汽二次阀。关闭所有排污阀。打开所有水位计的汽、水阀，关闭所有水位计的放水阀，打开所有压力表阀。打开排汽阀（包括主蒸汽管线上的排汽阀）。打开锅炉给水分炉总阀，关闭锅炉给水其他阀门。

按给水泵操作规程启运给水泵供水。缓慢打开给水调节阀的旁路阀手动给锅炉上水，当水位达到最高水位后关闭给水旁路阀。按给水泵操作规程停泵，并处于备用状态。当水位保持 1h 不变后，打开排污阀放水至最低水位，关闭排污阀。

关闭风机入口挡板，打开供风系统其他挡板。按风机操作规程启运鼓风机供风，缓慢打开风机入口挡板，调节挡板使其达到所需要的风量，吹扫炉膛 3～5min，关闭炉前调风器挡板，缓慢关闭风机入口挡板，按风机操作规程停机并处于备用状态。

关闭雾化器的进油阀和回油阀，打开油系统阀门，开蒸汽扫线阀进行暖管 10min，注意汽量不要太大，顶通即可。打开锅炉来油总阀和回油总阀，调节回油调压阀，将燃料油正常地循环起来。

三、点炉操作、升压、送汽、并汽

1. 点炉操作

新安装的锅炉、经大修和二级保养的锅炉第一次点火前要进行烘炉和煮炉。

锅炉现场启停炉、负荷调整操作按照 Q/SHGD 1019—2016《炉类设备操作、维护、修理技术手册》步骤执行。

锅炉远程启停炉、负荷调整操作：将炉前控制柜远程就地切换开关指向远程。进入站控计算机画面，点击锅炉区，进入锅炉操作画面。输入操作人员姓名和密码，取得锅炉操作权限。点击"点炉"，锅炉进入自动点炉程序，点炉成功后炉膛画面出现火焰。点击"出炉压力"，输入锅炉出炉压力，锅炉自动升降负荷。点击"停炉"，锅炉进入自动停炉程序，停炉后炉膛画面火焰消失。

2. 锅炉升压

升压控制时间为 2～4h。在升压过程中，要监视排烟温度的变化及汽包水位变化，若有异常，应查明原因，及时消除。

当锅炉汽压稍高于大气压时，应冲洗压力表管，冲洗后要注意汽压上升情况。当汽包压力升至 0.1～0.2MPa 时，关闭排汽阀，冲洗汽包水位计。关闭放水阀时，水位计中的水位应迅速上升，并带有轻微波动，如水位上升缓慢，说明有堵塞，应再冲洗。水位计冲洗后，要与另一水位计对照水位，若指示不一致，应重新冲洗。冲洗水位计操作应缓慢进行，操作者面部不要正对水位计。

当汽包压力升到 0.2～0.3MPa 时，应冲洗压力表导管，然后校对汽包水位计与自动记录仪指示是否一致。当汽包压力升至 0.25～0.35MPa 时，打开定期排污阀缓慢放水，要注意汽包水位的变化，水位不低于最低允许水位。当汽包压力升至 0.3MPa 时，应严格检查水、汽、油系统的各连接处及阀门填料，确保不漏。当汽包压力达到工作压力 50% 时，应停止升压，对锅炉及附属设备进行全面检查，若有异常现象，立即排除故障，然后继续升压。

3. 锅炉送汽

当汽包压力接近工作压力时，打开蒸汽总管疏水阀，排出冷凝水，再关闭。缓慢打开汽包一次阀暖管，当阀门到达全开限位时，再回转一圈。由于送汽后汽压下降，应及时调整燃烧状况，并观察汽包水位计的变化。

认真检查联锁装置及控制仪表。冲洗水位计，校对记录仪。

4. 锅炉并汽

锅炉并汽时先打开蒸汽总管和主汽管上的疏水阀，排出冷凝水。

当锅炉汽压低于运行系统的汽压 0.05 ~ 0.1MPa 时，即可开始并汽。并汽时要掌握好时机。当第二台锅炉高于运行系统汽压时，主汽阀开启后，大量蒸汽迅速输出，既破坏了额定的运行系统压力，又迫使第二台炉出力猛增、压力猛降，从而产生汽水共腾现象；若第二台炉汽压低于运行系统压力，主汽阀开启后，运行系统的蒸汽会倒流第二台炉内，影响正常运行。

缓慢开启主汽阀的旁通阀进行暖管，待听不到汽流声时，再逐渐打开主汽阀达到全开位置，再回转一圈，然后关闭旁路阀以及蒸汽母管和主汽管上的疏水阀。

并汽时应保持汽压和水位正常，若管道中有水击现象，应疏水后再并汽。并汽后要再次校对汽包水位计、各汽压表指示值是否正确。并将点火、送汽、升压及并汽过程中主要操作及所发现的问题做好记录。并汽增加负荷不宜过快，一般不少于20min。

四、运行中的检查与调整

1. 燃烧的调整

锅炉正常运行时，燃烧室炉膛的火焰要分布均匀，不得冲刷炉壁和炉管，不允许有结焦现象。

锅炉负荷变化时，应及时调整油量和风量，保持锅炉汽压稳定。在增加锅炉蒸发量时，应先加风，后加油；减少锅炉蒸汽量时，应先减油，后减风。当锅炉负荷变化较大时，无论选用何种燃烧器，都要调整进、回油的压力。有的燃烧器是自动调节，有的燃烧器是人工调节，但是锅炉运行中进油压力及油质要符合燃烧器的规定。

燃料油的正常燃烧，应具有光亮的淡黄色火焰，均匀地充满燃烧室；起燃点应在距油嘴头不远的地方，火焰中不应有明显的"雪花"现象，烟囱冒出的烟气颜色很淡，无明显可见的烟。及时观察燃烧器的燃烧情况，若发现燃烧不良、漏油、结焦等异常情况，要及时处理。

在运行中，要经常注意观察排烟温度变化。当排烟温度较正常温度升高10%或突然升高10℃以上时要查明原因，采取相应措施。运行中发现燃烧不正常时，要从以下几个方面检查，并进行处理：

（1）油压、油温是否正常；

（2）油嘴有无堵塞、脱落、漏油、结焦，雾化片有无磨损等现象；

（3）雾化是否良好；

（4）调风器有无烧损现象；

（5）油嘴和调风器的位置是否合适。

2. 水位的调节

锅炉给水要均匀，经常保持锅炉水位在汽包水位计正常水位处，水位允许变化范围为±40mm。每班最少冲洗水位计两次，锅炉给水应根据汽包水位计的指示进行调整。

给水自动调节器投入运行后，仍须经常监视汽包水位计中水位的变化。若给水自动调节器动作失灵，应改为手动调节给水，并及时消除发生的故障。

在运行中要经常监视给水压力和给水温度的变化。当给水温度高于103℃（除氧器投运后）或低于20℃（未投除氧器）要及时联系有关人员进行调整处理。

每班最少三次核对汽包水位计的指示，间隔时间要均匀。若指示不一致，应验证汽包水位计指示的正确性，必要时还应冲洗。将对照结果及所发现的问题做好记录。

每月至少进行一次水位警报器试验。试验时，要保持锅炉运行稳定，水位计指示准确。当汽包水位调整到高低水位线时，警报器鸣叫，水位信号应显示，否则应停止试验，消除所发现的问题，并重新做试验，将试验结果及所发现的问题做好记录。

3. 汽压调整

在运行中，根据用汽的需要和并列运行锅炉负荷的分配，相应调整锅炉的蒸发量。为确保锅炉燃烧稳定及水循环正常，锅炉蒸发量不能低于额定出力的30%。运行中要根据锅炉负荷的变化，适当调整锅炉的汽压，锅炉汽压允许变化范围为0.1MPa。

并列运行的锅炉，要采取下列措施以保持锅炉汽压在允许范围内变化：

（1）根据每台锅炉的技术状况，合理分配各炉的负荷，尽量以一台炉作为调压炉；

（2）经常掌握用汽负荷变化，及时调整锅炉的蒸发量；

（3）在分汽缸处调整各用汽点的供汽量时，操作要缓慢平稳；

（4）经常与各用汽岗位联系，要求各用汽岗位平稳操作，用汽量不要急剧变化；

（5）锅炉各汽压表的指示应每班对照一次，若发现异常，及时汇报；

（6）锅炉运行时，要每月进行一次安全阀手动放汽试验，试验应在正常运行压力下进行。试验时要将试验结果做好记录。

4. 锅炉的排污

为了保持受热面内部清洁，保持锅炉水质合格并能及时排除水垢沉渣，必须对锅炉进行有系统的排污。

锅炉排污有两种：

（1）连续排污：从循环回路中含盐浓度最大的部位放出炉水，以维持额定的锅炉水含盐量；

（2）定期排污：消除连续排污的不足，从锅炉下锅筒排除炉内的沉淀物。改善锅炉水质，当锅炉水质不良或悬浮物增多时，要加强定期排污。

锅水的水质标准应符合 GB/T 1576—2018《工业锅炉水质》的规定。当锅水相对碱度达到0.2时，要采取防止苛性脆化的措施。

当锅水碱度或溶解固形物超过规定时，要加大连续排污量。加强锅水监督，以确定合理的排污量，直至水质合格为止。

运行中一般每班定期排污一次。在锅炉启动的低压阶段，要加强下锅筒排污；当锅水澄清后，减少排污次数。排污应在低负荷时进行，当排污阀全开时，排污持续时间不宜超过 0.5min。不准同时打开两个排污点的排污阀。当炉水碱度或溶解固形物超过规定时，要加大连续排污量，同时加强炉水监督，以确定合理的排污量，直至水质合格为止。

排污时，应注意监视给水压力和汽包水位的变化，并维持水位正常。排污后，应进行全面检查，确认各排污阀关闭严密。排污程序是：先开一次阀，缓慢开二次阀；排污完后，先关二次阀，后关一次阀。

排污应缓慢进行，防止水冲击，如管道发生严重震动，应停止排污，待故障消除后，再次排污。

如两台以上使用同一排污管，禁止两台同时进行排污。在排污过程中，如锅炉发生故障，应立即停止排污，但汽包水位过高和汽水共腾除外。为减少汽水损失，节约能源，应充分利用连续排污扩容器。扩容器的压力应稍高于除氧器汽平衡的压力，但一般不超过 0.3MPa，水位应在水位计的中间处，水位调节器动作正常，安全阀处于工作状态。

五、停炉操作

1. 正常停炉

停炉前要报告调度，得到允许后方可停炉。

逐渐降低锅炉负荷，确认燃烧器处于低负荷状态，将控制选择开关放至手动位置。关闭油嘴油阀及主油阀，然后打开主油管吹扫汽阀。

锅炉熄火后，鼓风机继续运转，使燃烧室通风数分钟后（注：视锅炉负荷大小不同、燃料油品性质不同及燃烧器型号不同来确定通风时间），再停止鼓风机，关闭燃烧器风阀及其他有关风阀。关闭燃料油供油阀，防止电磁阀泄漏引起炉膛爆燃。熄火后的锅炉，由于锅炉负荷的逐渐降低，必须相应地减少进水量，以保持汽包内正常水位。

锅炉停止供汽后（蒸汽压力表指示到零），关闭主汽阀，关闭连续排污阀，然后继续向锅炉汽包进水直到允许最高水位为止。锅炉尚有汽压时，仍需保持锅炉水位。主汽阀关闭后，如汽包压力仍继续上升，并有可能超过工作压力时，应打开汽包的排汽阀放汽，或者向汽包内加水，并进行少量排污，但不能使锅炉有明显冷却。锅炉汽压未降至零和辅助设备电机电源未切断时，仍需对锅炉及辅助设备进行监视，确保自动补充锅炉内的水量，不至造成缺水事故。

锅炉停炉后，应及时对锅炉及其附属设备进行一次全面检查，若发现设备有缺陷，应做好记录，并抓紧利用停炉期间修复。

2. 锅炉停炉检修时按下列规定进行冷却

（1）停炉后 4～6h 内，要紧闭所有孔门、看火门、鼓风机挡板，以免锅炉急剧冷却。

（2）经 4～6h 后，可打开鼓风机挡板，逐渐通风并进行必要的放水、上水。

（3）经 8～10h 后，锅炉可再放水、上水一次，如有加速冷却的必要时，可启动鼓风机，适当增加放水和上水的次数。

（4）停炉 18～24h 后，水温度不超过 70～80℃ 可将炉水放尽。完全放水前，要先开汽包上的排气阀。

（5）锅炉需要紧急冷却时，在关闭主汽阀 4～6h 后，允许启动鼓风机加强通风，并增加放水和上水次数。

3. 紧急停炉

符合下列条件之一的时，应立即停炉：

（1）锅炉严重缺水；

（2）锅炉严重满水；

（3）水位计全部损坏指示不可靠；

（4）炉管破裂；

（5）二次燃烧。

紧急停炉步骤：关闭燃烧器和燃料油管线阀门，停止向锅炉供燃料油。关闭给水阀、主汽阀和排污阀，打开排气阀。如发生爆管事故可不开排气阀，停止向锅炉通风。当锅炉有的元件已损坏（如水冷壁管或排管爆破）在炉膛内喷出大量蒸汽混合物时，不得停鼓风机，而且要将鼓风机开大。锅炉严重缺水时，严禁向锅炉进水。紧急停炉时，除缺水、满水事故外，均应保持锅炉正常水位。停炉后还可向锅炉给水和排污，以降低锅炉压力。紧急停炉后，要立即汇报，如实陈述，并做好记录。

思考题

1. WNS0.7－0.7/95/70－Y 型锅炉字母及数字具体代表什么意义？

2. 锅炉按照压力分类分为哪些？

3. 锅炉整体的结构包括哪几个部分？

4. 请简要阐述锅炉并汽的操作步骤是什么？

5. 请简要阐述近年来应用较多的 WNS 系列锅炉主要优点有哪些？

第七章 燃烧器原理结构与操作维护

第一节 燃烧器概述

燃烧器是使燃料（原油、天然气）和空气以一定方式喷射混合燃烧的装置，是将燃料通过燃烧这一化学反应方式转化热能的设备。燃烧器依据不同的属性，具有多种不同的分类方式。按燃料方式，分为燃油燃烧器、燃气燃烧器、混合燃烧器。在具体的应用上，燃油燃烧器又将分为轻油燃烧器和重油燃烧器，燃气燃烧器又将分为天然气燃烧器和城市煤气燃烧器。按燃烧器的控制方式又可分为单段燃烧器、双段燃烧器、比例调节燃烧器。按燃料雾化方式分为机械雾化燃烧器和介质雾化燃烧器，其中机械雾化燃烧器又可分为旋杯雾化燃烧器和压力雾化燃烧器，介质雾化燃烧器又可分为空气雾化燃烧器和蒸汽雾化燃烧器。20 世纪 70 ~ 80 年代，加热炉燃烧器以旋杯燃烧器为主，到了 90 年代引进空气雾化燃烧器，到 21 世纪初，引进进口一体化 Baltur 燃烧器。

第二节 Baltur 燃烧器结构组成

Baltur 燃气燃烧器配有鼓风机、风量调节装置、点火装置、火焰盘、点火燃气阀组和点火燃气管、紫外线光电管火焰检测器（UV 光电眼）、空气压力开关、观火孔、彩色喷塑的钢制机身等，具有结构紧凑、性能可靠、点火使用安全、雾化性能良好、操作方便等优点。采用比例调节，适用于任何形式的燃烧室，根据出力调节装置的要求自动调节燃气的流量并自动调节空气流量使之始终与燃气的变化匹配，保持稳定的空气/燃气比率。其原理结构图和实物图分别见图 7.2 – 1 和图 7.2 – 2。

目前，国内燃烧器厂家较多，进口燃烧器应用也较为广泛，但各个厂家的燃烧器结构及组成基本一致，下面以意大利 Baltur 燃烧器为基础介绍其主要构件。

一、加热器

加热器的作用是给重油加热，以保证重油能够充分燃烧和有良好的雾化效果。重油的加热温度由加热器上的温控开关调节控制。如使用者对重油品种进行更换，必须同时对加热器的温控开关重新进行调节。

BT 型、TS2N-D 型燃烧器加热器见图 7.2 – 3，TS3N-D 型燃烧器加热器见图 7.2 – 4。

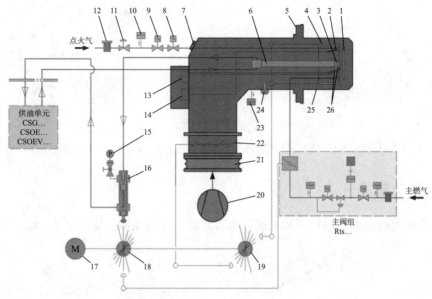

图 7.2 - 1　Baltur 燃气/燃油燃烧器原理结构图

1—火焰盘；2—燃气点火电极；3—喷嘴；4—燃烧头内空气流动调节圆盘；5—安装法兰；

6—油枪；7—观火孔；8—点火阀组燃气流量调节阀；9—点火阀组安全阀；

10—点火阀组最低燃气压力开关；11—点火阀组调压器；12—点火阀组燃气过滤器；

13—燃油点火变压器；14—燃气点火变压器；15—压力表；16—回油调节阀；

17—伺服电机；18—燃油、燃气调节圆盘；19—风门、燃烧头调节圆盘；20—风机；

21—空气进口减震节；22—空气风门挡板阀；23—空气压力开关；24—火焰检测器；

25—鼓风管；26—燃油点火电极

图 7.2 - 2　Baltur 燃气燃烧器实物图

1—鼓风管；2—安装法兰；3—机身壳体；4—观火孔；5—接线箱；

6—点火阀组；7—主阀组燃气过滤器；8—主阀组及燃气阀检漏装置；

9—火焰检测器；10—空气压力开关；11—空气风门挡板

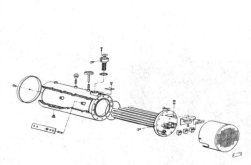
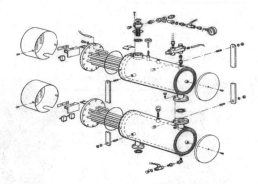

图7.2-3　BT型、TS2N-D型燃烧器加热器　　图7.2-4　TS3N-D型燃烧器加热器

二、主电磁阀

主电磁阀是控制油枪的打开和关闭，也就是控制油嘴喷油，见图7.2-5。

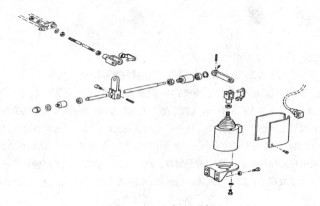

图7.2-5　主电磁阀

三、枪体组件

枪体组件是构成油嘴部位重油回路的主体，重油可通过枪体组件直接进入回油管或油嘴，见图7.2-6。

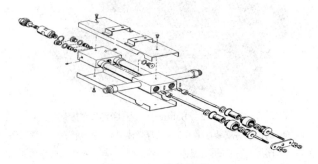

图7.2-6　枪体组件

四、油嘴

回油喷嘴（图7.2-7）用于比例调节式燃烧器上。这种燃烧器要根据加热炉、锅炉的供热需要不断地调节它的耗油量。它在流量最小时启动，然后通过加热炉的出炉温度或锅炉的蒸汽压力的需要自动升到最大流量；反之，同理又降低到最小流量。

为了能逐渐改变喷嘴的流量，可使用回油喷嘴。这种喷嘴不是把到达喷嘴的油全部喷射出去，而是将其中的一部分燃料油通过回油管返回。

这种类型的燃烧器的油泵压力是一定的，所以喷嘴的供油压力也是一定的。如果改变了回油压力，供油量也相应发生变化。

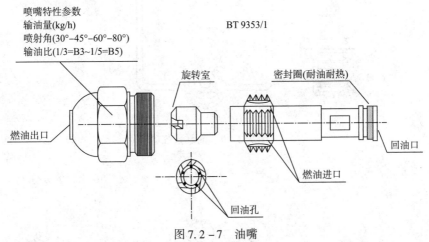

图7.2-7　油嘴

注：为保证喷嘴正常工作，严禁将回油管路完全关闭，特别是燃烧器启动时，回油管路必须处于畅通状态。

五、压力调节器

压力调节器（图7.2-8）通过调节回油压力，以保证进、回油压差。供油压力（泵压）和回油压力（回油压力调节器的压力）之差至少应为 $2\sim3$bar。

例如：泵压，20bar，回油压力，$20-2=18$bar/$20-3=17$bar；

泵压，22bar，回油压力，$22-3=19$bar/$22-2=20$bar。

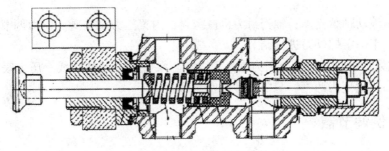

图7.2-8　压力调节器

六、油泵

油泵（图 7.2-9、图 7.2-10）为齿轮泵，齿轮组合包括带 7 根齿牙的自由转动轮与一个带 9 根牙的轮圈，吸入侧与压力侧由一个月牙分离。

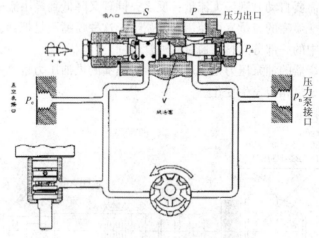

图 7.2-9 油泵系统

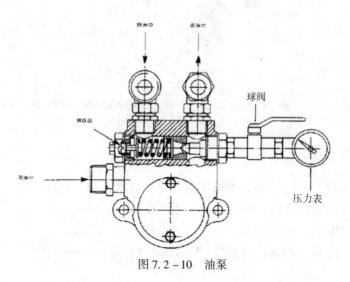

图 7.2-10 油泵

油泵轴由滚动轴承支撑，轴密封为机械密封，内置压力调节阀。压力调节由一个内六角的扳手或一个一字螺丝刀进行调节。

KSVB 油泵为三管形式，分别为进泵管线、出泵管线和回油管线。压力表接口为 1/4″ 或 3/8″，可由三管变为两管，只需将腔内密封螺丝卸下。

七、比例调节器

比例调节器由伺服马达与比例顶针组件两大部分组成。

BT250DSPN-D 型燃烧器比例调节器见图 7.2-11。

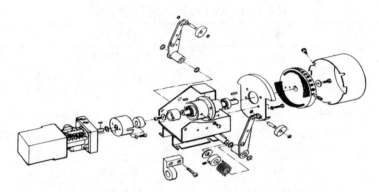

图 7.2 – 11 BT250DSPN-D 型燃烧器比例调节器

TS2 ~ 3N-D 型燃烧器比例调节器见图 7.2 – 12。

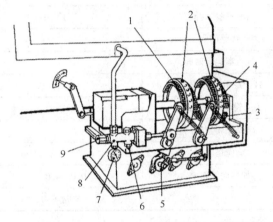

图 7.2 – 12 TS2 ~ 3N-D 型燃烧器比例调节器

1—调节油螺钉；2—锁紧螺丝；3—风压调节螺钉；4—风门调节螺钉；5—连杆；
6—回油压力；7—压力（回油指示）；8—回油压力调节器；9—压力调节螺钉

八、RWF40 控制器

RWF40 控制器（图 7.2 – 13）主要用于控制加热炉的出炉温度或锅炉的蒸汽压力。它包括：一个数字 PID 控制器，通过它们的三个输出位置作用于比例调节式燃烧器或二段燃烧器；RWF40 面板上有 PGM、▲、▼、EXIT 四个键，四个键的操作即可完成对出炉油温的控制设定。轻按一下 PGM 进入设定，用▲、▼键改变出炉油温或蒸汽压力参数，等参数闪动一下后，按 EXIT 退出即可完成设定。RWF40 控制器设定参数见表 7.2 –1。

图 7.2 – 13 RWF40 控制器

表 7.2 – 1　RWF40 型控制器设定参数

项目	意义	代表含义	设定值
SP1	设定值 1	设定温度值	
SP2	设定值 2	设定压力值	
dSP	设定值漂移		
tR	外界温度		
SP. E	外部设定组预设定		
AL	精密限定值	上限式报警值	0
HYST	限位积分开关	上限式报警偏差	1
Pb. 1	比例	P	10
dt	反应时间	d	80
rt	积分响应时间	I	350
db	接触间隔		1
tt	执行器运行时间		15s
HYS1	打开逻辑门/二段火		–5
HYS2	关闭逻辑门/二段火		3
HYS3	超高关闭逻辑门		5
q	响应逻辑门		0
H	加热曲线斜率	0.0 ~ 4.0	1.0
P	平移	$-90t_0 + 90$	0

九、伺服马达

伺服马达有 3 个凸轮，分别标有 "A""Z""C" 字母。

"A" 轮控制风门的最大开启度。应定位在最大刻度（1300）上，便于在全程范围内调节。

"Z" 轮控制风门的最小开启度，根据燃油的最小流量来设定。

"C" 轮只允许燃烧器在最小流量时启动，即点火位置。其位置略超前于 "Z" 轮。

"B" 杆用来连接或断开连接轴，"1" 位断开，"2" 位接通。

其他未使用的凸轮的位置任意，没有影响。想转动凸轮，用手指朝着需要的方向拨动即可。

比例调节系统由调节器 "RWF40" 来控制，调节器主要接收加热炉的出炉温度和锅炉的蒸汽压力信号，因此，"RWF40" 必须与压力变送器或热电阻配套使用。"SQM10" 伺服马达上有标尺和游标，将游标指针转至标尺设定的角度刻度值即可。通过调节 "RWF40" 调节器的温度或压力设定值以控制 "SQM10" 伺服马达增大或减小燃油/空气（燃气/空气）流量。

重油燃烧机的比例控制马达机构 SQM20 伺服马达见图 7.2 – 14。

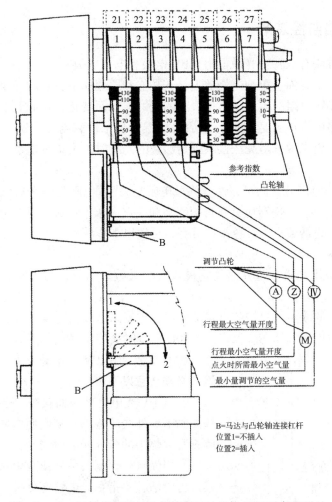

图 7.2 – 14　重油燃烧机的比例控制马达机构 SQM20 伺服马达

十、电极

重油燃烧器中有两个点火电极（在气体燃烧器中只有一个点火电极）。当点火变压器工作时，就会产生电火花点燃燃油/空气或天然气/空气混合物。

电极是由金属夹子固定在绝缘陶瓷管中。一旦绝缘瓷管产生裂纹，通过裂纹，起始电流向大地放电，从而无法形成电火花或电火花较弱，因此无法点燃燃油/空气或天然气/空气混合物。这种情况，只能更换电极或绝缘瓷管。

操作过程中，一定要小心，因为在紧固瓷管外的夹子时，往往容易使绝缘陶瓷管损坏。总之，当电火花存在且较弱时，检查其原因是非常困难的。

风盘及点火电极见图 7.2 – 15。

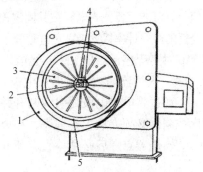

图 7.2 – 15　风盘及点火电极

1—火焰筒；2—油嘴；3—火焰盘；
4—点火电极；5—风压盘

十一、火焰监控装置

监控火焰的方法有三种：光敏电阻、UV 电眼和电离电极。

光敏电阻多用于轻油、重油燃烧器上，其功能和原理如下：它和一个有三个触点的火焰继电器相连。光敏电阻的阻值随其接收到的光的强弱而变化，接收到的光越强，其电阻值就越低。当电路中有电流通过时，激活火焰继电器，使它与一个火焰继电器的触点接通，燃烧器运行。当光敏电阻无法接收到足够量的光线时，火焰继电器不动作，因此燃烧器停止运行。

（1）检查火焰监测装置的可靠性（光敏电阻）：光敏电阻是一个火焰控制装置（控制至少在启动 1min 后）。燃烧器应具有自锁能力和在点火未出现火焰时进行切断。该切断可立即断开燃油。燃烧器停止，红色报警灯亮，可按以下步骤检查：

①启动燃烧器。

②1min 后，拔出光敏电阻并遮住它模拟火焰失败。当燃烧器点火，火焰出现后，燃烧器被切断而自锁。

③按控制器上的故障恢复按钮可解除自锁，重复以上步骤至少 2 次。

光敏电阻不适用于气体燃烧器，因为气体燃烧时火焰不够亮。

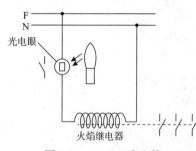

图 7.2 – 16　UV 光电管

（2）如果利用 UV 光电管（图 7.2 – 16）监测火焰，必须注意以下事项：

①若 UV 光电管外表面较脏，会严重影响光电管探测头上紫外线的输出，从而使内部感光元件无法接收正常火焰中的紫外光的射线量；

②当光电管探测头被油或灰尘污染时，应彻底对其进行清洁，手指在光电管探测头上轻微接触的痕迹也会影响 UV 光电管的正常动作；

③将 UV 光电管从燃烧器上的光电管座抽出，程序控制器立即停机；

④UV 光电管的射线在日光或普通灯光下是无法"看到"的，通过火焰（打火机或蜡烛）或常用点火变压器电极间的放电现象可检查光电管的敏感性；

⑤要确保正确动作，UV 紫外线光电管电流值必须稳定并不低于程序控制器所要求的最小数值。有可能需要把光电管在其固定板上移动（轴向移动或转动）来寻找最佳位置，通过将一个合适的微安计串接入 UV 光电管两条连接线之一来进行检查，同时要注意电极（＋和－）；

⑥对于程序控制器 LFL，光电管电流应在 70 ~ 630μA 之间。

（3）火焰监测装置（电离电极）可按以下步骤检查：

①通过将电离电极的引线断开并接通燃烧器来检查火焰监测器（电离电极）的作用，程序控制器必须完成工作程序并在火焰形成 2s 后进入停机状态；

②燃烧器点燃后必须检查：断开电离电极的引线，程序控制器立即停机。

十二、空气压力开关

空气压力开关的作用是当风机运行的空气压力低于其工作设定值时，程序控制器进入安全状态（停机）。因此，对空压开关的设置要确保空气压力达到工作设定值并使其触点闭合。若空压开关不闭合（风机停或燃烧器内风压低），燃烧器停止运行；若空气压力达到设定值而触点不能闭合，那么程控器则会执行当前命令而停止下一步工作程序，无法接通点火变压器，油（气）阀也不会打开，使燃烧器保持在停机状态。压力开关的连接环路具备自控功能，因此，空气压力开关具有触点闭合或断开功能。

为确保压力开关正常工作，必须在燃烧器处于运行最小出力位置的前提下，合理调节压力设定值，寻求压力设定临界值，燃烧器停机。按下故障复位按钮来解除燃烧器停机状态，重新设定空压开关，使设定值与动作点之间有一定的范围，保证燃烧器在预吹扫期间能够检测到风压。

十三、燃气压力开关

控制燃气压力的压力开关（最小和最大）的作用是当燃气压力未在规定范围内时，使燃烧器停止运行。

由压力开关的特殊功能可以明显看出，最小燃气压力开关是当压力开关检测出燃气压力值超过工作设定值时而触点闭合；最大燃气压力开关是当压力开关检测出燃气压力值低于工作设定值时而触点闭合。最小和最大压力开关的调节必须在燃烧器调试期间视每次不同的压力值来进行。

压力开关为串联方式，当任何一个压力开关断开时，燃烧器都应无法启动。在燃烧器运行过程中，如果压力开关断开，燃烧器应立即停机。在燃烧器的调试阶段，检查压力开关是否正常动作是必不可少的。调节相关的调节组件，来确定一旦压力开关断开，燃烧器就自动停机。检查锅炉压力开关的功能，操作时必须停运燃烧器。

十四、油气分离器

燃料油进油通过油气分离器（图 7.2 – 17）进入 Baltur 燃烧器，回油经回油管线回到

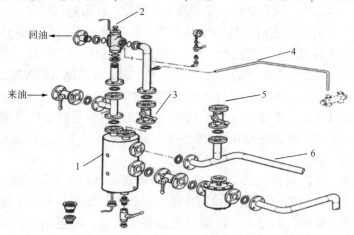

图 7.2 – 17　油气分离器

1—油气分离缸；2—调压阀；3—循环小红阀；4—加热铜安全阀泄放管；

5—燃烧器回油；6—油泵回油

油气分离器与进油进行充分混合，混合后的燃料油进入 Baltur 燃烧器进行燃烧，当油气分离器中的回油压力超过稳压阀的设定值时（稳压阀一般设定为 0.30MPa），多余的回油通过稳压阀回流到储油罐，同时对燃烧器的过滤器起到保护作用。当回油温度超过原油初馏点，呈气、液态两相运行时，燃料油中气体通过排气阀排出。也就是说，油气分离器不仅能起到排气的作用，而且它与燃烧器构成一个内部循环回路，使燃烧器的进油温度与回油温度差值保持最小，大大降低了计量温度对标准体积量的影响。

第三节　Baltur 燃烧器工作原理

一、BT、TS 型燃烧器工作原理及工作过程

1. BT（180、250）DSPN-D 型、TS2~3N-D 型燃烧器工作原理

重油在加热期间，电流通过电加热器温控到达电阻的远程控制开关线圈。此时远程控制开关已打开，给恒温器电阻提供电流，对电加热器中的重油进行加热。同时，油泵电加热丝开始加热，喷油组件开启。油温达到预定温度后，电加热器的最低温控闭合。只有当电加热器的温度足够高，加热电阻断开后，程序控制器才闭合。这时预热器中的重油温度达到工作温度设定值。燃烧器程序控制器在电加热器的加热电阻断开后闭合。

程序控制器说明见表 7.3-1。

表 7.3-1　程序控制器说明

s

程序控制器	安全时间	预吹扫及循环时间	预启动时间	后启动时间	一段火与比例调节启动间隔时间
LAL1.25	5	22.5	2.5	5	20

预吹扫阶段，通过启动风机电机，启动程序控制器，开始运行程序。当风机提供的压力达到空气压力开关的设定值时，启动油泵电机，将热油送入燃烧器管线。在油泵作用下，重油进入电加热器加热到设定温度，然后通过过滤器到达喷油组件。热油在喷油组件里流动但流不出来，因为进出喷嘴的通道是关闭的。这是通过控制棒末端的"闭合槽针"来实现的。这些"槽针"受到控制棒另一端的弹簧的作用，被其后座压紧。

重油从喷油组件返回，通过装有 TRU 温控的集油槽，到达回油压力调节器，进入回油泵，最后进入回油管。前面提到的热油循环是在稍高于（几个 bar 的压力）回油压力调节器的最小压力值（10~12bar）下进行的。

预吹扫及预循环阶段持续 22.5s。这个时间可以延长（理论上可无限延长），只有当流入喷嘴的重油温度达到 TRU 的设定值时才能启动程序控制器，重油才能进入喷嘴。通常，在预吹扫及循环阶段（22.5s），油温可升至设定温度，从而激活 TRU 温控；否则，该时间会持续下去，直到 TRU 温控能够开始工作。TRU 动作后，允许程序控制器开始运行其启动程序。通过启动点火变压器，在电极两端加上一个高电压来实现此步骤。

电极两端的高压产生电火花，点燃重油/空气混合物。点火电火花产生后 2.5s，程序

控制器给磁铁通电，令两个控制棒控制住重油返回喷嘴的通道。它们向下移动的同时也切断了喷嘴组件旁路管道，因此泵压恢复正常压力值（约为 20～22bar）。此时，燃油在泵压 20～22bar 作用下，进入喷嘴后被雾化喷出。回油压力取决于炉膛的输出，由压力调节器来调节。初始输油压力为 10～12bar。（最小输出量）。

从喷嘴喷出的重油与风机提供的空气混合，然后被电极上的电火花点燃，由光敏电阻来检测是否产生火焰。5s 后，程序继续进行，越过了紧急停车位，断开启动装置，接通比例调节回路。

供油量多少由可调的比例盘来决定，它的旋转作用在回油压力调节器的弹簧上，使得压力上升；回油压力上升的同时，供油量也增加。供油量增加的同时空气流量也必须相应增加。如果泵压为 20～22bar，可同时达到最大回油压力 18～20bar。

重油和空气流量一直保持最大值，直到加热炉、锅炉温度或压力接近预设值，比例控制马达开始反向旋转，马达反向旋转，引起重油和空气量下降。当重油和空气流量值满足了加热炉、锅炉的热需求时，比例调节系统进入一个平衡状态。随着燃烧器运行，加热炉、锅炉探针随时检测锅炉的热输出变化，自动控制比例调节马达调整重油和空气流量。

如果重油和空气流量最小时仍能达到最高设定温度，温控器就会开始工作，让燃烧器完全停下来；当温度低于设定值时，燃烧器会自动重新启动。切记要保证一个良好的燃烧状态，有效流量应控制在铭牌所需数值的 1/3～1 倍范围内。

注：燃烧器启动过程，应根据点火过程中测得的压力值来调节空气压力开关。

TS2～3N-D 系列燃烧器燃烧用高黏度重油，采用机械压力雾化方式，同理燃烧可用天然气、城市煤气、液化气。该系列燃烧器适用于热水锅炉、蒸汽锅炉、加热炉，其炉膛既可承受正压，也可承受负压；火焰方向既可为水平的，也可为垂直方向。该系列的全自动燃烧器，可连续渐进地调节其输出。其配置如下：

（1）带有空气调节器的燃烧头；

（2）风机；

（3）重油推进和预热装置、燃气阀组及检漏装置；

（4）控制面板。

包括以下几个部分的主要部件：

（1）燃烧头：燃烧空气调节器、可拆卸雾化单元、带有流量可调的雾化喷嘴、控制喷嘴开启用电磁棒、监控火焰用光敏电阻、点火变压器和耐高温电线、火焰稳定盘、特种钢制耐高温火（焰）管、带有流量控制风门的燃烧空气输送器、调节箱以及一个自动调节燃料和空气输送量的伺服马达及空气压力开关；

（2）重油推进和预热装置：电动油泵、调节阀、自清洁过滤器、温度可调的重油预热器（电加热）；

（3）控制面板：控制和安全保护装置。

2. BT（180、250）DSPN-D 型燃烧器工作过程

检查喷嘴是否合适（流量及喷射角），否则需更换；检查燃油，至少在黏度上要适合本燃烧器；检查燃料油系统阀门是否开启；检查加热炉、锅炉烟囱的烟道挡板必须处于全开状态；检查电压是否合适及其他连线是否接好，电机转向是否正确；确认燃烧头插入炉

腔内的长度符合加热炉制造厂的要求，检查燃烧头上的空气调节装置是否处于合适的位置，燃烧盘和头部之间的通道在燃油流量相对较小时应处于关闭位置。即当喷嘴流量大时应相应开启；卸下伺服机构的调节转盘上的防护罩，该转盘上设有调节螺丝，用于调节燃油及相应的空气量；将两个调节开关置于"MIN"（小）和"MAN"手动位置。

检查燃烧器加热器两个温度位置（第1低位油温，第2高位油温）是否适合所用的燃油。根据燃料油的品质（黏度值），确定燃料油燃烧最充分时的加热温度。燃料油到达油嘴时的黏度不超过2°E；启动辅助油泵使燃油循环，检查其可靠性并调节循环系统油压在0.3MPa（如外循环上装有压力调节器）；卸下高压油泵上真空连接孔上的塞子，然后轻轻开启置于燃油进油管上的阀门，直到燃油从孔中流出，然后拧紧；将油压表装在真空连接孔上（最大压力3bar），以监测进入油泵的压力，再将油压表装在泵压测量点以便监测油泵工作压力（最大压力30bar）；开启所有燃料油管线上的阀门；将控制面板上的开关置于"0"按上继电器上的手动按钮，确认风机和油泵的转向正确；按高压油泵继电器上的手动按钮，使油泵转动，观察油泵工作压力是否上升。

开启控制面板上的开关，使控制器通电，如果恒温器是接通的，这时，燃烧器将按前述的预警程序开始启动；在启动前要再次检查回油管阀门是否开启，此阀门必须开启；当燃烧器在"最小"状态下工作时，调节空气量使燃烧良好；在"最小"工况调整完毕后，将调节开关置于"MAN"（手动）和"MAX"最大工况位置上；伺服马达开始动作，直到转盘转角达到约12°（约3个调节螺丝距离），然后停止调节，使开关回置于"0"位置。此时，可通过视窗观察火焰，并根据需要调节螺丝到合适的空气量。然后，再通过仪器监测并进一步调整。以上所述的调节需要反复进行，有必要可在整个调节比范围内重复调节。确认燃油量是逐渐增加以及在调节范围达到最大出力。调节螺丝的位置以便获得所要求的最佳调节。

当回油压力低于工作油压2~3bar时可获得最大的燃烧出力（通常工作油压在20~22bar）。为了获得一个较好的燃空比，可采用热效率测试仪进行监测，如果没有监测仪，则可观看火焰颜色来调节。我们建议以如下颜色进行调节。较亮的橙色火焰为好，避免带有黑烟的红色火焰或空气量过多的白色火焰。调节完后拧紧调节螺丝上的固定螺丝；将AUT-0-MIN开关置于"AUT"位置和MIN-0-MAX开关置于"0"位置，则调节器能自动进行调节。

3. 燃烧头和火焰盘的调节

燃烧器有一个可调节（向前或向后移动）的燃烧头，它可改变火焰盘的头部之间的空气通过尺寸。如减小通道面积，则可提高通过火焰盘的风压满足低出力所需的高流速和旋转，以保证火焰良好的稳定性。火焰盘上的高压气流能避免火焰出现波动，这是在高热负荷加热炉上必不可少的条件。

燃烧头与火焰盘之间的距离应尽可能在较高气流压力位置，并调整在最大出力时的位置。实际上，初始调节时总是将该位置设置在中间，然后启动燃烧器再按上述进行调节。如果燃烧头向前推进，将导致空气通道减小。应避免完全关闭空气通道。调节燃烧头，寻求空气压力和流量的中间点，实际上这样一个中间点是很难获得的。不良燃烧和燃烧头过热都会出现，并可引起迅速恶化。可通过燃烧器上的观察孔进行人为控制调节。只有在从喷嘴喷出的雾化油溅湿火焰盘时，才能调整喷嘴和火焰盘之间的距离。

火焰盘和燃烧头见图 7.3 – 1，图中各字母的含义及推荐值见表 7.3 – 2。

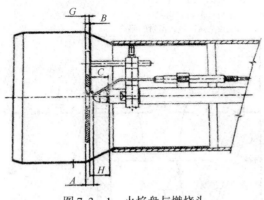

图 7.3 – 1　火焰盘与燃烧头

表 7.3 – 2　　　　　　　　　　　　　　　　　　　　　　　　　　　　mm

符号	意义	
A	火焰盘与喷嘴之间的距离	14.5
B	火焰盘与点火电极之间的距离	2
C	电极与螺口之间的距离	30
E	两电极之间的距离	3
F	电极与喷嘴中心孔之间的距离	15
G	火焰盘的厚度	7
H	火焰盘与螺口之间的距离	32

4. 燃烧器的使用

燃烧器在合上电源并操作启动开关后，则燃烧器完全自动控制。当系统出现故障时，则会自动进行"自锁"，再重复进行。冬天应仔细检查是否还有故障存在，复位时间间隔没有限制。按上复位按钮后燃烧器自动开始点火和运行。如果"自锁"连续发生 3 ~ 4 次，则应彻底进行维修或请代理商进行维修。

二、BGN（250、300、350）SPGN-ME 型燃气燃烧器工作原理及工作过程

1. 调压柜基本功能

（1）燃气净化：对燃气进行过滤，以保证系统内设备正常工作。

（2）燃气调压：将上游管网的燃气压力降至下游管网或管道所需的使用压力，并保持在规定的范围之内，且不随上游压力和流量的变化而变化。燃气两级减压原理如图 7.3 – 2 所示。

（3）安全保护：当下游压力因故超过系统规定的压力范围时，对下游气流进行控制或对上游气流进行截流，以保证安全用气。

（4）流量计量：对燃气流量进行测量并换算为标准状态下的流量。

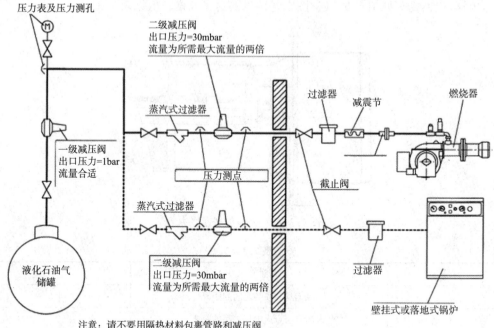

注意：请不要用隔热材料包裹管路和减压阀

图 7.3 - 2　两级减压原理图

2. 调压柜特点

集调压、过滤、超压/失压切断、计量、安全放散等为一体，系统协调性好、可靠性高。

3. 调压柜的使用

调压柜安装完毕后，应进行气密性检查，以保证调压柜安全正常工作。气密性检查也可在调压柜的调试中进行。

试验介质：氮气或调压柜使用的燃气。

试验压力：调压前为进口工作压力上限的 1.05 倍；若在调试运行中进行，则为进口燃气的工作压力；调压后为超压切断压力的 1.05 倍。

试验方法：

（1）关闭切断阀及出口阀门，向调压器前管路缓慢充气，保压 30min 检查进出口管道中的压力，若调压器前压力下降则有外漏，若调压器后压力升高则切断阀关闭不严；

（2）合格后，开启切断阀，随着气体流向调压器后管路，调压器自动关闭，压力稳定后检查下游管道压力，保压 30min，压力不应上升，否则调压器关闭不严密，压力下降，说明有泄漏。

启用调压柜应按照以下程序进行：

（1）确认调压柜的进、出口阀门已关闭；

（2）缓慢开启进口阀门，并观察进口压力表和出口压力表是否在允许的压力范围，为避免出口压力表在充气时超量程损坏，可先关闭或略微开启压力表下针形阀，待压力稳定后再完全开启；

（3）打开调压器后直管上的测压嘴，检查调压器的运行是否正常，放气时因流量过小，出口压力表可能有微小的波动，待出口阀门打开后会自动消除；

（4）当进出口压力正常后可缓慢开启出口阀门，并精确调节调压柜的出口压力，调压柜在出厂前均按用户要求进行参数设定，如需调节调压器出口压力，应相应调节切断阀动作压力及放散阀的放散压力。

切断阀的复位操作：

（1）切断阀或附加在调压器上的切断器在执行切断动作后须人工进行复位操作；

（2）在进行复位操作前应查明切断的原因：系管网压力冲击或是调压器故障，在进行切断阀复位操作时必须关闭调压柜的进出口阀门及出口端压力表下针形阀；

（3）在转动人工复位手柄时注意：当开始转动时要缓慢，此时应感觉管内有一小股气流通过并随即停止（如这小股气流不能停止，可能是调压器故障或调压柜的出口阀门尚未关断），此时再继续转动切断阀手柄复位上扣；

（4）缓慢开启进口阀门，观察出口压力，正常后开启出口阀门。

4. 天然气的启动和调节

燃烧器与供气管路连接好后，一定要对管路中存在的空气进行吹扫。打开供气管与燃烧器处的连接，稍微开启截止阀或从放空管线进行放空。当闻到燃气的气味后关闭截止阀。把打开的连接重新接好，然后重新打开截止阀。

检查加热炉、锅炉是否处于工作准备状态；检查加热炉、锅炉的烟道挡板是否处于全开状态；检查与燃烧器连接的供电线路的电压是否符合燃烧器的要求，以及供电线路与电机的连接是否与供电电压匹配。检查现场进行的所有电气连接是否与电气连接图的要求相符；检查燃烧头是否足够长，从而使深入加热炉、锅炉的位置符合生产商的要求。检查燃烧头内调节燃烧空气的装置是否能够保证足够的燃料输出（当燃料流量降低时，火焰盘与扩散筒之间的距离应相应减小；如果燃料流量很高，该距离应相对地开大）。在燃气压力开关的插孔上安装一个量程适当的压力表（对于中压供气来说，如果能预测压力可以使用水柱式压力计就不要使用指针式压力计）。在燃烧器控制盘上的开关处于位置"O"及总开关接通的前提下，检查电机转动的方向是否正确；接通控制盘上的开关，将调节开关置"MAN"（手动）位置。这样，控制器得电，然后按照"运行描述"中介绍的程序启动燃烧器。建议采用炉效测试仪对整个比例调节范围内的所有中间点（P1 点到 P9 点）的燃烧情况进行测试，也可用流量表检测燃气的消耗量；将调节开关 AUT-O-MAN 置于"AUT"，出力开关 MIN-O-MAX 开关置于"O"，来检查自动比例调节功能。此时，燃烧器的调节将由加热炉或锅炉中的探头单独控制。以上功能适用于 BGN…M 版（比例调节式）燃烧器、安装有第二段温控器或压力开关的两段火燃烧器和 BGN…DSPGN（两段渐进式）燃烧器。

5. 燃烧头内的空气调节

燃烧头的扩散筒是可以移动的。在燃烧头上装有可以调节的燃烧头与火焰盘之间的空气通道的调节器。关小这个流通通道，燃烧空气的流速就减小，相应地，火焰盘前的空气压力就升高，空气的流动速度增大，气流的穿透能力加强，利于强化空气与燃气的混合，获得良好的火焰稳定性。当火焰发生抖动时，就必须这样调节。对于正压锅炉或者热负荷很大时必须这样调节。关小燃烧头内的空气通道时，燃烧头所处的位置必须保证火焰盘前的空气压力比火焰盘后的气体压力高。一般建议关小燃烧头内的空气通道，而相应地开大风机入口的空气风门的开度。特别是当燃烧器工作在最大出力时一定要这样设置。开始调试的时候，一般把燃烧头内的空气通道放在中间的位置，然后启动燃烧器进行调试。当达到最大出力后，再逐渐关小燃烧头内的空气通道。将风机入口的风门挡板接近全开，然后前后移动燃烧头火焰扩散筒，调节空气的流速使之适当。注意，调节过程中千万不要把燃烧头内的空气通道全部关上。要确保燃烧头和火焰盘的轴心一致。如果轴心对中不好会引起火焰燃烧不好，燃烧头会因局部过热而烧毁。可以通过燃烧器后部的观察孔来检查轴心对中的情况。最后将调节燃烧头位置的调节柄上的螺丝拧紧，固定燃烧头。燃烧头内的空气调节见图 7.3 – 3 和图 7.3 – 4。

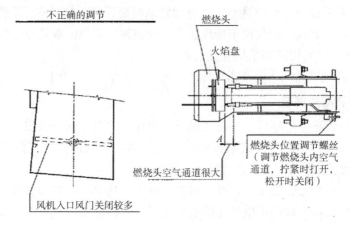

图 7.3 – 3　燃烧头内的空气调节一

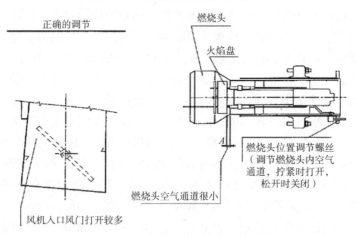

图 7.3 – 4　燃烧头内的空气调节二

　　注意：检查点火是否顺利，如果燃烧头内的空气通道关得太小，可能会因为风速过高而使点火困难；如果出现这种情况，就要逐渐开大该通道，直到能够顺利点火，燃烧头的设定位置即为此时的位置。

6. 工作过程

　　当有供热需求时，控制器开始进行自检。首先，空气伺服电机回到参考位置，然后燃气伺服电机也回到参考位置。空气伺服电机开到预吹扫位置 P9。检查空气伺服电机和风机是否处于备用状态，检测成功则电机通电。如果空气压力开关闭合，已经执行的预吹扫时间和剩余的预吹扫时间就会显示出来。预吹扫过程由空气压力开关监测。

在预吹扫期间，当空气伺服电机转到 109°的位置后，就返回到点火位置 P0。在此期间如果已经选择了检漏功能，而在停电或者出现错误而关闭后检漏还没有进行，则在预吹扫结束之后要重新进行一次检漏和启动。

当空气伺服电机到达点火位置 P0 后，就开始预点火（预点火时间为 2s）。阀 Y2 在安全时间开始前 2s 打开（如果预点火时间是 1s 的话，此时也开始点火）。在此期间内，最小燃气压力开关 GW 一定要反馈有压力信号。否则，就会安全停机，执行燃气安全失败程序。

如果检测到压力，就开始点火并且阀 Y3 打开。在安全时间之后点火停止，有火焰出现，两个伺服电机会有一个稳定的时间。然后就开始以递进的方式向 P1 移动。接着就在 P1 位置停留一个预设的控制器激励时间。控制器的激励时间过后，自动运行的燃烧器控制系统到达运行位置。如果 MPA22 已经运行 24h，会有一次停机，并且进行一次检漏。

如果燃烧器停机，空气伺服电机就转到备用位置，燃气伺服电机转到 0°。

7. 燃气燃烧器工作原理

合适的出力范围是 1 到 1/3。点火前对炉膛进行大风预吹扫 36s。当吹扫结束时，空气压力开关检测到足够的压力，点火变压器工作，3s 后，安全阀和操作阀顺序打开。燃气到达燃烧头，与风机送来的空气混合点火。供气量由燃气蝶阀调节。安全阀和操作阀打开 3s 后点火变压器停止工作。这时燃烧器工作在点火位置（P0 点）。电离电极或者 UV 紫外线光电管检测到火焰信号，给调节空气和调节燃气的伺服电机送电，于是转到最小出力（P1 点）。如果设置为超过加热炉或锅炉工作温度或压力数值，空气/燃气调节伺服电机就开始运行，逐渐增加燃烧空气和燃气的流量，直到达到燃烧器设定的最大值（P9 点）。

注意：MPA22 根据设定的曲线来控制调节燃气和调节空气的伺服电机。在温度或压力达到比例调节探针设定值之前，燃烧器一直工作在最大出力状态。达到设定值后，伺服电机向反方向转动，减少燃气和空气的流量。燃气和空气的流量是逐渐降低的，直到达到最小值。如果即使在最小出力，仍然超过了温控器或压力开关的设定值，燃烧器将停止。当温度或者压力降到设定值以下时，燃烧器将重新启动。

正常运行时，安装在加热炉、锅炉上的比例调节探针探测需要的变量，自动地通过调节燃气和空气流量的伺服电机来控制燃气和燃烧空气量。通过这种方法来增加或降低负荷。燃气/空气调节系统来使供给加热炉、锅炉的热量和其输出热量相匹配。如果气阀打开 3s 后火焰没有出现，控制器转到"关闭"（燃烧器完全停机，相应指示灯亮）。要解锁控制器，按下正确的按钮。

三、COMIST 250 DSPNM/MNM 燃烧器工作原理及工作过程

1. COMIST 250 DSPNM/MNM 燃烧器工作原理

COMIST 250 DSPNM/MNM 燃烧器工作原理见图 7.3 - 5。

2. COMIST 250 DSPNM/MNM 燃烧器的工作过程

在第一阶段检查（TEST1）时，阀门之间的管路压力应为大气压力。在无大气压力管

路设置的设备中，此压力则由检漏装置检测，该装置在"t4"时间进行时，将燃烧腔一侧的阀门打开5s。当达到大气压力5s后，燃烧腔一侧的阀门即关闭。

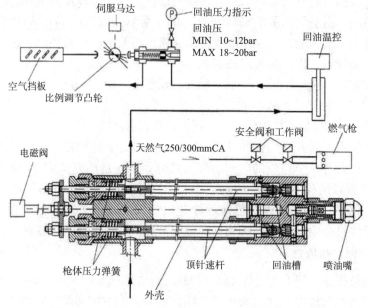

图7.3-5　COMIST 250 DSPNM/MNM 燃烧器工作原理

在第一阶段（TEST1），程序控制器通过压力开关"DW"监视管路里的大气压力是否恒定。如安全阀闭合有渗漏，压力就会上升，继而压力开关"DW"动作，程序控制器进入故障状态并位置指针停在"TEST 1"位置上（红色指示灯亮着）。相反，如没有测出压力上升，也就是说安全阀关闭时没有泄漏，程序控制器立即进入第二阶段的"TEST 2"程序。此情形下，安全阀在时间"t3"进行期间打开5s，将燃气压力输入管路中。在第二阶段测试时，此压力必须保持恒定。压力减小说明燃烧器燃烧腔的阀门在关闭时有泄漏故障，因此，压力开关"DW"动作，程序控制器检漏程序命令燃烧器停机（红色指示灯亮）。如第二阶段检测一切正常，程序控制器断开端子3与端子6之间的内部控制线路。该线路通常是控制程序控制器启动控制线路。

端子3与端子6之间的线路闭合后，LDU11…程控器返回起始位并停机，进行新的测试检查而无须改变程控器触点的位置。

备注：把压力开关"DW"的值调节成燃气供应压力的一半。

思考题

1. 燃烧器按燃烧器的控制方式、燃料雾化方式分别都有哪几类？
2. 请简述 Baltur 燃气燃烧器主要组成部分有哪些？其主要优点是什么？
3. RWF40 控制器的主要作用是什么？如何调节参数？"SP1"、"SP2"分别指的什么意思？
4. Baltur 燃烧器火焰检测器有哪些？检查火焰检测器的方法是什么？
5. 控制燃气压力的压力开关（最小和最大）的作用是什么？

第八章 加热炉控制系统组成与维护

第一节 加热炉控制系统概述

加热炉是储运系统广泛使用的加热设备，也是主要的耗能设备。输油生产持续不可间断的工艺特点和严苛的现场环境，要求加热炉的控制系统具备高度的可靠性和灵活的调节功能。

按照加热方式的不同，储运系统应用的加热炉主要包括直接式加热炉和间接式加热炉，常用的间接式加热炉有热媒炉、相变炉等；根据燃料介质的不同，主要分为燃油加热炉、燃气加热炉和油气两用加热炉。由于燃气加热炉具有环保性好、辅助设备少、操作简单、维护方便等优点，因此燃气或油气两用燃烧器正逐步替代燃油加热炉。

加热炉控制系统是加热炉安全高效运行的重要保障。加热炉控制系统的主要功能包括：现场参数的实时采集与监视、加热炉及其附属设备的远程控制与参数调节、出炉温度的自动调节、参数超限报警及联锁保护等。本章主要以直接式加热炉为例介绍加热炉控制系统。

第二节 加热炉控制系统组成

一、系统组成

直接式加热炉控制系统一般由两部分组成。一部分是加热炉 PLC 控制系统 [见图 8.2 - 1（c）]，主要实现加热炉远程控制、参数显示、超限报警联锁等功能；另一部分是炉前柜控制系统 [也称炉前控制柜，见图 8.2 - 1（b）]，主要实现加热炉燃烧器的控制功能，包括负荷调节与优化燃烧、炉本体设备控制等。

二、主要仪表配置

直接式加热炉控制系统采集的工艺参数主要包括进出炉压力、进出炉温度、炉膛温度、烟道温度、炉膛负压、燃气（油）压力、燃气（油）流量等；调节参数主要包括烟道挡板开度调节、出炉温度调节；控制信号主要包括远程启炉、停炉、紧急停炉等。

直接式加热炉控制系统中包含的主要仪表包括压力仪表、温度仪表、流量仪表、电动执行机构等，其中压力仪表包括一般压力表（弹簧管式隔膜压力表）、压力变送器、微差压变送器（用于炉膛负压的测量）；温度仪表包括双金属温度计、Pt100 铂电阻、一体化 K

型热电偶温度变送器（用于炉膛温度的测量）；流量仪表包括椭圆齿轮流量计（用于燃油流量的测量）或涡街流量计（用于燃气流量的测量）；电动执行机构主要应用的是电动角行程执行机构（0°～90°），用于控制烟道挡板的开关。

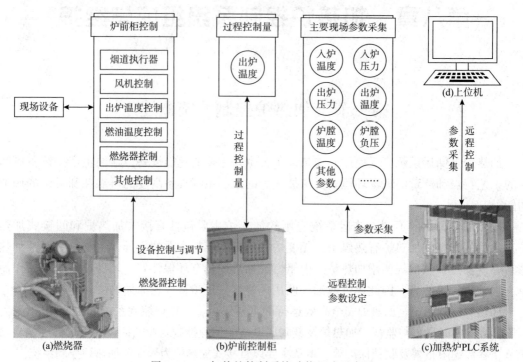

图 8.2 - 1　加热炉控制系统功能组成示意图

加热炉控制系统主要仪表配置图见图 8.2 - 2。

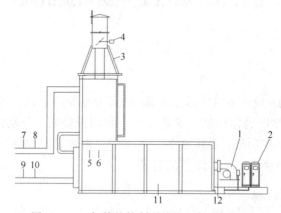

图 8.2 - 2　加热炉控制系统主要仪表配置图

1—燃烧器；2—炉前控制柜；3—烟道温度；4—烟道挡板执行器；5—炉膛温度；6—炉膛负压；
7—进炉压力；8—进炉温度；9—出炉温度；10—出炉压力；11—齿轮流量计（燃油）；12—涡街流量计（燃气）

氧化锆烟气氧量分析仪是近几十年发展起来的新型测氧器，因其具有结构简单、维护方便、反应速度快、测量范围广等特点，而广泛应用于电力、冶金、供暖、建材、电子等部门，分析各种工业锅炉及窑炉中烟气的氧含量，提高燃烧效率，节约能源，减少环境污染。

氧化锆氧量分析仪由转换器和检测器（俗称氧探头）组成，在检测器的核心元件氧化锆浓差电池上，采用了纳米材料和先进的生产工艺，在电极涂层上添加抑制电极老化的添加剂，大大提高了氧化锆测量探头的精度和使用寿命。检测器采用直插式探头结构，不需取样系统，能及时反映锅炉内燃烧状况，如与自控装置配合使用，可有效地控制燃烧状况。转换器采用单片机智能化设计，汉字液晶显示，使数据显示、功能控制更具有人性化；可与各类型 DCS 数据接入设备连接。

三、氧化锆控制系统功能

（1）能够实现加热炉烟气氧量低报、低低报警。

（2）与风机变频器连锁，实现风机风量微调。

第三节　加热炉控制系统主要功能

一、炉前柜控制系统

炉前柜控制系统，即现场控制站，是一个可独立运行的手动电气控制系统。一般由机柜、电源、程序控制器、变频器、继电器、指示器等组成。主要实现对燃烧器及其附属设备的状态与参数显示、现场控制与调节、安全保护等功能，包括风机控制、燃油温度调节、燃油泵控制、烟道挡板调节控制、燃气泄漏报警停炉、炉膛灭火停炉并进行吹扫等。同时设置紧急停炉按钮，实现紧急情况下的迅速停机。

炉前柜控制系统包括动力柜和仪表柜两个部分，操作面板分别见图 8.3－1 和图 8.3－2，可实现设备状态显示、检测参数显示、控制模式切换、温度调节、燃烧器负荷手动/自动调节、烟道挡板开度调节等功能。

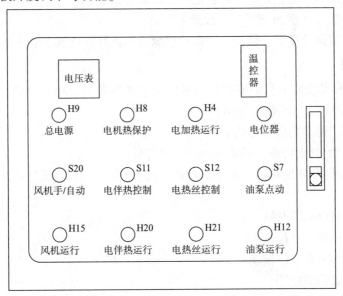

图 8.3－1　炉前控制柜（动力柜）控制面板

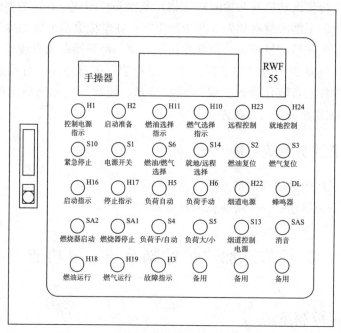

图 8.3 - 2　炉前控制柜（仪表柜）控制面板

　　在就地操作模式下，炉前柜控制系统独立于加热炉 PLC 控制系统运行，在远控操作模式下，炉前柜控制系统与加热炉 PLC 控制系统共同实现参数采集与设备远控等功能。

　　炉前柜控制系统主要有完整的加热炉现场控制功能，并且可执行加热炉 PLC 系统远控与调节等功能。

1. 设备状态与参数显示

监测和显示现场各设备状态及其参数如下：

（1）风机、油泵、电加热器等设备运行、故障等状态；

（2）燃烧器运行（燃油/燃气）、故障等状态；

（3）出炉温度调节指示、燃油温度指示、烟道挡板开度指示、电压指示等示值显示。

2. 现场控制

置于就地操作的模式下，炉前控制柜系统可实现加热炉及相关设备的现场单体控制、启停炉功能、参数设定等功能，包括：

（1）现场启、停、紧急停加热炉；

（2）风机手动/自动切换，负荷手动/自动切换；

（3）加热炉远程/就地切换，燃烧负荷调节远程/就地切换，烟道挡板操作远程/就地切换；

（4）燃气/燃油模式切换；

（5）现场风机启、停控制；

（6）现场燃油泵启、停控制；

（7）燃油温度调节控制；

（8）燃烧器手动负荷增大/减小调节；

（9）现场设定燃烧器出炉温度调节；

（10）现场烟道挡板开度调节。

3. 与加热炉 PLC 控制系统实现远程控制与调节

置于远控操作模式下，炉前控制柜系统可接收由站控系统或加热炉 PLC 控制系统的相关指令，实现加热炉的相关远控功能，主要包括：

（1）远程启炉、停炉；

（2）出炉温度远程调节；

（3）烟道挡板开度远程调节；

（4）加热炉运行状态、就地/远控状态、故障状态、出炉温度、烟道挡板开度指示等参数显示。

4. 炉前柜控制系统的安全保护功能

炉前柜控制系统及燃烧器本体具有自诊断功能，并设置有多重安全保护。当出现异常工况时，系统能及时地自动停机并报警，以保障加热炉的安全运行。

（1）燃料泄漏保护。在启炉指令发出后，炉前柜控制系统的 LDU 检漏程控器首先运行，分别检测安全阀与燃烧腔是否渗漏。若出现渗漏情况，检漏程控器会停在相应位置，同时主程控器不动作，不执行启动逻辑。

（2）炉膛灭火自动顺序停炉。在加热炉出现点火失败或运行过程中炉膛火焰熄灭等异常情况时，炉前柜控制系统的主程控器会自动执行安全停机程序，控制逻辑如下：

①停运加热炉；

②切断燃料供给并提示故障；

③执行大风吹扫炉膛程序。

（3）风机故障自动停炉。在加热炉启动或运行过程中，当检测到风机故障（即风压开关不闭合）时，主程控器会自动执行安全停机程序，即炉膛灭火自动顺序停炉程序。

二、加热炉 PLC 系统

加热炉 PLC 控制系统与站控系统之间的控制模式一般有两种，分别为子站模式和独立模式。

1. 子站模式

子站模式是站控系统作为中央处理单元，加热炉控制系统作为站控系统的一个远程单元或子站，二者通过远程网络连接，如 Quantum 系统的 MB＋网络或 AB 系统的 ControlNet 网络，如图 8.3－3 所示。这种模式下，加热炉控制系统实现数据采集和加热炉本体联锁功能，上位机显示功能由站控系统实现。

2. 独立模式

独立模式是加热炉控制系统作为独立的功能单元设置并运行，实现加热炉控制的所有控制功能，如图 8.3－4 所示。

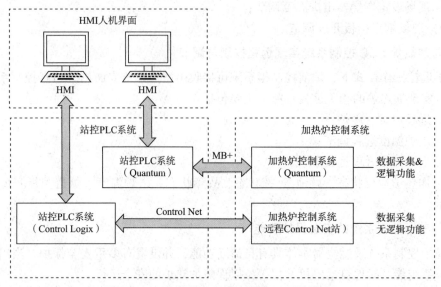

图 8.3-3　加热炉 PLC 控制系统（子站模式）

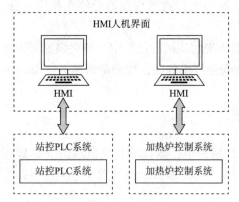

图 8.3-4　加热炉 PLC 控制系统（独立模式）

3. 系统功能

加热炉 PLC 系统除实现炉前柜控制系统各参数、状态采集与远控功能外，还实现加热炉相关附属设备（如燃油罐、燃油泵等）参数采集与控制，完成加热炉整体功能。

（1）总体功能：

①数据采集和处理；

②工艺流程界面显示；

③具备与其他系统互联功能；

④故障报警、操作事件显示与记录；

⑤参数实时趋势、历史趋势的显示与存储。

（2）控制功能：

①出炉温度自动调节。出炉温度自动调节主要通过燃烧负荷调节器 RWF40（或 RWF55 等其他型号）实现，通过比较出炉温度设定值与实际出炉温度值，调节燃烧器的负荷大小。

②燃烧过程自动调节。加热炉运行中，燃烧器通过预先调节设置好的风、油/气燃烧配比，自动控制伺服电机实现风机变频调节，实现最佳燃烧工况。

③启停炉程序控制。

（3）安全联锁保护：

①加热炉紧急停炉保护；

②出炉温度超高保护；

③炉膛温度超高保护；

④排烟温度超高保护；

⑤进炉压力超限报警；

⑥全越站及全线停输时，与站控联锁自动停炉控制（压力越站但热力不越站时不联锁停炉）。

三、加热炉的运行控制

（一）燃油加热炉的运行控制

燃油加热炉在运行前，应首先导通相应的工艺流程，确保各相关设备满足运行条件。启炉指令发出后，燃烧器程序控制器会逐一检测各设备状态，若发现异常，指示盘会停在对应的位置。执行启炉操作后，程序控制器按照以下流程执行启炉指令：

（1）执行加热炉点火前的炉膛吹扫，时间约为30s；

（2）吹扫正常，若风压检测正常，则检测火焰检测回路是否正常；

（3）若火焰检测回路正常，则驱动伺服电机关小至点火位置；

（4）检测第一安全时间内，是否点火且收到火焰信号；

（5）检测第二安全时间内，是否收到火焰信号；

（6）点火成功后，根据设定的出炉温度，进行燃烧负荷自动调节。

在点火过程后的安全时间内，如果未收到火焰信号，程序控制器输出故障报警信号，执行炉膛灭火自动顺序停炉保护逻辑。

出炉温度和烟道挡板开度的设定，可在现场炉前控制柜进行调节（就地模式）或通过系统操作站进行远程操作（远控模式）。

（二）燃气加热炉的运行控制

与燃油加热炉相同，燃气加热炉在运行前，应首先导通相应的工艺流程，确保各相关设备满足运行条件。启炉指令发出后，燃烧器程序控制器会逐一检测各设备状态，若发现异常，指示盘会停在对应的位置。执行启炉操作后，程序控制器按照以下流程执行启炉指令：

（1）LDU检漏程控器执行泄漏检测流程：

①打开燃烧器燃烧腔一侧的阀门，排出阀腔内的气体，使其处在大气压下；

②在大气压下，利用压力开关检测安全阀，如有渗漏则发出报警；

③打开燃烧器安全阀，使管路处在燃气压力下；

④在燃气压力下，利用压力开关检测燃烧腔一侧的阀门，如有渗漏则发出报警；

⑤泄漏检测通过后，执行主程控器点火流程。

（2）执行加热炉点火前吹扫，吹扫时间约30s，进行点火前准备。

（3）吹扫正常，风压检测正常，检测火焰检测回路是否正常。

（4）火焰检测回路正常，驱动伺服电机关小至点火位置。

（5）检测第一安全时间内，点火且收到火焰信号。

（6）检测第二安全时间内，收到火焰信号。

（7）点火成功后，进行燃烧负荷自动调节。

在点火过程后的安全时间内，如果未收到火焰信号，程序控制器输出故障报警信号，执行炉膛灭火自动顺序停炉保护逻辑。

（三）油气两用加热炉的运行控制

油气两用加热炉的炉前控制柜内设有燃油/燃气切换开关并同时设有燃油/燃气运行、故障等状态指示。油气两用加热炉可根据燃料的不同进行选择，选择燃油方式，其运行控制与燃油加热炉运行控制相同；选择燃气方式，其运行控制与燃气加热炉运行控制相同。

第四节　加热炉控制系统运行与维护

一、运行管理

加热炉在实际运行中，其炉前柜控制系统和 PLC 控制系统既各自独立，也相互联系。因此，对于加热炉控制系统运行管理的内容、方式和界面，应进行相应的明确。一般情况下，炉前柜控制系统由加热炉燃烧器供应商进行配套安装和调试；PLC 控制系统大多由站控 SCADA 系统集成商进行组态调试。所以，在运行管理中，炉前柜控制系统应结合加热炉燃烧器及其配套设施，参照相应的技术要求进行管理；PLC 控制系统及其仪表则应结合站控 SCADA 系统，参照相应的标准规范进行管理。

二、维护管理

加热炉控制系统的维护内容及流程基本与站控系统的维护保持一致，正常维护周期一般为 1 年；系统配套的各类仪表，则按照仪表校验的相关规范执行。由于加热炉的运行具有季节性特点，因此在加热炉正式运行前，其控制系统应完成相应的功能测试，主要包括如下内容：

1. 仪表的现场校验

（1）就地仪表校验，包括温度计、压力表等；

（2）远传仪表校验，包括炉进出口压力、炉膛负压、进出炉温度、炉膛温度、烟道温度、燃油温度等远传仪表；

（3）其他配套仪表校验，包括燃油罐、燃油泵、供气系统的相关仪表。

2. 炉前柜控制系统的功能测试

（1）炉前柜控制系统中各单体设备状态及控制功能测试，如风机、变频器、油泵、加热桶等；

（2）调节器调节功能测试，如燃烧负荷调节器、烟道挡板手操器等；

（3）启停炉功能测试，包括各设备间的联动与调节。

3. PLC 控制系统的功能测试

（1）加热炉 PLC 通道测试；

（2）加热炉远程启、停炉控制，一般采用模拟启停炉方式进行，现场接收到对应的控制指令后，反馈加热炉 PLC 相应的信号；

（3）烟道挡板调节、远程温度设定等远程调节功能测试；

（4）加热炉保护逻辑测试，包括炉本体联锁逻辑及工艺联锁保护逻辑。

三、常见故障及处理

炉前控制柜系统常见故障及处理见表8.4－1。

表8.4－1 炉前控制柜系统常见故障及处理

序号	故障现象	处理措施
1	加热炉无法远程启动	检查炉前控制柜是否置于远程状态
		检查现场是否接收到远程启炉信号
		检查参与联锁功能的各参数值是否在正常范围内
		检查现场程控器所停在的指示位，消除相应的故障点
		检查燃烧负荷调节器采集的温度值是否正常
2	远程温度设定无效	检查燃烧负荷调节器是否处于远程状态
		检查燃烧负荷调节器各参数设定值是否匹配
		检查现场接收电流信号是否与设定值一致
3	参数显示异常	检查该参数所对应的现场仪表工作是否正常
		检查该参数的回路或通道是否正常

加热炉 PLC 控制系统常见故障及处理的方法、流程、注意事项等内容，与 SCADA 系统的常见故障及处理基本一致，在此不再重复介绍。

四、故障案例

案例1：燃烧负荷调节器故障

1. 故障现象

某站加热炉站控操作人员在上位人机画面对加热炉出炉温度参数进行设定时，发现现场燃烧负荷调节器 RWF40 显示的设定温度比实际设定温度低约5℃。

2. 故障排查

（1）现场测试输出设定值电流是否与设定值匹配。

（2）检查 RWF40 燃烧负荷调节器是否工作正常。

（3）检查 RWF40 燃烧负荷调节器模块参数设定值是否正常。

3. 故障处理及原因分析

（1）在现场检测 4～20mA 信号与设定值，经测试几个设定点（0℃、25℃、50℃、75℃、100℃）与对应电流值（4mA、8mA、12mA、16mA、20mA）均能满足精度要求，未出现超差。

（2）检查 RWF40 参数设定值，发现设定值 4～20mA 与对应温度设定值（0～100℃）不对应，造成上位设定值与 RWF40 接收信号值偏差。

4. 注意事项

（1）对于燃烧负荷控制器，需要根据现场实际工况，进行各项参数的调校和整定，以匹配加热炉 PLC 控制系统的参数，确保其调节及控制功能正常。

（2）对于其他调节器如烟道挡板手操器，也需要与被控设备进行联调，设置相应参数，匹配合适信号。

（3）加热炉在正式运行前，需对其控制系统及其元件进行检查和相应测试，避免因加热炉停运时间较长可能导致的系统及元件的可靠性降低的问题产生。

（4）在加热炉停运期间，运行人员也应定期对加热炉的控制系统进行巡检，发现问题及时处理，以保证其工作正常。

案例 2：烟道挡板操作故障

1. 故障现象

某站控加热炉站控操作人员在上位人机画面对加热炉烟道挡板进行开度调节。设定开度指令发出后，实际开度反馈无变化，现场烟道挡板指针不动作，烟道挡板连杆出现轻微扭曲变形现象。

2. 故障排查

（1）现场测试输出设定值电流是否与设定值匹配。

（2）检查电动执行机构是否工作正常。

（3）检查烟道挡板动作是否正常。

3. 故障处理及原因分析

（1）现场检测 4～20mA 信号与设定值，各设定点与对应电流值均能满足精度要求，未出现超差。

（2）给定信号，检查电动执行机构的动作情况，发现运转正常。

（3）检查烟道挡板机械结构动作情况，发现挡板机构锈死，无法动作。

4. 注意事项

（1）加热炉在停运后，运行人员应定期对烟道挡板进行活动和保养，防止机械结构锈蚀。

（2）加热炉在重新启运前，需进行检查与活动，避免各元件因加热炉停运时间较长元件工作不可靠。

案例 3：加热炉 PLC 程序丢失

1. 故障现象

某站操作人员发现上位机画面中，加热炉运行状态显示灰色，所有参数不随生产工况发生变化，且无法通过上位机对设备进行操作和参数设定。

2. 故障排查

（1）检查现场设备运行状态及供电状态是否正常。

（2）检查加热炉 PLC 机柜各模块是否工作正常。

（3）检查 SCADA 系统网络通信是否正常。

3. 故障处理及原因分析

（1）在现场检测设备运行指示灯是否与实际状态匹配，电流电压是否稳定。

（2）检查站控机网卡和交换机的状态，检查网线连接情况，均显示正常。

（3）检查 PLC 运行状态，发现 PLC 处于程序丢失的故障状态。重新下载程序后，系统恢复正常。

4. 注意事项

（1）定期检查 PLC 各模块运行状态，注意 CPU 电池电量是否出现报警提示。

（2）定期进行上、下位程序备份。

（3）定期检查 SCADA 系统通信网络状态。

（4）在加热炉停运期间，保证加热炉 PLC 控制系统的供电，并且按规定进行日常巡检。

思考题

1. 加热炉控制系统由哪几部分构成？各自具有哪些功能？

2. 加热炉 PLC 系统的常见故障有哪些？相应的处理措施有哪些？

3. 在加热炉运行中，当控制系统出现故障时，操作人员应采取哪些应急措施？

4. 加热炉控制系统中的联锁保护功能有哪些？如何做好加热炉控制系统的维护与功能测试？

5. 在加热炉长期停运期间，运行人员需要做好哪些工作？

第九章 加热炉检测与修理

加热炉年检是加热炉定期停炉检验的一种方法，是对加热炉较全面的检验。加热炉年检宜每年进行一次。

加热炉年检主要包括加热炉炉管检测、加热炉弯头检测、加热炉对流室及炉膛清灰、加热炉炉管试压以及常规检测等内容。

加热炉年检执行的标准为 Q/SHGD 1019《炉类设备操作、维护、修理技术手册》。

第一节 加热炉炉管检测

加热炉炉管检测包含对流炉管检测以及辐射炉管检测，检测的项目具体可分为炉管外观检查、炉管水平度检测、炉管弯曲度检测、炉管胀粗度检测、炉管壁厚检测等。

一、炉管外观检查

炉管外观检查主要是以目测的方法检查辐射段和对流段炉管外表面是否平整，是否存在裂纹、折叠、轧折、结疤、离层或发纹，钉头有无严重锈蚀。对大面积均匀腐蚀做好腐蚀情况描述，对点腐蚀或较大腐蚀坑和腐蚀槽，使用游标卡尺和焊缝检测尺测坑深、直径，同时用钢板尺进行腐蚀面积测量。

辐射炉管外观检查，看不到的炉管部分可利用反射镜面进行检查。

对流炉管外观检查，内部对流炉管可借助工业内窥镜进行检查。

炉管焊缝外观检查，其表面质量应符合下列要求：

（1）焊缝外形尺寸符合设计图样和工艺文件的规定，焊缝与母材应圆滑过渡；

（2）焊缝及其热影响区表面无裂纹、未熔合、夹渣、弧坑和气孔；

（3）焊缝咬边深度不超过 0.5mm，两侧咬边总长度不超过管子周长的 20%，且不超过 50mm；

（4）炉管对接焊缝外观检查发现重大焊接质量问题，应进行无损探伤。焊缝的射线探伤应按 GB/T 3323 的规定执行，射线照相的质量不低于 Ⅱ 级为合格。超声波探伤可按 JB/T 1152 的规定执行，达到 Ⅰ 级为合格。

近几年对炉管检查发现，对流段炉管较辐射段炉管腐蚀严重，对流段上部炉管较下部炉管腐蚀严重，主要是因为烟气中含有 SO_2、O_2、水蒸气等成分，其中一部分的 SO_2 和 O_2 反应生产 SO_3，SO_3 和烟气中的水蒸气进一步结合生产硫酸蒸气，硫酸蒸气遇到低温冷表面时就会在其上面冷凝成液体，开始冷凝的温度称为"露点"。凝结在炉管表面的硫酸会使炉管表面金属遭受严重的酸腐蚀，即低温露点腐蚀。因此要求加热炉在运行时应保持排烟温度在露点温度之上，同时对流段炉管换管时，应按设计图纸要求对炉管外壁做镀铝处理。

对流段炉管腐蚀照片见图9.1-1和图9.1-2。

图9.1-1　对流段炉管腐蚀照片一　　　　图9.1-2　对流段炉管腐蚀照片二

未进行镀铝处理的对流段炉管使用一年后的状况见图9.1-3和图9.1-4。

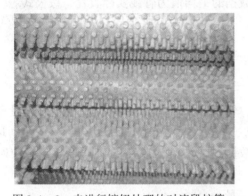 

图9.1-3　未进行镀铝处理的对流段炉管一　图9.1-4　未进行镀铝处理的对流段炉管二

辐射段炉管腐蚀见图9.1-5和图9.1-6。

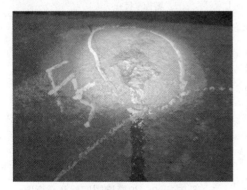 

图9.1-5　辐射段炉管腐蚀一　　　　　　图9.1-6　辐射段炉管腐蚀二

二、炉管管径、水平度检测

1. 炉管弯曲度检测

如图9.1-7所示，在炉管任意两个支点间拉紧一根细线，用直尺测得炉管与细线的最大弦高为该段炉管该方向的弯曲度。辐射室底部及侧面炉管在管顶位置测量一次，辐射室顶部炉管在管底测量一次。

管线弯曲度不大于相邻两支架距离的 1/300 且不大于 3.3mm/m。

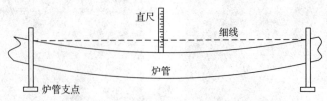

图 9.1 - 7　炉管弯曲度检测示意图

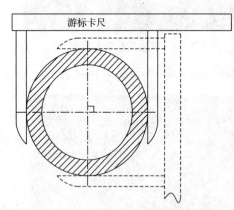

图 9.1 - 8　炉管管径胀粗率检测示意图

2. 管径胀粗率检测

使用游标卡钳从管线径向相互垂直的两个方向测量直径各 3 次，如图 9.1 - 8 所示。取 6 次数据的平均值为管线实际直径，按公式：

$$胀粗率 = \frac{实际直径 - 设计直径}{设计直径} \times 100\%$$

计算管径胀粗率，胀粗率≤2.5% 即为合格。

3. 炉管椭圆度测量

使用游标卡钳从管线径向每隔 45°测量直径 3 次，共测 4 个方向，如图 9.1 - 9 所示。取 4 个数据的平均值为该点的实际直径，比较四个点实际直径大小，找出最大直径和最小直径，按公式：

$$椭圆度 = \frac{最大直径 - 最小直径}{设计直径} \times 100\%$$

计算炉管椭圆度，椭圆度≤3% 即为合格。

4. 炉管壁厚检测

炉管壁厚检测，即借助壁厚测量仪器，对炉管的实际壁厚进行检测，将其与设计壁厚（一般辐射段、对流段炉管设计壁厚均为 8mm）进行比较，腐蚀量不大于 3mm 即满足规范要求；腐蚀量若超过 3mm，加热炉需退运大修进行换管作业。

目前炉管壁厚检测采取抽点检测方法，每根炉管前、中、后 0°、90°方向各检测 2 点，

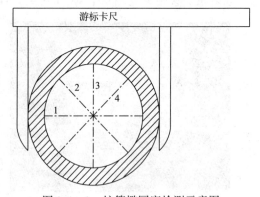

图 9.1 - 9　炉管椭圆度检测示意图

总共检测 6 点，其中前后两处测点分别距离前后墙 20 ~ 40cm。对于检测数值异常及腐蚀处必须进行加密检测，进行对比。

壁厚复测和异常处标记见图 9.1 - 10 和图 9.1 - 11。

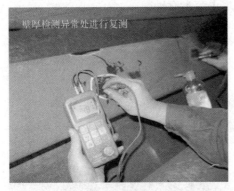

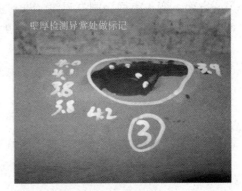

图 9.1 – 10 壁厚复测　　　　　　　　　图 9.1 – 11 异常处标记

检测工具采用超声波测厚仪，声速设定为 5900m/s（不同的超声波测厚仪，声速设定值略有不同，具体设定值请参照产品使用说明书），探头直径 10mm（5MHz）（为提高测量准确性，可以采用更小直径的探头）。检测前，需借助钢丝刷或磨头打磨炉管外壁锈迹见金属光泽后测量；检测时，探头中分线沿炉管轴向和周向各测量一次，取最小值记录。超声波测厚仪必须经检验合格且在有效期内，使用前必须按使用说明进行校验。

第二节　加热炉弯头检测

加热炉弯头检测包括对流弯头检测和辐射弯头检测，检测项目有：弯头外观检查、弯头壁厚检测、弯头箱检查等。

一、弯头外观检查

弯头外观检查，主要是以目测的方法检查弯头外表是否存在裂纹、折叠、轧折、结疤（图 9.2 – 1、图 9.2 – 2）。对大面积均匀腐蚀做好腐蚀情况描述，对点腐蚀或较大腐蚀坑和腐蚀槽，使用游标卡尺和焊缝检测尺测坑深、直径，同时用钢板尺进行腐蚀面积测量。

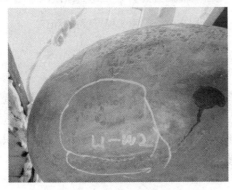

图 9.2 – 1 外观检查一　　　　　　　　　图 9.2 – 2 外观检查二

弯头腐蚀的主要原因是套管密封不严，导致烟气窜至弯头箱内对弯头腐蚀。为此，一方面应检查套管密封，间隙处填塞石棉绳，涂刷高温密封胶，防止烟气外窜对弯头造成腐蚀；另一方面，弯头表面涂刷高温漆，进一步防止弯头腐蚀。

弯头箱弯头防腐处理见图 9.2 – 3 和图 9.2 – 4。

图 9.2 – 3　弯头箱弯头防腐处理一　　　　图 9.2 – 4　弯头箱弯头防腐处理二

二、弯头壁厚检测

弯头壁厚借助超声波测厚仪进行检测。检测点设置 3 点：弯头测量靠近焊缝各 1 点以及弧顶 1 点。

弯头壁厚腐蚀裕量为 2mm。

弯头壁厚检测标记见图 9.2 – 5 和图 9.2 – 6。

图 9.2 – 5　弯头壁厚检测标记一　　　　图 9.2 – 6　弯头壁厚检查标记二

三、弯头箱检查

弯头箱检查包括了管板检查、套管密封检查、焊缝外观检查、弯头箱内保温检查、弯头箱钢构检查。

管板检查：主要检查锈蚀程度、损坏、变形、过热变质、漆膜脱落程度及有无积灰和漏烟等。使用钢丝刷将对流炉管管板浮锈、漆皮及其他杂物打磨干净，检测合格后，重新涂刷防腐层。

套管密封检查：检查套管与炉管是否存有空隙，有空隙的用石棉绳堵死，涂抹耐高温密封胶。

焊缝外观检查：使用焊缝检尺对弯头与炉管对接焊缝进行检测。焊缝与母材应圆滑过渡，焊缝余高不得大于2mm。焊缝及热影响区表面应无裂纹、未融合，无超标准的夹渣、气孔和弧坑。使用多用焊缝测量器测量焊缝咬边深度，软皮尺测量咬边长度，咬边深度不得超过0.5mm，咬边总长度不得超过管子周长的20%。

弯头箱内保温检查：检查弯头箱内保温护板是否有锈层、固定是否牢固，保温层是否有脱落、损坏，做好记录并拍照。对有缺陷的防腐层及保温层进行维修。

弯头箱钢构检查：检查弯头箱钢构防腐层是否有脱落，是否有腐蚀以及腐蚀程度等。

第三节　加热炉对流室及炉膛清灰

加热炉清灰，即清除炉管外壁附着的灰垢及杂物，可有效加强管束的换热效果，提高炉效，同时也可减缓灰垢对炉管的腐蚀。

一、炉管外壁灰垢情况检查

加热炉室清灰前，应检查炉管外壁灰垢情况：沉积在炉管外壁的是含碳的黑色积灰，还是既积盐（白色）又积灰，或是里层积盐外层积灰，积灰和积盐的厚度，有无局部结焦，积灰的牢固程度（可吹掉、用钢丝刷可刷掉、钢丝刷也难以清除）等。

二、加热炉清灰的方法与流程

对流室清灰采用带压蒸汽吹扫的方法。清灰流程：

拆卸对流室侧门→对流室灰垢情况检查记录→蒸汽系统组装→天圆地方处清灰→对流室清灰（自上而下）→对流炉管壁厚检测→侧门恢复，拆卸另一侧侧门→灰垢情况检查记录→对流室清灰（自上而下）→对流炉管壁厚检测→侧门恢复。对流室蒸汽清灰作业见图9.3 – 1。

蒸汽系统由电蒸汽锅炉（图9.3 – 2）、高温软导管、蒸汽喷枪组成。电蒸汽锅炉产生的蒸汽压力设定值为0.7MPa，可有效清除炉管表面附着的灰垢。

图9.3 – 1　对流室蒸汽清灰作业　　　　图9.3 – 2　电蒸汽锅炉

炉膛清灰采用人工笤帚清扫的方法。清扫流程：跳板搭设→炉膛积灰情况检查记录→炉管外壁积灰清扫→积灰装袋外运。

清灰作业前后对比见图9.3-3。

图9.3-3　清灰作业前后对比

第四节　加热炉炉管试压

加热炉炉管（特别是对流炉管）壁厚检测具有一定的局限性，采取水压试验作为检验加热炉炉管结构强度的辅助手段十分必要。

一、水压试验的程序和要求

水压试验应在停炉检验后进行；暴露检查部分，必要时可以拆除保温层及其他构件，以便检查；水压试验压力以直接炉进出口管上压力表读数为准；水压试验时，水温以常温为宜，水温必须高于环境露点温度，以防炉管表面结露；当环境温度低于5℃时必须采取防冻措施；水压试验加压前，直接炉炉管内要充满水，不得残留空气。

水压试验时，压力应缓慢升降，压力表指针移动应平滑均匀；水压升至试验压力，检查直接炉各部位有无渗漏和不正常现象；检查炉管的焊缝时，可以用检验锤轻轻敲击焊缝两侧；在进行水压试验时，检验人员应在现场参加检查。

水压试验原则上应加装盲板，不得使用阀门作为盲板进行试压。但考虑到实际情况，盲板隔断措施难以实施，暂时采用阀门隔断。各输油处应当在大修加热炉时考虑快速加装隔离盲板的措施。

二、水压试验周期

水压试验每4年进行一次，检验员认为必要时可适当缩短。

三、水压试验压力

水压试验压力为管线运行工作压力的1.5倍，最高不超过6.4MPa。管线运行压力指的是进出炉汇管的压力。

四、试验合格标准

炉管和其他受压元件的金属壁和焊缝上没有水珠和水雾；水压试验后没有发现残余变形；在试验压力下保持 30min，压力下降值小于 0.05MPa。

五、异常情况判断与处理

水压试验始终不能升压，在排除试压设备损坏和炉管泄漏的前提下，若能明确判断为阀门内漏，经泵站确认后，可停止压力试验。

在升压到试验压力后，压力缓慢下降不能稳压时，应将压力降到加热炉工作压力，延长保压时间，严格检查辐射管、对流管、汇包、弯头等受压元件有无渗漏，在排除炉管泄漏的前提下，并能明确判断为阀门内漏，停止压力试验。

水压试验判断为内漏的阀门，应在年检报告中明确，作为大修时更换阀门的依据。

第五节　加热炉常规检测

一、烟囱检查

外观检查：检查烟囱及其底座有无漆层脱落、锈蚀，烟囱底座与对流室顶部接触是否紧密，紧固件是否齐全、有无变形。检查烟囱拉绳有无锈蚀、断股、连接是否牢固。检查烟囱帽有无锈蚀穿孔及变形情况。

烟囱壁厚检测：烟囱壁厚使用超声波测厚仪进行检测。检测部位为烟囱底部筒节靠近连接螺栓处，均匀选取 4~6 点测量。

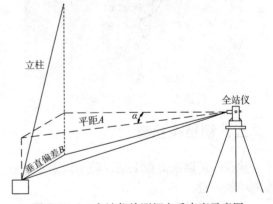

图 9.5-1　全站仪检测烟囱垂直度示意图

烟囱垂直度检测：使用全站仪检查烟囱垂直度，检测方法如图 9.5-1 所示，通过全站仪测量平距 A、水平角 α，即可通过三角函数推算出被测烟囱近似垂直偏差 $B = A\sin\alpha$。在被测烟囱的垂直两个方向分别检测，测得被测烟囱垂直偏差 B_1、B_2，即可得被测烟囱的垂直度 $E = \sqrt{B_1^2 + B_2^2}$。烟囱垂直度允许偏差不大于 $1.5H/1000$（H 为烟囱的高度）。

二、炉基础检查

外观检查：对加热炉基础外观进行检查并记录，主要检查有无重大破损、裂缝、明显变形及排水是否通畅。

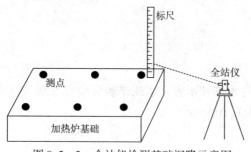

图 9.5 - 2　全站仪检测基础沉降示意图

基础沉降检测：利用全站仪进行测量，如图 9.5 - 2 所示。在基础的四角及中间对称位置各测一个点，测得标尺在基础不同位置的标高，将测量的第一点作为相对 0 点，将其他点数值与第一点数值相减，得出各点相对值，从相对值中找出最大值和最小值，将最大值减去最小值得到基础最大高差。

三、炉体衬里检查

检查辐射室、烟囱底座耐热衬里，衬里是否完好，有无松动、脱落、损坏和老化现象，远红外涂料是否完好，有无损坏现象等。

四、辐射段炉管吊挂检查

检查辐射段炉管吊挂有无损坏、裂纹、固定不牢及腐蚀等情况。
紧固件缺失见图 9.5 - 3，支架断裂见图 9.5 - 4。

图 9.5 - 3　紧固件缺失

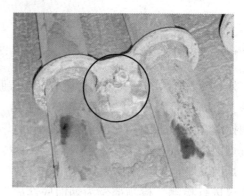

图 9.5 - 4　支架断裂

五、钢结构检查

检查外护钢板是否平整，防腐层是否完好，有无严重腐蚀，有无局部过热变形，有无渗漏串烟痕迹。

使用吊锤或全站仪检测炉体立柱垂直度，允许偏差不大于 1/1000，且总偏移量不大于 10mm。

炉体钢梁挠曲矢高不大于 $H/1000$（H 为柱的高度），且不大于 15mm。

柱上相邻两连接构件的间距允许偏差为 ± 15mm。

主梁水平度允许偏差不大于 3%。

六、孔门检查

人孔、看火孔等附件齐全，无腐蚀；关闭时应严密，开启时灵活好用。

七、安全附件检查

防爆门齐全完好，关闭不漏风，动作灵活。烟道挡板开关灵活，无卡阻，箭标指示准确。紧急排空阀关闭严密，开启灵活，紧急排空管线完好，无堵塞。

八、附属系统检查

1. 吹灰系统检查

储气罐、吹灰管线完好，不漏气；吹灰控制器完好，能够按照设定的时间间隔从下往上顺序吹灰；吹灰器完好，气动吹灰器是否能自转。

2. 燃料油系统检查

燃料油罐液位计指示准确可靠，电加热器能够正常投用，罐体保温完好；燃料油管线无漏油、渗油，保温完好，电伴热能正常投用；燃油流量计指示正确，并能定期校验；燃料油泵完好，炉前燃料油压力及流量能满足燃烧器要求。

九、加热炉烟气检测

加热炉烟气检测每年一次，由公司检测分析中心负责。测检位置为加热炉烟囱底部烟气检测口，测检仪器为 J2KN 烟气分析仪、3012H 自动烟气测试仪。测试报告举例如表 9.5－1 所示。

表 9.5－1　中国石化管道储运有限公司分析检测中心烟尘（气）监测结果

报告编号：JRLQ2018－03

序号	监测项目	单位	监测结果	国标值（≤）
1	烟气温度	℃	244	—
2	含湿量	%	8.7	—
3	含氧量	%	10.10	—
4	过量空气系数	—	1.96	—
5	烟尘排放浓度	mg/Nm³	464	200
6	烟尘排放率	kg/h	11.73	—
7	NO_x 排放浓度	mg/Nm³	251	—
8	NO_x 排放率	kg/h	6.34	—
9	SO_2 排放浓度	mg/Nm³	544	850
10	SO_2 排放率	kg/h	13.74	—
11	烟气黑度	林格曼级	<1	1

备注：SO_2 排放浓度未经过国家计量认证。

第六节　加热炉修理

一、修理周期间隔

日历间隔时间一般为 6 年，包括备用、封存和检修时间。累计运行间隔时间一般为 36000h。加热炉首次投用后，第一次修理周期可适当延长，但不宜超过 8 年。一般年运行 6000h 以上的加热炉，应采用累计运行时间间隔累计。年运行少于 6000h 的加热炉应采用日历间隔累计。

凡设备技术状况差，有下列情况之一时，其修理间隔经主管部门批准可少于上述规定：

（1）炉体保温层损坏严重或炉管大面积腐蚀的；

（2）运行不正常，出力达不到额定负荷，热效率显著降低，需要经过特殊修理才能恢复正常的；

（3）有威胁安全运行的重大缺陷，必须进行修理才能处理的；

（4）经检测单位检测后，出具的检测报告需要修理的其他情况。

二、修理项目

加热炉每次修理停用日数，一般不应多于 60 天，如有特殊修理项目时，停用日数允许适当增加，但不超过 90 天。修理项目分为一般修理项目和特殊修理项目两类。

一般修理项目：对加热炉受压部件进行全面的清扫检查。打开对流室侧门、弯头箱，对对流管、弯头清扫检查。补焊或更换部分炉管、弯头、转油线和进出口管线。更换损坏或变形的对流管板、炉管支吊架、定位管等零部件。修理或更新燃烧器及其支承件。修补或更新局部炉体外护板和保温层。修理或更换人孔门、看火孔门、防爆门等附件。炉体钢结构调整、梯子平台修补和除锈刷漆。烟囱、烟囱挡板和烟囱衬里局部更新或修补。辅机、烟风道和防雨棚修理。部分加热炉仪表、电气设备、防雷和接地装置修理。

特殊修理项目：全部更换辐射段炉管或对流段炉管。全部更新炉体外护板及保温层。炉体基础加固或修补。对加热炉局部结构或工艺流程进行技术改造。自动控制系统修理或更新改造。燃烧系统有附机修理或更新改造。

三、修理内容和质量标准

1. 炉管及弯头的检测标准

炉管及弯头外形尺寸超过下列规定时应进行更换：

（1）炉管及弯头的凹凸度和胀粗率不大于 2.5%；

（2）炉管椭圆度不大于 3%，弯头椭圆度不大于 4%；

（3）水平排列的炉管（卧管），沿垂直方向和水平方向的弯曲度不大于相邻两支架距离的三百分之一或不大于 3.3mm/m，当一根炉管的直管段产生两个或两个以上弯时，弯曲度应分别测量；

（4）炉管和弯头不得有裂纹、过热及有损强度和外观缺陷；

（5）炉管由于腐蚀等原因使壁厚均匀，实测壁厚小于 5mm；

（6）打开弯头箱，弯头部位有大面积腐蚀坑或腐蚀槽，腐蚀深度大于 3mm。

2. 炉管材料的选用和验收标准

更换炉管时材料的选用和验收应符合下列标准：炉管选用 20 号石油裂化用钢管，弯头选用 20 号优质碳钢；炉管必须符合 GB/T 9948《石油裂化用无缝钢管》，按标准对炉管的尺寸、外形和外观质量进行检验，合格后才能使用。

3. 炉管焊接要求

焊接用焊条每批应有质量证明书，焊接前应将焊条按规定烘干；焊接现场应有防止风、雨、雪侵袭的措施；一般情况下，施焊时环境温度应在 5℃以上；炉管坡口加工、焊口组对应符合图纸要求。

4. 焊缝外观质量检查要求

焊缝外形尺寸应符合设计图样的要求，焊缝与母材应圆滑过渡；焊缝与热影响区表面不应有裂纹、气孔、弧坑和肉眼可见的夹渣等缺陷；焊缝的咬边深度不得大于 0.5mm，且两侧咬边总长度不得大于焊缝总长度的 10%。

5. 焊缝射线探伤要求

修理中炉管与炉管对接焊缝应全部经射线探伤检查；修理中炉管弯头的对接焊缝应进行 100% 射线探伤检查，或 100% 超声波探伤加至少 20% 的射线探伤；射线探伤应按 NB/T 47013.2《承压设备无损检测　第 2 部分：射线检测》的规定执行，焊缝质量不低于 Ⅱ 级为合格；超声波探伤按 NB/T 47013.3《承压设备无损检测　第 2 部分：超声检测》的规定执行，全部超声波探伤的焊缝 Ⅰ 级为合格；不能用射线探伤的焊缝，必要时可用磁粉探伤或渗透探伤检查缺陷焊缝 Ⅰ 级为合格；焊缝的返修应采用经评定合格的焊接工艺，返修的次数、部位和无损探伤结果等记入修理技术记录中。

四、钢结构修理

1. 过梁、立柱

对加热炉过梁、立柱进行检测，当有下列情况之一，应进行加固：

（1）立柱的垂直度允许偏差大于 1/1000，且总偏移大于 10mm；

（2）柱身挠曲度矢高大于 $H/1000$（H 为柱的高度），且大于 15mm；

（3）主梁水平度允许偏差大于 3‰。

2. 炉体护板及前后墙

有下列情况之一，应更换加热炉炉体外护板或前后墙：

（1）外护板及前后墙腐蚀严重，局部腐蚀穿孔；

（2）前后墙及炉体外护板严重变形，外护板有明显的损伤，前后墙平面误差大于 10mm；

(3) 实测炉体外护板壁厚小于 4mm；

(4) 实测前后墙最小壁厚小于 5m。

五、机电一体化燃烧器修理

燃烧器安装位置应符合下列规定：

(1) 燃烧器喷嘴、风机、油泵运转正常；

(2) 各管线连接处无渗漏现象；

(3) 燃料油管线、阀门无渗漏现象；

(4) 辅助油泵运转正常；

(5) 控制仪表、检测仪表工作正常；

(6) 电加热器三相电流平衡，电伴热工作正常；

(7) 燃烧器的标高偏差不超过 ±5mm。

六、炉衬修理

1. 保温层检查

打开辐射室、对流室、对炉体保温层进行全面检查，由于辐射室前后墙受热温度较高，应对前后墙做重点检查，保温层具体修理要求如下：对于保温层总体情况良好，只是局部外层保温层脱落或露出保温钉，对局部保温层进行修复；对于大面积保温层脱落，保温材料老化，保温钉腐蚀断裂，对于卧式炉来说，炉体筒体上半部分必须更换；对于加热炉投运时间较长，且炉体保温效果非常恶劣，应对整个保温层进行更换。

2. 保温层安装质量要求

保温材料必须出具质量证明书，且符合有关标准要求；炉体内表面应清除浮锈、焊渣及其他污物，然后涂防腐层，干燥后方可施工；按图纸要求焊接保温钉，保温钉应焊接牢固，垂直度允许偏差不大于 2%，焊条电弧焊周围焊满接触面不小于 80%；纤维毡安装要求表面平整，不得有裂纹、缺角、起毛等缺陷，毡与毡之间要压实；炉衬安装完毕后，严禁硬物碰撞及雨水侵蚀。

七、加热炉范围内的管道和保温

1. 管道检查和修理

拆除管道保温层，抽查转油线和进出炉管道等的腐蚀情况，测量腐蚀点的剩余壁厚，更换严重腐蚀的管道，更换管道用的钢管。架空管道应进行保温，埋地管道应进行防腐。

2. 管道支吊架的检修

固定支架：管子放在座垫上应无间隙、管箍牢固地将管子固定。支架无裂纹、变形、损坏或位移；导向支架和滑动面支架的滑动面应洁净平整，各活动零件（滚珠、滚柱、托滚）与其支承件应接触良好，滚动自由；弹簧支、吊架的弹簧轴线应与支承面垂直，弹簧无裂纹。

3. 管道和设备的保温

原油管道、燃料油管、热风道、热水管道和加热炉炉体，在修理中应更新可修补保温层。修补或更新后的保温层外表面应完整、光滑，具有防雨水渗入性能。

八、风机修理

1. 一般修理内容

按原产品使用说明书进行修理，并根据实际情况确定是否进行静平衡、动平衡试验。通常情况下应做以下修理工作：清理内部积灰、污垢等杂物；检查叶轮毂在轴上的固定及配合情况；检查叶轮轴的直线度；检查各连接件的销钉和磨损情况；检查润滑系统，更换润滑剂；紧固各地脚螺栓；风机、机组防腐处理。

2. 修理质量要求

（1）机壳不允许有破裂、漏风现象，外形应光滑整齐；

（2）叶轮轮毂与轴连接良好，不松动；

（3）达正常转速时，轴承温升不得超过环境温度 $40℃$ ；

（4）轴承部位的振动速度不大于 $6.3mm/s$ 。

九、燃料油泵修理

检查轴承套与泵前、后侧盖配合的过盈度；修理或更换齿轮组合件；检查泵的密封间隙；检查轴承上轴颈的配合间隙；更换填料或机械密封；更换润滑油。

修理后要求燃料油泵在额定压力下连续运行 4h，压力稳定正常，无异常现象。

十、仪表修理

检查温度计、压力表、流量计等一次仪表外观是否完好；将拆下的各仪表送具有检测资格的计量部门，检测其精度、灵敏度；检验灭火报警断油联锁保护装置是否灵敏可靠；检查电磁阀、电动调节阀等执行器是否灵敏可靠；测量仪表的量程应符合技术规范；连锁保护系统在事故状态下能起自动保护作用。

十一、设备和管道的油漆

设备、管道、烟风道及钢结构件的油漆工作应在安装工作结束后进行。

在刷油漆前金属表面必须干燥，对油污、铁锈、易剥落的氧化皮、焊接飞溅物和其他影响油漆质量的杂物予以清除。设备管道外表面涂底漆 1~2 道和面漆 1 道。经油漆的金属表面，其漆膜应均匀，不应有气泡、夹杂、龟裂、剥落、露底、严重皱皮、流痕、杂色及明显刷痕等缺陷。

十二、水压试验

加热炉修理后，应进行整体水压试验。试验压力为管线运行最高压力的 1.5 倍，最高不超过 6.4MPa，水温不低于 5℃。

水压试验时，压力应缓慢升降（建议压力上升速度取 0.2~0.3MPa/min。压力降低速度以 0.3~0.5MPa/min 为宜），压力表指针移动平滑均匀，当水压升到工作压力时，应暂停升压，检查加热炉各部位有无渗漏和不正常现象。如无异常，继续升压到试验压力，在试验压力下，稳压 30min，再降至工作压力下，稳压 4h 并进行全面检查。

水压试验符合下列条件，即认为合格：

（1）炉管和其他受压元件的金属壁和焊缝上没有水珠和水雾；

（2）水压试验后，没有发现残余变形；

（3）在试验压力下保持 30min，压力下降值小于 0.05kPa。

十三、修理准备工作

1. 修理前的技术准备

加热炉修理前的准备工作，主要包括技术和施工准备两方面内容，技术准备由生产单位负责，施工准备则由承修单位负责。查阅加热炉档案，如加热炉安装验收文件、事故报告、设备缺陷记录、历次修理竣工资料等。在修理前加热炉年度检验的基础上，结合加热炉的技术状况，编制加热炉修理方案。准备加热炉图纸，绘制或校对修理更换件或易损件图纸，提出辅机更新型号。确定修理负责人和质量检验负责人。

2. 施工准备工作

根据加热炉修理方案，由承修单位编制修理工程预算，编制材料、配品配件、仪表、设备购置计划。与供应部门签订供料合同。

修理开工前，承修单位应根据生产单位提出的修理项目和进度要求，编制施工网络图；制定必要的技术措施和安全措施；办理动火申请；准备好技术记录表格；准备好修理施工用材料、工具、起重搬运设施、试验和检验设备、安全用具和安全设施等，并绘制修理场地布置图。由生产单位进行技术交底，承修单位组织修理人员讨论修理项目、进度、措施及质量标准，做好劳动组织和人员分工，进行必要的特殊工程或特种工艺培训。

十四、调试、试运

调试工作应在安装工程验收合格后进行。调试工作应由使用单位组织，施工单位应参与调试，并编写调试大纲，整体试运行 72h，其中 24h 持续 50% 负荷运行，24h 持续 70% 负荷运行，23h 持续 100% 负荷运行，1h 持续 110% 负荷运行。

调试可分单机、系统、各系统联合调试，以检验单机、系统的功能及所达到的参数指标。调试合格后，施工单位整理好调试记录，施工单位与使用单位双方现场签字。试运工作应在调试工作全部合格后方可进行。施工单位必须提交试运方案，由使用单位审批后，才能进行，试运炉前操作由取得上岗资格的人员操作，使用单位和施工单位共同记录。

试运前，操作人员应熟悉规程、工艺流程、试运方案。岗位报表应齐全。试运后，使用单位和施工单位共同停炉检查，发现问题做好记录。

十五、其他要求

加热炉修理完工后，由主管部门组织有关部门参加验收交接。加热炉修理验收，承修单位应提交下列技术文件：

(1) 修理项目进度表；

(2) 竣工图纸；

(3) 设计变更通知单及工程联系单；

(4) 材料质保书和配件合格证明书；

(5) 修理技术记录；

(6) 施工验收记录；

(7) 焊缝探伤报告；

(8) 试压记录；

(9) 仪表及自动装置的调整校验记录；

(10) 其他有关资料。

思考题

1. 加热炉年检主要包括哪些方面？执行什么标准？对炉管的检测项目具体可分为哪几项？

2. 加热炉修理周期间隔是如何规定的？

3. 加热炉清灰的主要作用有哪些？对流室、辐射室的清灰方法分别是什么？

4. 请简要阐述水压试验的程序和要求，试验压力是如何规定的？

5. 加热炉常规检测有哪几个方面的内容？对于烟囱垂直度有什么要求？

第十章 加热炉腐蚀、故障及案例分析

第一节 加热炉腐蚀分析

随着节能要求的不断提高，要求加热炉的排烟温度越来越低，但是往往在空气预热器、余热锅炉等余热回收设备的换热面上产生强烈的低温露点腐蚀，甚至会在不到一年的运转时间内，换热面就严重腐蚀穿孔，使加热炉不能正常运行。可以说，低温露点腐蚀已成为降低加热炉排烟温度，提高热效率的主要障碍。所以要设法从改进设计、精心操作和采用新材料等方面采取各种措施，来防止和减轻低温露点腐蚀。

空气中的水蒸气遇到低温冷面时就会在其上冷凝，这就是结露现象。开始冷凝的温度称为露点温度。加热炉燃料中含有单体硫、氧化硫，在燃料燃烧时，一部分硫变成三氧化硫，再生成硫酸凝结在低温受热面上，对受热面产生严重的腐蚀。因为它是在温度较低的受热面上发生的腐蚀，故称为低温腐蚀。又因为它是在受热表面上结露后才发生这种腐蚀，所以又称为露点腐蚀。

一、低温腐蚀机理及影响烟气露点温度的因素

在加热炉中，燃料在燃烧时，燃料中 H 和 O 化合生成水。另外，燃油火嘴大部分又采用水蒸气雾化，加之空气中水分使炉子烟气中带有大量的水蒸气。此外燃料中的硫在燃烧后生成 SO_2，其中一部分 SO_2 进一步氧化成 SO_3，SO_3 与烟气中的水蒸气结合生成硫酸。含有硫酸蒸气的烟气露点温度比空气高，烟气中的 SO_3 多，露点温度就高。SO_3 的生成量，与燃料的含 S 量、火焰温度以及烟气中的含 O_2 量有关，如果燃料的含 S 量、火焰温度以及烟气中的含 O_2 量都高，则产生的 SO_3 就多。

图 10.1 – 1 表示燃料油中的含硫量和烟气中的 SO_2 量的关系。目前使用含硫量为 2%

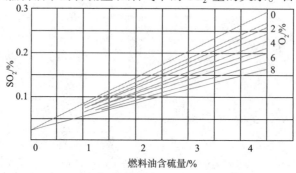

图 10.1 – 1 燃料油含硫量与烟气中 SO_2 量的关系

的重油，当氧量为4%时，就产生0.1%的SO_2，其中有2.2%变成SO_3。当烟气温度降到露点以下，且和低温壁面相接触时，烟气中的SO_3就与水结合，生成高浓度的硫酸。低温腐蚀是在考虑烟气余热回收时必须解决的问题，也是提高加热炉热效率必须考虑的一个主要因素。如果忽视了这个因素，缩短了受热面的使用寿命，不但会影响正常的操作周期，而且会由此产生严重的经济损失。所以，在烟气余热回收利用中，必须采取防止和减少低温腐蚀的措施。

二、减少低温腐蚀的措施

1. 提高受热面壁温

使管壁或加热元件的壁温高于烟气的露点温度。壁温的提高可以通过提高管内或管外流体的温度来实现。对于管内走油品，管外走烟气的对流管，提高壁温的措施主要是提高管内油品的温度。对于采用空气预热器的加热炉，主要通过提高预热器入口的空气温度来提高受热面壁温，一方面可以利用装置的其他介质将入口空气温度提高到80℃左右；另一方面也可以采用热空气循环的办法，即将空气预热器出口的热空气引出一部分与预热器入口前的冷空气混合，使进入预热器的空气温度提高。

2. 采用耐蚀材料

目前，采取对加热炉钉头管进行多次喷铝层，形成耐氧化膜或者把空气预热器的换热元件改为硼硅酸盐玻璃管、铸铁或搪瓷材料，可以减少腐蚀。后段壁板也可用各种涂料喷涂以防腐蚀。但烟道和引风机等还应采取防腐措施。此外，减少过剩空气，低温区采用可拆卸式结构等也是常用的措施。

3. 减小过剩空气系数，降低烟气氧含量

4. 采用低硫燃料

硫酸浓度对腐蚀速率的影响如图10.1-2所示。从图中可以看出，浓度为50%左右的硫酸对碳钢材料的腐蚀速率最大。浓度最高或最低时，腐蚀速率均会下降。

腐蚀速率与换热壁面温度的关系如图10.1-3所示。

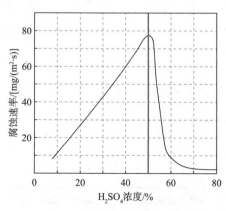

图10.1-2　硫酸浓度对腐蚀速率的影响

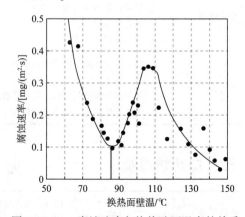

图10.1-3　腐蚀速率与换热壁面温度的关系

温度最高时化学反应速率较快，腐蚀速率也较快。由图可知，在壁温较高而未结露

时，腐蚀速率很低；开始结露时，由于结出的露中硫酸浓度过大，虽然壁温较高，腐蚀速率也还不很高；对温度再低一些的换热面，虽然壁温有所降低，但结露中硫酸的浓度变稀，腐蚀速率加快，在某处达到一极限值；此后，由于硫酸浓度较低，温度也较低，腐蚀速率下降。最后，由于壁温很低，水蒸气大量凝结，腐蚀速率又比较强烈。

第二节　加热炉常见故障及处理

一、加热炉"打呛"

事故现象	加热炉突然发生正压，炉膛烟气和火从孔、门喷出严重时防爆门动作
事故原因	1. 燃料油雾化不好，燃烧不完全； 2. 火嘴灭火后继续喷油（气），未及时关闭进入阀或灭火报警失灵； 3. 烟道挡板开度过小； 4. 炉超负荷运行，烟气排不出去； 5. 炉膛有可燃气体，点燃前未吹扫干净
处理方法	1. 停炉查找原因； 2. 清除炉内积存的可燃物； 3. 关闭燃料油（气）阀门； 4. 开大烟道挡板； 5. 加强通风，用空气或雾化气吹扫炉膛

二、加热炉管内原油汽化

事故现象	1. 进出炉压力产生异常波动； 2. 原油出口温度升高； 3. 炉管发生振动或有水击声
事故原因	1. 原油流量过小，或断流； 2. 炉管内原油发生偏流现象； 3. 炉管局部过热； 4. 炉管表面热强度过高
处理方法	1. 加大原油流量，消除偏流； 2. 压火降温； 3. 必要时开紧急放空阀，待消除振动或水击后关闭紧急放空阀； 4. 严重汽化时应按紧急停炉处理

三、加热炉爆喷

事故现象	爆喷是由于燃烧速度加快，压力急剧上升，在产生爆喷声的同时，火焰或高温烟气随之喷出炉外，严重爆喷能损坏炉体设备或灼伤操作人员

事故原因	1. 燃料油雾化不好，造成燃油大量喷入炉内，可燃气体浓度增加，燃烧迅速加快，炉膛压力迅速上开，形成爆喷； 2. 点炉时，由于炉膛内存在一定的可燃性气体，引起爆喷； 3. 火嘴灭火，而炉膛内喷入大量燃油形成可燃性气体后自燃着火； 4. 二次燃烧或燃烧剩余物复燃，使炉膛压力迅速猛增，造成爆喷
预防措施	1. 要保证燃料油雾化良好，燃烧安全，火嘴要定期清洗，检修以至更换； 2. 调节烟道挡板开度，确保烟道挡板灵活好用； 3. 不允许超负荷运行； 4. 点炉前一定要先通风吹扫，将炉内可燃气体吹扫干净，再进行点火； 5. 火嘴灭火后，要及时切断燃油（气）来源； 6. 应定期清炉

四、加热炉炉管烧穿

事故现象	加热炉炉管烧穿，原油外溢着火
处理方法	1. 关闭事故炉燃油阀门； 2. 开冷热油掺合阀门； 3. 打开事故炉紧急放空阀； 4. 关闭事故炉进出炉阀门； 5. 采取有效措施灭火
技术要求	1. 关闭进出炉阀门前必须打开放空阀； 2. 如能从进出炉压力上判断出是哪个炉管破裂的话，应对事故炉管进行处理，这样非事故炉管内的原油可带走炉膛内的大部分热量

五、加热炉炉膛爆炸

事故原因	炉子突然熄灭而未及时发现，使炉内进入燃料油或天然气，由于炉膛温度很高，燃油蒸发为油蒸气或天然气达到一定浓度（爆炸极限）后，就会造成爆炸
处理方法	1. 进行紧急停炉，关闭所有火嘴； 2. 切断临近电源并报告值班长； 3. 如因爆炸引起炉管破裂跑油应迅速关闭事故炉进出口阀，并进行放空、扫线； 4. 如因爆炸引起火灾，应组织人员利用所有消防设施进行灭火

第三节　加热炉案例分析

案例1：某油库加热炉工艺管线腐蚀穿孔跑油事件

1. 事故现象

2014 年 1 月 20 日晚 22 点 10 分，某油库 3#加热炉出炉工艺管线发生管线腐蚀穿孔事件，泄漏点在管线侧面，直径为 5mm 左右，现场跑油面积约 40m²，泄漏量约 0.5t。切割穿孔管线检测，发现管线内侧底部有密集腐蚀坑，腐蚀坑直径达 10mm，深度达 2mm，腐蚀状况比较严重。

2. 原因分析

（1）送检管段管体化学成分、金相组织、力学性能未见异常，表明管道穿孔引起原油泄漏非管道材质问题。

（2）送检管段外观检查结果表明，原油泄漏管段腐蚀形貌为孔蚀。管道腐蚀不是外腐蚀，而是内腐蚀造成的。

（3）管道内腐蚀既有电化学腐蚀，又有化学腐蚀，其中电化学腐蚀是主因。

①原油中含有少量的水分，在管道低洼的位置沉积下来，同时原油中的盐类、氯离子等物质溶解于水中，形成离子导体，由于法兰、焊缝、测温套管、取压管与母材化学成分不一致，组织成分不一致，形成电化学腐蚀。另外，母材里的铁和少量的碳恰好形成无数微小的原电池，产生静电化学腐蚀。电化学腐蚀速率快，危害更大。

②管输原油含有硫、酸、盐、氯等腐蚀介质直接作用于母材表面形成化学腐蚀，特别是输送进口原油，硫含量较高，腐蚀更明显，在采取阴保措施的条件下，管道腐蚀主要由化学腐蚀引起。

③管道原油流速也是影响腐蚀速率的因素，一般来说，静态原油的腐蚀速率低于动态原油的腐蚀速率，但动态原油对管道局部腐蚀更快，动态原油一旦破坏母材表面保护膜，便持续直接对母材表面进行腐蚀。

3. 预防措施

（1）短期停用加热炉应在工艺运行条件满足的前提下，导通加热炉流程，使炉管内的原油低速流动，防止沉淀发生油水分层形成局部离子导体，避免产生电化学腐蚀。

（2）长期停用加热炉应将加热炉炉管进行水扫、风扫或者置换为缓蚀剂，降低炉管内发生腐蚀的概率。

（3）要做好加热炉的定期年检工作，对炉管背火面、钉头管、弯头等容易发生内腐蚀的部位进行检查测厚，发现异常加密测厚。

案例 2：某站 2#加热炉炉管爆管事故

1. 事故现象

某处某站 2003 年 4 月 24 日 14 点 34 分，发生一起加热炉对流室炉管爆裂事故。事故造成：

（1）2#加热炉全部烧毁；1#加热炉外部炉体严重损坏，1#加热炉外侧工艺管线严重变形；3#加热炉外表面严重损坏；炉前管网严重烧坏；风机房、加热炉值班室设施大部分烧损。

（2）通信设备部分烧毁，综合楼、通信楼东部门窗部分烧损，综合楼走廊装修大部分烧毁。

（3）2#加热炉溢出并烧掉原油约 50m^3。

（4）轻伤 1 人，4 月 28 日出院。

2. 事故原因

事故主要原因是 1#、2#加热炉自 1978 年投用已达 25 年，老化严重，炉管减薄，从而引起炉管爆裂，形成一个直径 130mm 的不规则半圆形裂口，大量原油外泄燃烧。

3. 预防措施

（1）直接式加热炉应严格按照加热炉的修理周期及炉管更换周期要求，对加热炉进行修理并更换辐射室、对流室炉管。

（2）要做好加热炉的定期年检工作，对炉管背火面、钉头管、弯头等容易发生内腐蚀的部位进行检查测厚，发现异常加密测厚。

（3）将现有的直接式加热炉逐步改造为真空相变加热炉等新型间接式加热炉，提高加热炉的安全运行系数。

思考题

1. 请简要阐述加热炉低温腐蚀机理以及减少加热炉低温腐蚀的措施。

2. 请简要阐述加热炉炉膛爆炸、管内原油汽化的事故现象、事故原因及处理方法。

3. 加热炉清灰的主要作用有哪些？对流室、辐射室的清灰方法分别是什么？

4. 结合加热炉工艺管线腐蚀穿孔跑油及炉管爆炸事故情况，简要阐述日常工作中应如何避免类似情况发生？

第二部分 储油罐技术

第十一章 油罐概述

第一节 油罐发展简况

随着我国石油化工工业的发展以及国家原油战略储备库项目的实施，油罐的大型化将成为发展的必然趋势。目前世界上已建成了大型油罐，如早在 1967 年在委内瑞拉就建成了 $15 \times 10^4 m^3$ 的浮顶油罐，1971 年日本建成了 $16 \times 10^4 m^3$ 的浮顶油罐，而世界产油大国之一的沙特阿拉伯也已成功建造了 $20 \times 10^4 m^3$ 的浮顶油罐。随着我国经济的快速发展，大型油罐的发展也非常迅速。

国内大型油罐（一般认为容积在 $1 \times 10^4 m^3$ 及以上为大型浮顶油罐）发展从 20 世纪 70 年代开始，1975 年，国内首台 $5 \times 10^4 m^3$ 浮顶油罐在上海陈山码头建成。然后，在石化企业、港口、油田、管道系统陆续建造了数十座 $5 \times 10^4 m^3$ 浮顶油罐。

1985 年，中石油管道局秦皇岛输油公司以技术贸易结合的方式，从日本新日铁株式会社引进了 $10 \times 10^4 m^3$ 超大型单盘浮顶油罐，引进技术包括设计、高强度钢板、成品部件及施工技术等。20 世纪 90 年代以后便拉开了国内建造超大型浮顶油罐的序幕，秦皇岛、大庆、仪征、铁岭、舟山、大连、镇海、黄岛、上海高桥、宁波大榭、北京燕山等地相继建造了几十座 $10 \times 10^4 m^3$ 超大型浮顶油罐。

中国石化自行设计与建造的第一座 $10 \times 10^4 m^3$ 超大型浮顶油罐于 1997 年在大连西太平洋石油化工有限公司建成。

2003 年，茂名石化公司北山岭油库建造了两座 $12.5 \times 10^4 m^3$ 超大型浮顶油罐，油罐内径 90m，罐高 21.8m。

2004 年，洛阳石化工程公司为湛江东兴炼油厂设计了三座 $12.5 \times 10^4 m^3$ 超大型浮顶油罐，油罐内径 84.5m，罐高 24m。

2005 年，由中国石化工程建设公司（SEI）和洛阳石化工程公司（LPEC）联合设计的国内最大的油罐 $15 \times 10^4 m^3$ 超大型浮顶油罐，内径 100m，罐高 21.8m，在江苏仪征输油站建成。2008 年 4 月通过了中国石化股份公司科技发展部的技术鉴定，2008 年 7 月通过了工程建设管理部的竣工验收，11 月顺利进油投产。

到目前为止，国内建成的 $15 \times 10^4 m^3$ 超大型浮顶油罐已达 33 座，已建和在建的 $10 \times 10^4 m^3$ 大型浮顶油罐超过 1000 座。

国内大型浮顶油罐的发展，概括起来经历了四个阶段：第一阶段为整套技术引进，包括设计、高强度钢板、热处理成品部件和施工技术；第二阶段为国内自己设计和施工，仅引进高强度钢板和热处理成品部件；第三阶段为国内自己设计，仅引进高强度钢板，焊后消除应力热处理在国内完成；第四个阶段从设计、高强度钢板和热处理全部国产化。经过上述四个阶段，我国设计和施工水平有了大幅度的提高，尤其经过发改委组织、中国石化牵头的国家石油储备基地建设用高强度钢板国产化攻关，使我国油罐建设整体水平又上了一个新台阶。

第二节　油罐类型与适用范围

一、油罐的分类

（一）按油罐建筑特点分类

油罐可分为地上油罐、地下油罐、半地下油罐和山洞罐 4 种。

地上油罐建于地面上，它的优点是投资少，施工快，日常管理和维修比较方便。它的缺点是占地面积大、油品蒸发损耗比较严重、着火危险性大。一般的商业油库、油田和炼油厂的附属油库多建造地上油罐。

地下罐是指罐内最高油面低于油罐附近地面最低标高 0.2m 的油罐。这类油罐多采用非金属材料建造，内壁涂敷防渗薄钢板衬里，以防油品渗漏，顶板上覆土厚度 0.5～1m。这类油罐多用于储运原油及渣油。优点是隔热效果好，不仅受大气温度日常变化的影响小，减少了油品蒸发损耗，而且对于需要加热的油品，也可降低热能消耗；由于采用非金属材料建造，因而钢材耗量较少；具有一定的隐蔽性。它的缺点是造价高，施工期长，操作管理不便，输送泵的吸入条件较差，而且不宜在地下水位较高的地区建造。由于这种油罐具有一定的对空隐蔽和防御能力，20 世纪 60 年代在我国强调战备的历史时期曾建造了不少这样的油罐，目前已很少建造。

半地下油罐是指罐底埋入地下深度不小于罐高的一半，且罐内最高油面高于罐外 4m 范围内地面的最低高度不超过 3m 的油罐。其结构、适用油品和优点与地下罐类似。这类油罐实际是地下罐的改型，以解决地下水位对罐高的限制。

山洞罐建于人工开挖的山洞或天然洞穴中。其优点是不占农田或占用农田很少，利用山体作为掩体有很强的防护能力，油品蒸发损耗小，着火危险性小。其缺点是投资大、施工慢、洞内潮湿易腐蚀钢罐。这种油罐主要用于军用油库或国家储备库。

（二）按油罐体材料分类

按罐体材料分类，油罐可分为金属油罐和非金属油罐两大类。

金属油罐是用钢板焊接的薄壳容器，具有造价低、不渗漏、施工方便、易于清洗和检修、安全可靠、耐用、适宜储存各类油品等优点。

非金属油罐包括砖砌油罐、石砌油罐、钢筋混凝土油罐，以及耐油橡胶制成的软体油罐、玻璃钢油罐、塑料油罐等。

（三）按油罐形状和结构特征分类

按油罐形状和结构特征可将油罐分为立式圆柱形罐、卧式圆柱形罐和特殊形状罐三大类。

立式圆柱形钢制油罐是一种应用范围最广的油罐，它的承压能力有限，在 0.1MPa（表压）以下，大多属于常压油罐。一般拱顶罐和带有气封系统的设计内压（表压）为 1960Pa（200mmH$_2$O）和 −490Pa（−50mmH$_2$O），浮顶罐、内浮顶罐（不带有气封系统）均不承受内压，部分用于储存轻组分的立式圆柱形锚固罐设计内压稍高，但也在 0.1MPa（表压）以下。

此外，还可以根据油罐内储存的油品种类或它的工艺功能进行分类，例如原油罐、汽油罐、润滑油罐等。

二、油罐的适用范围

油库建设选择油罐类型时，应综合考虑油库类型、油品类型、周转频繁程度、储油容量、建设投资和建造材料供应情况等多种因素。从油罐安装位置考虑，民用中转油库、分配油库及一般企业附属油库，宜选用地上油罐；要求隐蔽或要求具备一定防护能力的油库，如国家储备油库、某些军用油库，宜选用山洞油罐、地下油罐或半地下油罐。

油罐建筑材料，一般应选用钢材，只有在建造钢油罐确有困难时，才考虑选用小型非金属油罐。从油罐的几何形状考虑，挥发性较低或不挥发的油品，宜选用拱（固定）顶油罐；易挥发油品，如原油和汽油，宜选用外（内）浮顶油罐或其他变容积罐。如果要求储量较大且周转频繁应优先选用浮顶（内浮顶）油罐。

地下水封洞库：地下水封洞库以天然岩体为主要结构体，利用地下水的天然埋藏条件，并辅以人工水封系统，将石油及其产品封存于人工开挖的地下超大洞室内。一般由施工巷道、水幕系统、洞罐、竖井等单元组成，竖井是洞罐与外界联系的唯一通道。

地下水封岩洞油罐埋于地下，油气散失量小，大大降低了火灾和爆炸的危险性，安全可靠，消防设施简单。同时抗震能力强，不易毁坏。抵抗爆炸，有利于战时防备。实验证实，深 6m 且有覆盖物的油库就能承受一般炸弹的轰炸，安全性能较高。地下岩洞罐的储库地面设施占地面积小，与周围设施的间距较地面油罐小，而地下洞罐上面的土地还可以进行种植、绿化等。在工程地质、水文地质情况良好的地方建造地下储库，其造价明显低于储存能力相当的地上油罐。钢材用量少是地下水封岩洞油罐显著的特点之一。

思考题

1. 国内第一座 $15 \times 10^4 m^3$ 油罐建在哪座站库，罐高和直径是多少？
2. 金属油罐按罐体材料分为哪几种类型？
3. 金属油罐按形状可分为哪几种类型？
4. 大型油罐的发展经历了哪四个阶段？
5. 油库选用油罐时一般需考虑哪些因素？

第十二章 金属油罐的结构与附件

国内附属于长距离输送管道上的中间站或首站油库使用的基本上都是立式圆筒形钢制焊接油罐，该类型油罐一般由基础、底板、壁板、顶板及一些附件组成，按照罐顶的结构形式分为固定顶油罐和浮顶油罐两种类型，固定顶油罐可分为自支撑式锥顶、柱支撑式锥顶、自支撑式拱顶，浮顶油罐可分为单盘式浮顶、双盘式浮顶、敞口隔舱式浮顶、浮筒式浮顶，敞口隔舱式浮顶和浮筒式浮顶两种类型仅适用于内浮顶储罐。

立式圆筒形油罐设计容量从几百立方米到几十万立方米不等，单盘式浮顶和双盘式浮顶作为大型库区的原油接卸和储存油罐得到了广泛的应用，而自支撑式拱顶作为中间泄压和旁接储罐也得到了极大的发展。目前，我国最大的外浮顶油罐为 $15 \times 10^4 m^3$，最大的拱顶罐 $3 \times 10^4 m^3$，不管容量大小和罐顶结构形式如何，立式圆筒形钢制油罐都是在现场安装，底板直接铺在油罐基础上，下面将从油罐基础开始逐步对储罐结构及附件进行介绍。

第一节　油罐基础

油罐基础是油罐本身和所储存油品重量的直接作用载体，并将荷载传递给基础，因此，基础建造的好坏将直接影响油罐的运行安全，一般建造油罐的基地土壤地质要均匀，地质条件不良的地方不宜进行建罐，若必须在地质条件不良的地方建罐，应对地基进行特殊处理，以防基础发生不均匀沉降或破坏。

一、油罐基础分类

油罐基础的选型需根据其容量、形式、地质条件等因素进行选择，一般可分为护坡式基础、环墙式基础、外环墙式基础、桩基基础等四种类型。

（一）护坡式基础

护坡式基础是由混凝土护坡或碎石护坡和护坡内的填料层、沙垫层、沥青沙绝缘层等共同承担荷载的基础，见图 12.1 - 1。

当地基土能满足承载力设计值和沉降差要求及建场地不受限制时，可采用护坡式基础。护坡式基础一般用于硬和中硬场地土，多用于固定顶罐。

护坡式基础具有以下特点：①基础的整体均匀性较好，因此罐体受力较好；②施工周期短，与环墙式基础相比较节约钢材及水泥；③基础的平面抗弯刚度差，因而对调整地基不均匀沉降作用较差；④基础本身的稳定性较差，当罐体出现问题时，罐底填料易被冲走而出现较大次生灾害；⑤占地较大，不利于罐区布置。

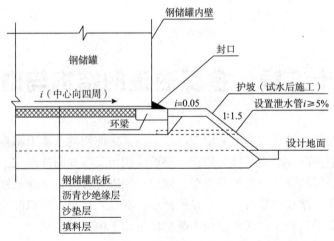

图 12.1 – 1 护坡式基础

（二）环墙式基础

环墙式基础是由钢筋混凝土环墙和环墙内的填料层、沙垫层、沥青沙绝缘层等共同承担荷载的基础，见图 12.1 – 2。

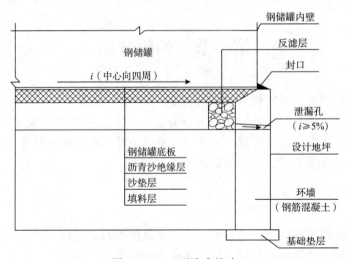

图 12.1 – 2 环墙式基础

当地基土为软土且不满足承载力的要求、计算沉降及沉降差也不在允许范围之内或地震作用下地基土有原油化时，宜采用环墙式基础。这种基础是将钢筋混凝土设在油罐壁板之下，利用该环墙将罐体传来的力传至地基。这种形式的基础目前在国内广泛应用，适用于坐落在软或中软场地土上的浮顶、内浮顶及固定顶油罐。

环墙式基础有如下特点：①可减少油罐周围的不均匀沉降，钢筋混凝土环墙平面抗弯刚度较大，能很好地调整在地基下沉中出现的不均匀沉降，从而减少罐壁变形，但在选型中应注意，罐直径越大、这种调节作用越小；②罐体荷载传给地基的压力分布较为均匀；③基础的稳定性和抗震性能较好，防止由于冲刷、侵蚀、地震等造成环墙内各种填料层的流失，保持罐底填料层基础的稳定；④有利于罐壁的安装，环墙为罐壁底端提供了一个平整而坚实的操作面为矫平罐底板提供了条件；⑤有利于事故的处理，当罐体出现较大的倾斜时，对小直径油罐环墙，可采用环墙顶升法调整，对大直径油罐，可采用半圆周挖沟，解除沉降小一侧土壤的侧向约束，继续加荷直至沉降均匀；⑥环墙可以起防潮作用，由于环墙顶面不积水，这样可减轻罐底腐蚀；⑦环墙式基础比其他类型基础节约用地。

（三）外环墙式基础

外环墙式基础是由钢筋混凝土环墙和环墙内的填料层、沙垫层、沥青沙绝缘层等共同承担荷载的基础，见图12.1－3。

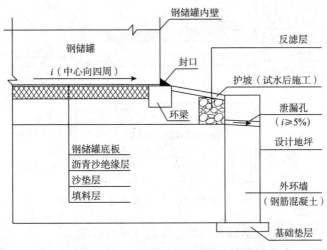

图 12.1－3　外环墙基础

当地基土能满足承载力设计值和沉降差要求及建罐场地不受限制时，也可采用外环墙式基础。外环墙式基础一般适用于干硬和中硬场地土，罐壁下应设置钢筋混凝土小环梁。

外环墙式基础有如下特点：①由于罐体坐落在由沙石土构成的基础上，其竖向抗力刚度相差不大，因此罐壁和罐底的受力状态较环墙式基础好；②由于设置外环墙基础具有一定的稳定性，因此其抗震性能也比较好；③较环墙式基础节约投资；④外环墙式基础的整体平面抗弯刚度较钢筋混凝土环墙式基础差，因此不均匀沉降能力较差；⑤当罐壁下节点处下沉量低于环墙顶时易造成两者之间的凹陷；⑥占地较钢筋混凝土环墙式基础要大，不利于罐区布置。

（四）桩基基础

桩基基础是由桩和连接于桩顶的钢筋混凝土桩承台及承台上的填料层、沙垫层、沥青沙绝缘层等共同承担荷载的基础，见图12.1－4。

当地基土为软土、且孔隙较大，地基土不满足承载力要求，计算沉降及沉降差也不满足要求或地震作用地基土有原油化时，可采用桩基基础。这种基础是将钢筋混凝土环墙设在油罐壁板之下，用该环墙将罐体传来的压力传至钢筋混凝土承台，油罐内原油荷载通过罐底板传至填土再传至承台，然后通过刚性桩将上部荷载传至持力层。

采用刚性桩处理软弱地基是一种成熟可靠的方法，但施工周期和工程造价远远大于其他地基处理方法，因此一般油罐基础不推荐采用此种方法。

刚性桩及钢筋混凝土承台式基础有如下特点：①由于刚性桩及承台垂直抗压刚度及平面抗弯刚度很大，能很好地控制罐基础的沉降量以及地基下沉中出现的不均匀沉降，从而减少了罐体的变形；②基础的稳定性很好，防止冲刷、侵蚀、地震等造成环墙内各种填料层的流失，保持罐底下填料层基础的稳定；③有利于罐壁的安装，环墙为罐壁底端提供一个整而坚实的操作面，为校平罐底板提供了条件；④可以起防潮作用，减轻罐底腐蚀；⑤同环墙式基础一样节约用地，利于罐区布置。

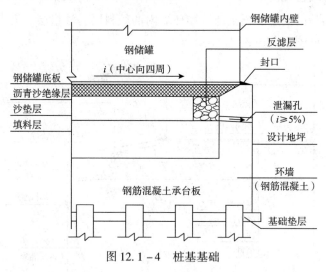

图 12.1-4 桩基基础

桩基基础验收主要对单桩承载力及桩身完整性进行检测。

单桩承载力试验：单桩载荷试验数量宜为总桩数的 0.5% ~ 1%，且每台罐的试验数量不应少于 3 个点；桩身完整性检测：桩身完整性应采用低应变动力测试进行检测，检测数量不应少于总桩数的 10%。其他检验内容详见表 12.1-1。

表 12.1-1 钢筋混凝土桩基检验项目与质量标准

项目	序号	检验项目		允许偏差		检验方法
				单位	数值	
主控项目	1	单桩承载力		设计文件规定		设计文件规定
	2	桩的预制质量		设计文件规定		产品质量证明文件
	3	桩身混凝土强度		设计文件规定		产品质量证明文件
	4	桩身完整性		设计文件规定		设计文件规定
一般项目	1	桩位偏差	桩数小于或等于 16 根桩基中的桩	mm	$1/2D_t$	钢尺测量
			桩数大于或等于 16 根桩基中最外边桩	mm	$1/3D_t$	钢尺测量
			桩数大于或等于 16 根桩基中的中间桩	mm	$1/2D_t$	钢尺测量
	2	垂直度		%	0.5H	经纬仪，钢尺测量
	3	桩顶标高		设计文件要求		水准仪
	4	接桩偏差	中心线	mm	≤10	钢尺测量
			节点弯曲矢高	%	0.1H	经纬仪，钢尺测量

二、油罐基础构成

油罐基础构成主要包括基础顶面绝缘防腐层、罐壁支承结构、沙（或碎石、石屑）垫层、漏油信号管及其他构造部分。

（一）基础顶面绝缘防腐层

油罐基础沥青沙垫层是金属油罐的承载接触面，也是保护油罐底板不发生电化学腐蚀，阻隔沙垫层毛细水上升的重要措施。在建罐过程中，它为油罐提供了一个坚实的初始表面和标准的水平参照面。如果出现了缺陷和误差，会造成罐体垂直偏差超标，影响浮盘的升降和油品计量，甚至会使油罐底板提早失效，从而减小油罐的使用寿命和影响储油安全。

沥青沙垫层是由一定细度模数，连续级配的沙子和沥青胶结材料组成的混合物。它的构造是由沙子颗粒形成嵌镶模样的组织，沙粒之间有一定的嵌锁力和摩阻力。沥青胶结材料把沙子的颗粒间隙填充，并把它们黏结在一起，使其具有一定的物理力学性能，如图 12.1－5 所示。

图 12.1－5　罐基础沥青沙垫层

（二）罐壁支承结构

基础的罐壁支承结构是钢筋环梁。该罐壁支承结构有三个特点：表面平整度高；平面抗弯刚度大；结构本身刚硬（竖向抗力刚度系数可视为极大）。罐壁支承结构在表面平整度和平面抗弯刚度方面不如钢筋环梁，但其结构本身不那么刚硬。

罐壁支承结构的作用是，作为罐壁连同其下环板的安装支座，确保安装精度；调整地基不均匀沉降，确保油罐壁在施工过程中乃至投入运营后始终保持规定的圆度和垂直度，以使浮顶升降功能正常无阻；作为罐体下节点受力支承体，与下节点相互作用共同工作，以其固有的力学性能（承载力和竖向抗力刚度等）影响下节点的实际变形状态，进而影响其静动力反应的强弱程度。因此，罐壁支承结构是油罐基础的关键结构部位。

（三）沙石垫层

图 12.1－6　罐基础沙石垫层

罐基础中的碎石垫层、沙垫层、灰土和素土垫层等合称为沙石垫层。它承受罐底及其上储原油的静力和地震作用，并将这些作用分散传给地基。它所承受的上部作用约占总作用的 80% 左右，它的工程量一般占基础总体积的 80% 以上，如图 12.1－6 所示。

（四）外部阴极保护

罐底板下表面阴极保护是一种强制电流阴极保护，是目前国内外对新建油罐进行阴极保护的一种有效的新方法，外加电流阴极保护具有保护点位可以调节、可使保护效果始终处于最佳状态，保护年限长，保护效果稳定等优点，已在国外获得了广泛应用。国内大型原油油罐如茂名、镇海也采用了此技术。外加电流阴极保护系统，一般由电源、辅助阳极、参比电极、电缆、恒电位仪等组成。以 $10 \times 10^4 \mathrm{m}^3$ 原油油罐为例，一般有网状阳极系统和柔性阳极系统两种。网状阳极系统由混合金属氧化物阳极带和钛导电片组成，阳极网处于罐底板下面的回填沙中，距罐底板 200mm，钛连接片与阳极带垂直交叉并焊接在一起，6 根阳极电缆分别与钛连接片焊接。为监测罐底板各部位的保护电位，在基础回填沙中埋设 5 支长效 $\mathrm{Cu/CuSO_4}$ 参比电极。导电聚合物柔性阳极阴极保护系统由导电聚合物柔性阳极及对接接头、长效铜/硫酸铜参比电极、高纯锌参比电极、恒电位仪、阳极接线箱、阴极兼测试桩接线箱等组成，油罐阴极保护见图 12.1-7。

图 12.1-7　油罐阴极保护

图 12.1-8　油罐防渗膜

图 12.1-8。

（五）防渗层

油罐基础当有防渗漏要求时应设置防渗层，防渗材料宜优先选用土工材料，防渗层设在沙石垫层与填料层之间，一般采用 HDPE 土工膜，HDPE 土工膜全称为高密度聚乙烯膜，具有优良的耐环境应力开裂性能，抗低温、抗老化、耐腐蚀性能，以及较大的使用温度范围（$-60 \sim +60℃$）和较长的使用寿命（50 年），目前在油罐防渗方面广泛应用。油罐防渗膜见

（六）漏油信号管

漏油信号管是沿环向每隔 10~15m 埋在环梁中的钢管或聚乙烯管，其作用是便于检查人员及时发现漏油事故，避免更大损失，如图 12.1-9 所示。

（七）其他构造

油罐基础的其他构造还有散水、护坡、沉降观测点等，基础沉降检测点见图 12.1-10。

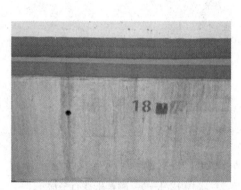

图 12.1-9　漏油信号孔

三、油罐基础设计的基本要求

油罐基础的可靠性是油罐安全的重要保障，为了使基础满足基本的使用要求，油罐设计与施工应符合以下基本规定。

（1）基础锥面坡度由罐中心坡向周边时，对于一般地基，锥面坡度不应大于 15‰；对于软弱地基，锥面坡度不应大于 35‰；基础沉降基本稳定后，锥面坡度不应小于 8‰。

图 12.1－10　基础沉降检测点简图

（2）为减少油罐底板的腐蚀，基础表面应设防潮绝缘层。基础锥面任意方向上不应有突起的棱角，基础表面凹凸度，从中心向周边拉线测量不应超过 25mm。

（3）地基基础沉降基本稳定后，罐底边缘应高出周围地坪不小于 300mm 地坪以上。

（4）应从基础沙石垫层中引出穿越基础环梁或护坡表层的罐底泄漏检测管，其周向间距不应大于 15m，每台油罐最少设 4 个，钢管直径不宜小于 $DN50$，且不宜大于 $DN70$。

（5）沿罐壁圆周方向上每 10m 长度的沉降差不应大于 25mm，浮顶罐任意直径方向上的沉降差不应大于 $2.5D/1000 \sim 7D/1000$；对于拱顶罐，不应大于 $7D/1000 \sim 15D/1000$。详细的储罐不同内径沉降量见表 12.1－2。

表 12.1－2　油罐不均匀沉降允许值

浮顶油罐		固定顶油罐	
油罐内径 D/m	任意直径方向最终沉降差允许值/m	油罐内径 D/m	任意直径方向最终沉降差允许值/m
$D \leqslant 22$	$0.007D$	$D \leqslant 22$	$0.015D$
$22 < D \leqslant 30$	$0.006D$	$22 < D \leqslant 30$	$0.010D$
$30 < D \leqslant 40$	$0.005D$	$30 < D \leqslant 40$	$0.009D$
$40 < D \leqslant 60$	$0.004D$	$40 < D \leqslant 60$	$0.008D$
$60 < D \leqslant 80$	$0.003D$	$60 < D \leqslant 80$	$0.007D$
>80	$<0.0025D$	>80	$<0.007D$

（6）支承罐壁的基础部分应具有保持其水平度的承载力，且应避免与附近的基础部分发生沉降突变。

（7）基础中心坐标、标高偏差都不应超过 ±20mm。

（8）钢筋混凝土环墙基础，任意 10m 弧长上不应超过 ±3mm，在整个圆周上不应超过 ±6mm。

第二节 立式浮顶金属油罐

一、浮顶油罐结构

浮顶油罐主要由罐底、罐壁、罐顶三大部分组成，国内容量一般从 $1 \times 10^4 \sim 15 \times 10^4 m^3$ 不等，浮顶油罐的罐顶不是固定的，而是能随油品原油面上下浮动，浮顶与罐壁之间有一个环形空间，环形空间中有密封元件，浮顶与密封元件一起构成了储原油面上的覆盖层，随着储原油上下浮动，使得罐内的储原油与大气完全隔开，减少储原油储存过程中的蒸发损耗，保证安全，减少大气污染，国内浮顶储罐一般规格见表 12.2 – 1。

表 12.2 – 1 外浮顶油罐一般规格统计表

容积/$10^4 m^3$	1	2	3	5	5.5	10	12.5		15
罐高/m	15.85	17.43	19.6	19.35	21.8	21.32	21.8	24	21.8	21.8
罐直径/m	28.5	40.5	46	60	60	60	80	84.5	90	100

（一）罐底结构

浮顶罐的容积一般都比较大，其底板均采用弓形边缘板，一般大型油罐罐底边缘板采用低合金高强度钢材，如：SPV490Q/12MnNiVR/08MnNiVR，中幅板一般采用 Q235B。罐底板铺板图见图 12.2 – 1。

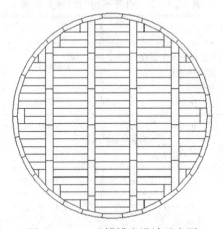

图 12.2 – 1 油罐罐底设计示意图

（二）罐壁结构

罐壁采用对接焊缝，焊缝宜打磨光滑，保证内表面平整。浮顶油罐上部为敞口，为增加壁板刚度，应根据所在地区的风载大小，罐壁顶部需设置抗风圈和加强圈，一般大型油罐壁板采用 SPV490Q/12MnNiVR/08MnNiVR（1～6层）、16MnR/Q345R（7层）、Q235B（8～9层）。

（三）浮顶结构

浮顶分为单盘式浮顶、双盘式浮顶两种形式，浮顶油罐板材一般采用 Q235B。单双盘储罐简图见图 12.2－2、图 12.2－3。

图 12.2－2　单盘浮顶浮舱简图

图 12.2－3　双盘浮顶浮舱简图

1. 单盘式结构

主要由单盘和环形浮舱两部分组成。其中单盘是一层薄钢板，主要起使储原油与外界大气隔离的作用。环形浮舱是由浮舱顶板、浮舱底板、内边缘板、外边缘板、隔板及加强框架、加强筋等组成的许多独立隔舱组合而成。环形浮舱提供的浮力使整个单盘式浮顶漂浮在原油面上，并且在单盘和两个相邻的隔舱同时泄漏时，整个浮顶不会沉没。为了增加环形浮舱的承载能力和整体稳定性，在每个封闭的隔舱内设有框架，在内、外边缘板上设有加强筋，单盘油罐一般由于结构特点，利于排水，同时，造价比双盘底，一般设置在南方较多，单盘浮顶简图见图 12.2－4。

图 12.2－4　单盘浮顶简图

对于直径 60m 左右的油罐，为了防止在风荷载作用下单盘的疲劳破坏，控制单盘板的变形，在单盘板下表面可设置加强筋。加强筋与单盘板的连接采用间断焊，并设有排气孔。

对于直径 80m 左右的油罐，为了增加浮顶的抗沉性，控制单盘板的变形，一般在单盘中央设置中央浮舱。中央浮舱由顶板、边缘板、环形隔板、中心柱、析架等组成。

单盘板自身的拼接一般采用搭接结构，实际搭接宽度不小于 25mm，排板形式采用条形排板或人字形排板。单盘板搭接接头上表面应采用连续满角焊；下表面一般采用间断焊，在腐蚀较严重的场合也可以采用密封焊。在遇到浮顶支柱或其他刚性较大的构件时，其周围 300mm 范围内的单盘板下表面搭接焊缝应采用连续满角焊。

环形浮舱的每个独立隔舱，应是密闭的。环形浮舱的内、外边缘板与浮舱底板之间的 T 形接头，应在一侧采用连续满角焊，另一侧采用间断焊。隔舱隔板与浮舱底板、内外边缘板的形接头，应在同一侧采用连续满角焊，另一侧采用间断焊，以防窜舱。浮舱顶板的结构也应尽量做成在浮舱上方进行焊接。在隔舱的隔板处可采用对接结构。浮舱顶板应当具有一定的排水坡度。

单盘板与环形浮舱可用角钢连接，也可将单盘板直接搭在浮舱底板上。

图 12.2 - 5　双盘浮顶简图

2. 双盘式结构

主要由浮顶顶板、浮顶底板、边缘板、环向隔板、径向隔板及加强框架等组成。浮顶底板为水平的，而顶板具有一定的排水坡度。对于直径比较小的油罐，顶板坡度是向心的，浮顶中央最低，即 V 形浮顶；对于直径比较大的油罐，顶板坡度是双向的，即 W 形浮顶，浮顶中央及边缘较高，主要目的是避免浮顶顶板最低处浮顶厚度太小，以方便施工焊接。对于大型油罐的浮顶，顶板坡度也可以做成多向的，即顶板形状呈多个 V 形波，双盘浮顶简图见图 12.2 - 5。

边缘板的作用是沿顶板、底板的边缘四周封闭，形成一个大的圆形浮舱，使之漂浮在原油面上；环向隔板的作用是周向分隔浮舱，使每个圆环均成为一个独立浮舱，并增加浮顶的刚度；径向隔板焊于顶板、底板和环向隔板之间，使环向隔舱分隔成更小的密封舱。当底板局部泄漏时，不会导致窜舱，致使浮顶沉没。为了增加浮顶的承载能力及整体稳定性。在每个封闭隔舱内设有加强框架，双盘式浮顶，从强度来看是安全的，并上、下顶板之间的空气层有隔热作用。为了减少对浮顶的热辐射，降低油品的蒸发损失，以及由于构造上的原因，我国浮顶油罐系列中浮顶汽油罐，采用双盘式浮顶。

浮顶顶板、底板一般采用搭接结构，实际搭接宽度不小于 25mm。排板形式采用条形排板或人字形排板。浮顶顶板及浮顶底板搭接接头下表面应采用连续满角焊；下表面一般采用间断焊，在腐蚀较严重的场合浮顶底板下表面有时也采用密封焊或采用间断焊与弹性结合结剂封闭未焊接部位。在遇到浮顶支柱或其他刚性较大的构件时，其周围 300m 范围内的下表面搭接焊缝亦应采用连续满角焊。

综上所述，浮顶罐因无气相存在，几乎没有蒸发损耗，只有周围密封处的泄漏损耗，罐内没有危险性气体存在，不易发生火灾，故与固定顶罐比较主要有蒸发损耗少，火灾危险性小的优点，单盘与双盘油罐优缺点见表 12.2 - 2。

表 12.2 - 2　浮顶油罐单双盘优缺点

浮盘结构	双盘油罐	单盘油罐
优点	整体强度高，结构稳定性好、隔热效果好	结构简单、重量轻、耗材少，施工周期短、易进行维护保养
缺点	钢材量大，结构复杂，施工工作量大，建造费用高，浮舱数量多，日常维护保养难度大，不宜施工	隔热效果差蒸发损耗大、浮顶稳定性较差、单盘易变形积水腐蚀

二、油罐附件

浮顶上设有浮顶支柱、自动通气阀、浮顶排水系统、浮顶密封系统、量油导向装置、转动浮梯及轨道、浮顶人孔、浮舱人孔、静电导出线、泡沫挡板等设施。

（一）结构附件

1. 支柱

当浮顶处于支撑状态时，整个浮顶的重量通过支柱传递到罐底板上。为了使浮顶在操作中加大行程，尽可能地减少浮顶下部的油气空间，降低油气损耗，减轻大气污染，支柱可以设计成可调式的，用于操作状态的支撑高度 0.9~1.2m，用于检修状态的支撑高度为 1.8~2.2m，并且应当在浮顶上表面调节支柱的支撑高度。有时为简化结构，方便制造，仅做成固定的支撑高度，即检修状态高度，同时为防止浮顶支柱失稳，规定支柱的长细比不应大于 150。

支柱应按浮顶自重加 1.2kPa 的均布附加荷载进行设计。浮顶支柱的稳定性计算可以按两端铰支的压杆考虑，有可能时，浮顶荷载应通过环板或隔板传递于支柱上。为使支柱荷载尽可能均匀地分布于罐底，罐底的相应部位应焊有垫板（垫板见图 12.2-6）。垫板的厚度不小于 8mm，直径不小于 500mm。

为避免浮顶特别是单盘板在支柱支撑状态下产生过大的变形，支柱之间的距离不宜超过 6m；设置支柱时须注意不得与罐内附件相碰。因为单盘立柱与套管之间存在着一定的间隙，单盘下的油气受温度变化的影响蒸气压增大时，就会从立柱与套管之间的间隙中挥发到大气中，因此在立柱上安装有橡胶套，见图 12.2-7，以减少油品的储存损耗。

 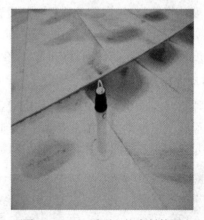

图 12.2-6　油罐立柱垫板简图　　　　图 12.2-7　浮顶立柱密封简图

2. 导向装置

为了防止浮顶在不均匀荷载如雨载、风载、雪载、进出原油时的扰动、转动浮梯的推力及浮顶排水系统的推力或扭矩等作用下发生偏移和转动，浮顶应设置导向装置。近年来普遍使用的导向装置由相对布置的两根导向管组成。导向管上端固定在支架上，下端固定在罐壁上。导向管穿过浮顶的部位，设有直径较大的套筒，套筒的上部设有活动的密封部件，一般为厚 3mm 的橡胶密封环，其内径与导向管外径相同；铝制或铜制盖板，其内径比导向管外径大，用来阻止储原油油气逸出浮顶顶部呼向管周围，设有两个相互平行的铜制异向辊轴（见图 12.2 - 8）。导向辊轴与导向管之间有 5 ~ 10mm 间隙，以适应浮顶罐罐壁形状偏差和导向管直度偏差引起的微小偏移和转动。为防止浮顶卡住，两根导向管的两套导向轴轴线互成布置，以限定浮顶在一定的范围内偏移和转动；导向管上端与固定支架连接时，应采取较弱的连接结构，在发生意外事故时，此处先破坏或发生位移，以减少对罐壁的影响。

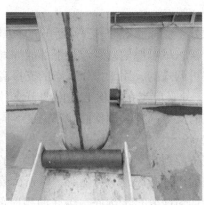

图 12.2 - 8　量油管、导向管异向辊轴简图

　　还有一种导向装置只设一根导向管，在国内使用不多，但在美国、日本等浮顶油罐中采用这种导向装置，浮顶设 1 根时，导向管周围需要设有 3 个铜制导向辊轴成 120°均匀布置。其特点是浮顶不易被导向管卡住，但容易发生偏转。

　　浮顶设置两根导向管时，其中一根兼做量油管，另一根兼做仪表口（如雷达液位计导波管、温度计管等）。导向管的管径一般设置较小，当同时需要在一条导向管内安装多个仪表时（如液位计及温度计装设在一条导向管内）导向管的内径可以选大一点。当雷达液位计与温度计装设在同条导向管内时，应在导向管内设置导波管。

3. 转动浮梯及轨道

　　转动浮梯（见图 12.2 - 9），是从罐壁盘梯顶平台到浮顶之间的连接通路。由于浮顶是随原油面在上下浮动的，因此从顶平台到浮顶的通道应能适应浮顶的浮动，转动浮梯正好能够满足这一工况要求。在设计转动浮梯时，应符合下列要求：

图 12.2 - 9　浮梯简图

（1）在浮顶升降的全行程中，转动浮梯的踏步应能自动保持水平，踏步保持水平是靠一套联动的平行四连杆机构实现的，当浮梯转动时，通过拉杆的作用，踏步侧板也同时绕踏步小轴转动，从而始终保持踏步处于水平状态；

（2）当浮顶在最低支撑位置上升到最高位置过程中，转动浮梯不会与浮顶上的任何附件相碰；

（3）当浮顶下降到最低位置时，转动浮梯的仰角不宜大于55°；

（4）在浮顶升降过程中，转动浮梯下端的滚轮应始终在轨道上滚动；

（5）滚轮应选用与轨道摩擦不发生火花的材料，轨道可以采用槽钢制作，也可以采用角钢制成轨道槽，轨道的结构应能够防止浮梯在大风作用下发生脱轨现象，轨道的安装位置和长度按转动浮梯滚轮的轨迹来确定，并在两端留有余量。

4. 盘梯、平台和栏杆

盘梯（见图12.2－10）是专供操作人员上罐检尺、测温、取样、巡检而设置的。盘梯的净宽度不应小于65mm；盘梯的升角宜为45°，且最大升角不应超过50°，同一罐区内盘梯升角宜相同；踏步的宽度不应小于200mm；相邻两踏步的水平距离与两踏步之间高度的2倍之和不应小于600mm，且不大于660mm；整个盘梯踏步之间的高度应保持一致；踏步应用格栅板或防滑板；盘梯外侧必须设置栏杆，当盘梯内侧与罐壁的距离大于150mm时，内侧也必须设置栏杆，这主要是为了保证人员行走的安全，盘梯栏杆上部扶手应与平台栏杆扶手对中连接；沿栏杆扶手轴线测量，栏杆立柱的最大间距应为2400mm；盘梯应能承受5kN集中活荷载，栏杆上部任意点应能承受任意方向1kN的集中荷载。

图12.2－10　盘梯简图

盘梯应全部支承在罐壁上，盘梯侧板的下端与罐基础上表面应留有适当距离。当顶部平台距地面的高度超过10m时，应设置中间休息平台。

平台及栏杆的设计应符合下列规定：平台和走道的净宽度不应小于650mm。铺板应采用格栅板或防滑板。当采用防滑板时，应开设排水孔。

5. 人孔

（1）浮舱人孔：环形浮舱的每个隔舱均应至少设置一个直径不小于500mm的人孔（见图12.2－11），以便人员进入舱内施工和检查。人孔应设有不会被大风吹开的轻型防雨盖，人孔接管高度应超过浮顶的允许积水原油面。

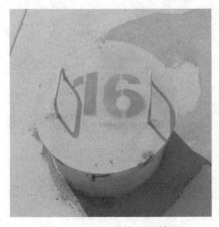

图12.2－11　浮舱人孔简图

（2）浮顶人孔：浮顶单盘上至少应设置一个带通向罐顶梯子的浮顶人孔（见图

12.2 – 12），以便油罐排空后进行通风和人员从罐顶进入罐内，人孔的最小直径为600mm，并应有垫片和用螺栓紧固的人孔盖。

图 12.2 – 12　浮顶人孔简图

（3）罐壁人孔（见图12.2 – 13）：在油罐进行安装、清洗和维修时，工作人员进出罐用。

6. 排污孔、清扫孔

排污孔（见图12.2 – 14）一般安装于油罐底部，用于清扫油罐时排除污泥，平时用于排除罐内污水。清扫孔一般安装于油罐底部，清扫时可排出污水及清除罐内污泥，规格一般为500mm×700mm。但由于大型油罐的底层壁板在正常生产中受到的应力最大，安装清扫孔时需要在钢板上开孔，破坏了钢板受力的连续性，造成应力集中，并且应力水平接近了材料的屈服极限，即使在采用补强措施后，仍不能确保油罐的安全运行；同时在罐底板上清扫孔，则需要在基础环墙开口，同样会造成环墙的应力集中；在油罐运行或发生地震等自然灾害时，环墙有可能会在开口处发生破坏，导致整个油罐的破坏，所以大多数10×10⁴m³油罐基本上都没有设清扫孔。

图 12.2 – 13　罐壁人孔简图　　　　　图 12.2 – 14　罐壁清扫孔简图

7. 抗风圈、加强圈

外浮顶油罐受台风影响最大的是罐壁上沿，会因罐壁受力的不均匀使整个罐壁在圆周方向上变形，因此外浮顶罐在靠近罐壁上沿处一般都设有抗风圈（见图 12.2 – 15），增加了在圆周方向上的强度来抵御风力的影响，敞口油罐应在罐壁外侧靠近罐壁上端设置顶部抗风圈，设置位置宜在离罐壁上端 1m 的水平面上，抗风圈的外周边缘可以是圆形的，也可以是多边形的。当抗风圈兼作走道时，其最小净宽度不应小于 650mm，抗风圈上表面不得存在影响行走的障碍物，抗风圈水平铺板上应开设排原油孔，孔径宜为 16 ~ 20mm，同时，为防止罐体下部被吹瘪一般还设置加强圈。

图 12.2 – 15　罐壁加强圈、抗风圈简图

（二）浮顶排水系统

1. 中央排水系统

浮顶罐是敞口的油罐，雨、雪会积存在浮顶上，雨水的大量积存会导致浮顶过载，甚至沉没，对油罐的安全运行构成威胁。为了顺利地将浮顶上的雨水排出罐外，浮顶必须设置排水系统。由于浮顶排水系统是浸没在储原油中工作的，正常的维护保养必须与油罐检修结合起来，操作中的维修非常困难，几乎是不可能的。所以排水系统的维护周期至少应当大于油罐的清罐维护周期。保证浮顶排水系统无维护、长周期正常运行是对排水系统性能最基本的要求。

浮顶的排水系统主要由以下部件组成。

（1）浮顶集水坑（见图 12.2 – 16）：浮顶上雨水的汇集处，雨水由此进入排水管，为防止杂物进入排水系统，一般在雨水进入前都设有过滤网罩。

（2）单向阀（见图 12.2 – 17）：装设在浮顶集水坑内，其作用是只允许雨水进入排水系统。在排水系统渗漏时，限止油罐内的储原油逆流到浮顶上或集水坑内。

图 12.2 – 16　浮顶集水坑简图

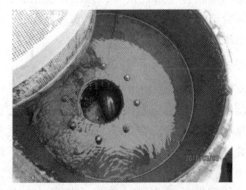

图 12.2 – 17　中央排水单向阀简图

（3）排水管（见图 12.2 – 18）：引导浮顶的雨水顺利地从罐壁底部排出罐外，是浮顶排水系统的核心部件，目前使用的浮顶排水系统就是按排水管的结构形式进行分类的。

（4）罐壁结合管（见图 12.2 – 19）：其作用是连通罐内外，使排水管通向罐外。

图 12.2-18　中央排水管罐内简图

图 12.2-19　中央排水管罐外结合管简图

图 12.2-20　中央排水管罐外切断阀简图

（5）切断阀（见图 12.2-20）：装设在罐外排水管的出口处，其作用是在排水管发生泄漏时，可以关闭整个排水系统，避免储原油大量外泄，造成产品损失及环境污染，减少火灾危险性。目前国外有的企业使用油敏感阀代替切断阀，此阀门只允许雨水流出，当排水管发生泄漏，油品随雨水进入排水管时，阀门能够自动探测油水混合物的浓度，自动切断，防止油品外泄。

由于浮顶在罐内的位置是随着原油面的变化上下浮动，因此，浮顶的排水系统必须在浮顶上下浮动的全行程内正常工作。

浮顶排水系统结构主要有两种：一种为折叠管式；另一种为整条软管式。其中折叠管式主要有两种：一种为旋转接头与刚性管组合；另一种为局部软管（柔性接头）与刚性管组合，整条软管式根据软管的材料不同分为挠性不锈钢复合软管与特制橡胶软管（或其他合成材料）排水系统。排水系统的可靠性和持久性主要取决于接头或软管的性能。

2. 旋转接头排水系统

旋转接头排水系统（见图 12.2-21）是由四组旋转接头分别与刚性管连接而组成的可折叠式排水系统，靠旋转接头的转动实现刚性管的折叠，以实现排水管能够跟随浮顶的上下浮动。由于旋转接头采用动密封，结构本身无法克服浮顶偏转及罐内原油体扰动的影响，动密封处在外力的作用下发生变形，导致密封元件失效，接头渗漏。为了减小外力的影响，增大抵抗侧向扭转的能力，旋转接头排水系统都采用双排管结构。一般质量良好的旋转接头寿命

图 12.2-21　旋转接头中央排水管简图

在 10 年左右，旋转接头本身制造质量和排水管系安装质量对其寿命影响较大。

3. 柔性接头排水系统

局部柔性接头排水系统（见图 12.2 - 22）的出现是为了解决旋转接头动密封存在的泄漏问题，其工作原理与旋转接头排水系统非常相似，只不过是用柔性接头取代了旋转接头，依靠柔性接头的弯曲实现刚性管的折叠。由于将动密封改为静密封，从而使排水系统可靠性得到了极大提高，局部柔性接头排水系统与旋转接头排水系统的区别在于，前者需要较大的空间实现折叠，而后者可以在很小的空间实现折叠。为了在浮顶支撑高

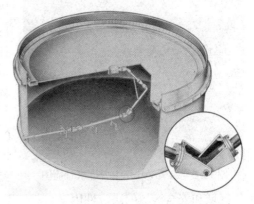

图 12.2 - 22　柔性接头中央排水管示意图

度有限的空间内设置折叠管，要求柔性接头具有较小的动态弯曲半径。同时，柔性接头还需要具有良好的抗弯曲疲劳性能，以满足浮顶上下浮动的要求。一般用途的金属软管的最小动态弯曲半径比较大（一般为 10 倍的管径），很难满足安装空间的要求，减小弯曲半径往往会造成软管抗弯曲疲劳性能降低，不适合用作局部柔性接头。耐腐蚀、动态弯曲半径小、弯曲疲劳性能好是对柔性接头的基本要求。

柔性接头排水系统的特点是结构简单，安装方便，布置容易，不易与罐内其他部件发生干扰，并且具有连续的排水坡度。但柔性接头是这种结构排水的关键部位，其结构外侧是侧保护支撑板，中间是柔性软管，柔性管是由多层聚合材料缠绕包裹而成，内外有不锈钢丝作为支撑骨架。柔性接头排水系统上下运动时，内部钢丝受挤压，外部钢丝受拉伸。在油罐的运行周期中，由于结构形式、安装制造精度和加工水平等问题，易发生单个钢丝移位现象，见图 12.2 - 23。

图 12.2 - 23　柔性接头中央排水管损坏简图

4. 全软管排水系统

整条软管式浮顶排水系统的特点是结构简单，安装方便，泄漏点少，但在罐内占用的区域比较大，布置比较麻烦，容易与罐内其他部件发生干扰而发生意外破坏。全软管中央排水管见图 12.2 - 24。

图 12.2 - 24　全软管中央排水管简图

为了使软管在浮顶升降过程中的运动轨迹固定在一定的范围内，防止浮顶降落时支柱等内件损坏软管，软管的柔度（弯曲变形能力）控制非常重要，这也是只有极少数特制软管才可以用作浮顶排水管的原因，因此软管重要指标如下：

（1）软管的机械性能，软管需要承受约 0.2MPa 的外压；

（2）软管弯曲特性，特别是在设计寿命内软管弯曲特性的变化，此性能是软管在罐内的工作区域和安全区域的决定性因素；

（3）耐老化性能及耐腐蚀性能，软管要受到雨水和所储存介质的作用与腐蚀；

（4）软管的自重与所受浮力问题。

为了保持适当的排水坡度，软管的自重与浮力应保持在一定范围，必要时可在合适的位置增加适当的配重。

工作过程中排水软管在罐内所占的区域分为两个：一个为工作区域，一般情况下软管总是在此区域内运动，在此区域内严禁设立任何罐内附件（包括浮顶支柱）；另外一个区域为安全区域，是考虑由于其他不可预见因素造成软管轨迹发生改变而可能达到的最大区域，在此区域内的浮顶支柱下部应采取保护导向措施，防止软管落在浮顶支柱的下方。

整条软管式浮顶排水系统的软管长度是根据浮顶最大操作行程和软管的弯曲特性确定的。局部柔性接头排水系统对浮顶有径向推力作用，整条软管式浮顶排水系统对浮顶有环向扭转作用，应避免浮顶排水系统对浮顶产生不利的影响。浮顶排水系统的排水能力应能防止浮顶处于最低操作液位时，浮顶积水超过设计许可值。浮顶排水管的数量及大小应按建罐地区的最大降雨量计算确定。任何情况下，浮顶排水管数量及尺寸不应小于规定。对于大型浮顶油罐，集水坑的数量、位置的设定应能及时有效地排出浮顶上的积水。

5. 分轨式排水系统

分规式中央排水装置（见图 12.2 - 25）是在柔性接头排水系统的一种结构变化，用波纹管代替了柔性接头，采用非对称结构的钢管及波纹管连接，具有以下特点：

（1）结构复杂，安装工作量大；

（2）轨迹不稳定；

（3）系统为刚性系统，难以抵抗原油进出时原油流的冲击；

（4）波纹管及铰链座为关键部件。

由于原油流冲击，排水系统未能回落到安装支架上面，导致结构失稳，整体溃散；波纹管与法兰连接处由于电位不同，造成金属接触处的局部腐蚀，发生电偶腐蚀（见图 12.2 - 26）。

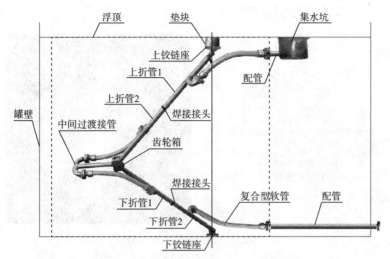

图 12.2－25　分轨式中央排水管简图

图 12.2－26　分轨式中央排水管损坏简图

6. 紧急排水装置

紧急排水装置是为了消除浮顶上由于排水系统失效或其他原因造成的过量积水，将过量的雨水直接排入罐内，使浮顶免遭沉没或破坏（失稳或强度破坏）。浮顶油罐紧急排水装置是安装在浮舱舱面的一套应急排水装置，由集水槽、排水管、橡胶密封圈和水封槽等部件组成。当中央排水出现堵塞或漏油，或天降暴雨而中央排水无法及时排出即将导致沉盘时，收集舱面超载积水并将其直接排入罐内，保障油罐的安全运行。

这种应急装置虽有使雨水与储原油相混之虞，但与沉顶和破坏相比，设紧急排水装置还是合算的。

对紧急排水装置的基本要求是：具有防止储原油反溢的功能，在正常状态下，储原油不应直接暴露在大气中，紧急排水装置应具有防止储原油挥发的功能；运行时，排水应畅通，浮（碟）球浮动应灵活，不得出现卡阻现象；储原油反溢时，反向密封性能应灵活可靠。

紧急排水装置（见图 12.2－27）采用常开型应急排水设计，结构设计科学新颖。不锈钢碟型浮子是紧急排水装置的核心组件之一，具有耐腐蚀、体积大、重量轻的优点。当舱面超载积水经集水槽涌入排水管时，碟型浮子翻转竖立，减小流通阻力，增大排水量，实现紧急排水。当油罐出现故障储原油发生反溢时，碟型浮子随原油面浮起，压紧密封圈，关闭出口，防止存储原油溢流到舱面上。

图 12.2－27　紧急排水装置简图

（三）浮顶密封装置

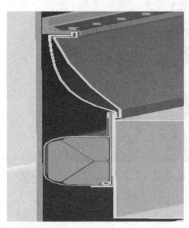

由于罐壁和浮顶都是由钢板焊接而成，为了保证浮顶在油罐内部可以上下浮动，浮顶与罐壁之间必须留有足够的环形间隙。环形间隙的大小根据油罐直径确定，一般情况下，环形间隙取 200mm。油罐直径大时，由于浮顶与罐壁之间存在环形间隙，为了保证油罐的严密性，在此环形间隙内需要设置浮顶密封系统。对于储存易挥发介质的原油罐，此环形间隙是轻组分油气向大气挥发的主要来源。油气挥发一是造成储存产品的损失；二是污染环境；三是形成火灾隐患，成为油罐安全运行的重大不利因素。因此，在浮顶和罐壁之间的环形空间内必须设置有效的密封装置。目前广泛使用的密封装置由一次密封和二次密封组成，二次密封应安装在一次密封顶部，作为一次密封的补充，起主要密封作用的应该是一次密封，一、二次密封装置示意

图 12.2－28　密封装置示意图

图见图 12.2－28。

1. 一次密封

（1）国内一次密封：目前一次密封主要有机械式密封、管式充原油密封和泡沫软密封（见图 12.2－29、图 12.2－30）三种类型。囊式三芯结构是目前国内外各种大中型浮顶油罐广泛采用的一次密封形式之一。囊式三芯结构一次密封主要由橡胶密封带、弹性元件、支撑组合件和压板等部件组成，具有使用广泛，运行安全，维护简便，使用寿命长等优点，由于采用浸原油密封形式，密封效果优异。

囊式三芯结构囊式一次密封装置通过金属支撑

图 12.2－29　一次密封装置简图

组合件、压板和密封托板等金属构件使橡胶密封带形成一个规则的囊形，其中填充的弹性元件将橡胶密封带贴紧罐壁，胶囊的底部浸没在储存油品原油面以下，阻止了油气空间的形成，阻断罐内油品向罐外泄漏途径，从而有效地减少了油品的挥发损耗。

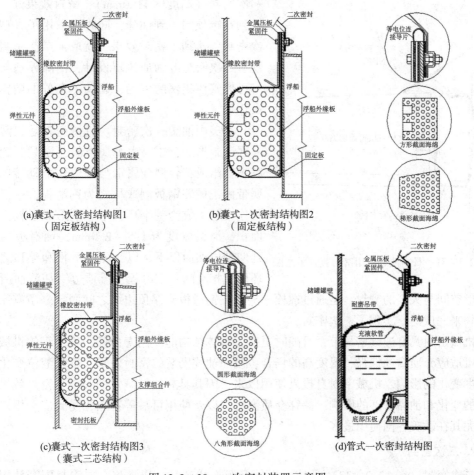

图 12.2 - 30　一次密封装置示意图

　　等电位连接导片将一次密封装置部件与油罐浮顶形成等电位连接，进一步提高油罐安全运行系数，一次密封装置主要部件见表12.2 - 3。

表 12.2 - 3　装置主要部件

部件名称	材质	常规规格	齿高	表面处理
橡胶密封带	丁腈橡胶（NBR/PVC）	1.5mm、2.0mm、3.0mm	1.5mm	
	氟橡胶（FKM）			
弹性元件	软质聚氨酯泡沫	圆形截面，八角形截面		
支撑组合件	Q235	4mm、5mm、6mm、8mm、10mm		镀锌
压板（一）	Q235	4mm、5mm、6mm		镀锌
压板（二）	Q235	4mm、5mm、6mm		镀锌
等电位连接导片	紫铜	0.5mm		

（2）国外一次密封：

①日本大型一次密封（图12.2-31）。日本共同储备基地的原油油罐均采用了大型的一次密封（高度达1100mm），密封效果好，基本达到在罐顶闻不到油味，同时因采用了大型的一次密封，达到了密封效果，就取消二次密封，将现有二次密封改为通风罩设计，消除浮顶与罐壁间可燃气体集聚的可能，起到了良好的防雷、防火作用。

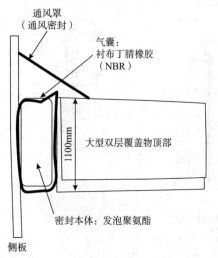

图12.2-31　日本油罐在用密封装置示意图

②美国油罐一次密封。机械密封是较常用的一次密封形式，主要由金属滑板、压紧装置和橡胶织物组成，轻型金属带与罐壁作滑动接触，金属带由机械装钢板制成称之为钢滑板，钢滑板互相连接起来成为一个环，与罐壁形成了较大接触面积，滑板厚度为1.5~2.0mm，钢滑板的下端延伸到原油面以下，以封闭钢滑板和浮顶之间的环形气相空间。钢滑板、浮顶边缘和液面所包围的环形空间与大气的密封，是通过螺栓和夹子在钢滑板到浮顶边缘之间固定一条有涂层的编织物来完成的，实现了一次密封。

机械密封具有连续密封带，可随时更换，整体结构的使用寿命长；不锈钢的机械密封结构可适应介质腐蚀性强、温度高的场合；浸原油式安装的密封效果，不受液位变化和油品密度变化的影响。机械密封自投入使用以来，因其具有油气蒸发损失少、密封效果不受液位的变化和油品密度的影响、储存介质温度高以及使用可靠等特点，受到广大用户的青睐，尤其在欧美各国使用最多。

2. 二次密封

二次密封（图12.2-32）是挡雨板的升级换代产品，通常与一次密封配套使用。二次密封装置主要由橡胶滑动片、气体阻隔膜、橡胶垫片、承压板、L形压条、Z形压条、U形压条、导静电片和接头件等部件组成，具有使用广泛、密封效果优异、运行安全、维护简便、使用寿命长及经济环保等优点。

大型浮顶油罐的罐壁板与浮顶边缘板之间存在有环形空间，储存油品通过环形空间挥发是导致油品损耗的主要形式之一。一次密封在通常情况下，只能减少油气挥发75%左右，当与二次密封配套使用后，可以减少油气挥发95%以上，密封效果十分明显。浮顶油罐二次密封装置通过采用承压板和压板等金属承压件将橡胶滑动片压紧罐壁，气体阻隔膜在浮顶周圈环形间隙中形成良好的密封，阻断罐内环形空间内的油气向罐外泄漏途径，在一次密封的基础上达到进一步减少罐内油品蒸发损耗的功效。二次密封装置在运行过程中，不仅橡胶滑动片能够将罐壁上附着的蜡刮去，导静电片也能够及时将橡胶与罐壁摩擦产生的静电导出。二次密封等电位连接装置将二次密封装置部件与油罐浮顶形成等电位连接，进一步提高油罐安全运行系数。二次密封装置主要部件见表12.2-4。

图中标注：
通风罩（通风密封）
气囊：衬布丁腈橡胶（NBR）
1100mm
大型双层覆盖物顶部
密封本体：发泡聚氨酯
侧板

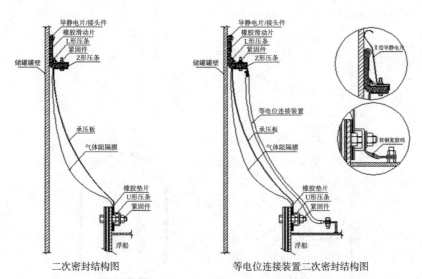

二次密封结构图　　　　等电位连接装置二次密封结构图

图 12.2 - 32　二次密封装置示意图

表 12.2 - 4　二次密封装置主要部件

部件名称	材质	常规规格
导静电片	不锈钢/紫铜	0.4mm, 0.5mm（紫铜），1.2mm
接头件	不锈钢/紫铜	0.4mm, 0.5mm（紫铜）
橡胶滑动片	丁腈橡胶（NBR/PVC）	L 型
L 形压条	不锈钢/镀锌板	1.5mm
Z 形压条	不锈钢/镀锌板	1.5mm
承压板	不锈钢/镀锌板	1.5mm
气体阻隔膜	丁腈橡胶（NBR/PVC）	1.0mm
U 形压条	不锈钢/镀锌板	2.0mm/2.5mm
橡胶垫片	丁腈橡胶（NBR/PVC）	2.0mm
等电位连接装置	铜芯绝缘电缆/软铜复铰线	$10mm^2$

除了以上目前应用的油罐密封外，还开发了弹性二次密封装置（图 12.2 - 33），该装置与三芯泡沫填充一次密封联合使用，浮顶油罐环形间隙处的密封高度由 330mm 提升至540mm，一次密封与二次密封内部油气空间减少80%，提高了浮顶油罐密封装置的性能。同时为减少油罐 VOCs 排放，还对油罐导向管、量油管增设了柔性封套密封，改良了立柱密封套（图 12.2 - 34）。

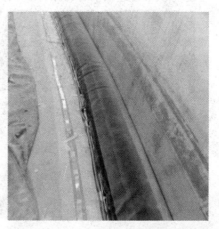

图 12.2 - 33　新型囊式密封装置简图

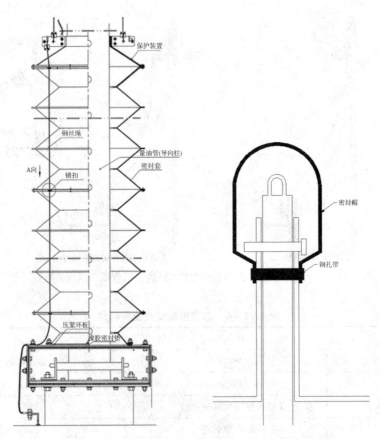

图 12.2 – 34　新型立柱密封套和量油管、导向管密封套示意图

（四）防雷防静电装置

1. 静电导出装置

静电导出装置（图 12.2 – 35）的作用是使浮顶和罐体达到电气连通，以消除二者之间的电位差，防止由于静电引发的安全问题产生。静电导出装置一般由数根软铜绞线组成，上部与顶平台连接沿着转动浮梯到达浮顶，下部与浮顶连接。

图 12.2 – 35　油罐静电导出线简图

为了导走浮盘上的感应雷电荷和油品传到金属浮盘上的静电荷，浮顶油罐要采用2根横截面积不小于$25mm^2$的软铜复绞线将金属浮顶与罐体进行电气连接。

储存易燃原油的油罐，固定顶钢制油罐顶板厚度大于等于4mm时可不设接闪杆（网）。外浮顶罐或内浮顶罐不应装设接闪杆（网），但应将浮顶与罐体做电气连接。外浮顶连接导线应选用两根截面积不小于$50mm^2$的扁平镀锡软铜复绞线或绝缘阻燃护套软铜复绞线。外浮顶每条排水管应利用截面积不小于$50mm^2$的扁平镀锡复绞线的跨接线，将罐体与浮顶做电气连接。

外浮顶油罐的转动浮梯两侧，应分别与罐体和浮顶做两处电气连接。

油罐上安装的信号远传仪表，其金属外壳应与油罐体做电气连接。

储存甲、乙和丙$_A$类原油的钢油罐，应采取防静电措施。

外浮顶罐应采取下列防静电措施：自动通气阀、呼吸阀、阻火器和量油口应与浮顶做电气连接；钢滑板式机械密封，钢滑板与浮顶之间应做电气连接，间距不宜大于3m。二次密封采用Ⅰ型橡胶刮板时，每个导电片均应与浮顶做电气连接，导线应选用横截面不小于$10mm^2$镀锡软铜复绞线；外浮顶上取样口的两侧1.5m之外应各设一组消除人体静电装置，并应与罐体做电气连接。

油罐的上扶梯入口处应设置长度不小于1m的裸露人体静电消除装置，在跨防火堤入口处应设置人体静电消除装置。

2. 接地极

消除受雷击、静电所带来的危害的装置，降低雷击点的电位、反击电位和跨步电位，钢油罐做防雷接地，接地点不应少于2处。接地点沿油罐周长的间距，不宜大于18m，接地电阻不宜大于4Ω。GB 50074—2014《石油库设备规范》对防雷要求：钢制油罐必须做防雷接地，接地点不应少于2处，接地点沿油罐周长的间距不宜大于30m，接地电阻不宜大于10Ω。SY/T 5921—2017《立式圆筒形钢制焊接油罐操作维护修理规程》规定：防雷接地，春秋两季检测接地电阻，电阻值宜小于4Ω；特殊地区电阻值应小于10Ω。

（五）加热除蜡设施

1. 蒸汽除蜡

储存稠的高凝点油品的油罐，在罐壁上容易形成固态或半固态的凝结物，通常称为蜡。为了防止这种现象发生，需要在浮顶边缘设置清除罐壁凝结物的设施。常用的有刮蜡机构、局部加热除蜡设施等。局部加热除蜡设施是采用物理方法除去罐壁上的凝油及结蜡，依靠加热管内介质的热量传递熔化罐壁的凝油及结蜡。加热盘管布置在浮顶边缘外侧的下部，使浮顶环形空间处罐壁上的凝油温度升高并熔化。由于环形空间处温度升高会造成油品蒸发损失增大并大大缩短一次密封的寿命，所以局部加热除蜡设施不应连续操作。只有在浮顶下降前临时开启。由于要跟随浮顶上下浮动，加热除蜡管与外部热源之间的连接比较困难。一般热媒管线由罐壁顶部沿转动浮梯到达浮顶，中间需要至少两段软管连接，以适应浮顶升降。

2. 加热盘管

许多油品，如润滑油、重柴油和锅炉燃料油等，在低温时具有很大的黏度，而且某些含蜡油品在低温时由于蜡结晶析出，会发生凝固，这种现象在北方会更严重。为了防止这种现象的发生，就要从降低油品黏度，提高其流动性着手，所以有的油品需要加热。加热盘管是较常用的一种油罐加热器，又称为沉浸式蛇管换热器。加热盘管的特点是结构简单、造价低、操作管理方便、管内可承受高压、安装灵活、可以适应容器的形状，弯曲成圆柱形或平板等形状，也可并联若干组以增加传热面积，甚至可在同一设备中采用两组独立的盘管，通入不同的热载体以充分利用热量。目前有蒸汽加热和热媒加热两种形式。

3. 重锤式刮蜡机构

重锤式刮蜡机构（图 12.2 – 36）是采用机械方式除去罐壁上的凝油及结蜡，是目前最广泛使用的一种刮蜡机构，刮蜡机构主要由固定横梁、重锤、四连杆机构、刮蜡板组成，横梁固定在浮顶下侧边缘，四连杆机构固定在横梁上，重锤的重力通过连杆机构转化为水平力，作用于刮蜡板，使之紧贴在罐壁上，在浮顶下降时，除去罐壁上的凝油及结蜡。刮蜡板通常采用不锈钢制作。

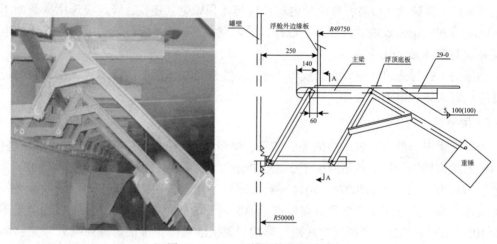

图 12.2 – 36　刮蜡机构装置简图

重锤式刮蜡机构具有使用广泛，结构科学，刮蜡效果好，运行安全，维护简便，使用寿命长等优点。

刮蜡板表面应光滑无毛刺。加力机构应转运灵活，应能有效压紧刮蜡板。刮蜡装置不得影响浮顶的正常运行，刮蜡机构不得与罐内任何附件相碰。任何位置，刮蜡板应与罐壁紧密接触，每块刮蜡板存在间隙长度不应超过 40mm，最大间隙不应大于 1.5mm。刮蜡板宜在同一高度，压紧力不宜小于 375N/m。两块刮蜡板之间的间隙宜为 12～20mm，不存在漏刮区域。

浮顶油罐重锤式刮蜡机构通过主梁和杆件形成平行四连杆结构（主要部件见表 12.2 – 5），将配重板的重力转化为平行推力使刮蜡板紧压在罐壁上，在浮顶油罐上下运行的过程中，刮蜡板始终处于工作状态，刮除黏附在罐壁上的凝蜡。

表 12.2 – 5　重锤式刮蜡机构装置主要部件

部件名称	材质	常规规格	表面处理
主梁	Q235	8#	防腐/镀锌

部件名称	材质	常规规格	表面处理
直角杆	Q235	5#	防腐/镀锌
杆件Ⅰ	Q235	5#、6#	防腐/镀锌
杆件Ⅱ	Q235	5#	防腐/镀锌
杆件Ⅲ	Q235	5#	防腐/镀锌
刮蜡板	不锈钢	1.2mm	
配重板	HT200/Q235	200	
销轴	Q195/不锈钢	D18	

刮蜡机构的主梁沿浮顶底板周圈焊接，对环形空间的最小间距进行限位。不锈钢刮蜡板紧贴罐壁，两个45°斜面具有良好的刮蜡效果，并能够自动调节到最佳刮蜡角度，在浮顶上下运行的过程中始终处于工作状态。环形空间变化时，重锤会自动上升或下降进行自动调节，使刮蜡板工作面紧贴罐壁。当环形空间变化超出了刮蜡机构的使用范围时，限位销轴能够使刮蜡机构杆件形成自锁，保证油罐的安全运行。

（六）防腐

1. 牺牲阳极

美国腐蚀工程师协会（NACE）对阴极保护的定义是：通过施加外加的电动势把电极的腐蚀电位移向氧化性较低的电位而使腐蚀速率降低。牺牲阳极阴极保护就是在金属构筑物上连接或焊接电位较负的金属，如铝、锌或镁，阳极材料不断消耗，释放出的电流供给被保护金属构筑物而阴极极化，从而实现保护。一般考虑安全因素，不宜选用镁合金阳极，由于锌合金阳极在一定温度下会发生极性逆转，因此一般选用铝合金阳极，铝合金阳极具有导电性好、耐腐蚀、寿命长、腐蚀产物不污染环境、无公害、容易加工、便于安装等特点。

2. 边缘防水层

油罐底板外周边封口，是为了防止雨水渗入而腐蚀罐底板。封口防水层过去一般多采用灌沥青，或沥青沙。但由于罐底板的变形，沥青或沥青沙材料均不能适应而产生裂缝。油罐在充水试压完后，已完成基础的大量沉降，再进行防水层的施工是有利的。底板封口防水层的施工时期有两种情况，一种是空罐时施工，一种是油罐使用时期施工。两种不同的施工时期，防水层的受力情况是不一样的。在空罐时施工，油罐投用后防水层将同时受来自水平方向变位的挤压和边缘板端部向下方向变位的剪切，但挤压是主要的。但当油罐放空后，防水层又随罐体恢复原型，由于边缘板塑性变形而向上翘曲，破坏防水层，并在其下面留下空洞。空洞将随使用次数的增多，时间的增长而加大，这种空洞可造成结露、底板生锈；如果是在满罐时施工，就应考虑到底板在恢复原位时对防水层所起的拉伸作用。底板防水层最应注意的是防水层与被粘结的界面的粘结力。因此，对底板封口防水层要求所选用的防水材料应具有防水性、耐候性、粘结性和可挠性。关于底板封口防水层在国外普遍采用弹性橡胶质材料（多数为橡胶沥青）封口的做法。但这种材料使用后由于溶剂的蒸发，时间长了也不能避免表面龟裂。为了解决这种缺欠，国外有采用橡胶沥青－玻璃丝布复合防水层的做法。

防水胶带，是目前国内外各种大中小型浮顶油罐广泛采用的罐基础防护形式之一。防水胶带装置主要由防水胶带和压板等部件组成，具有使用广泛，防水性能好，耐天候老化，维护简便，使用寿命长等优点。

边缘板防水结构示意图见图 12.2 – 37。

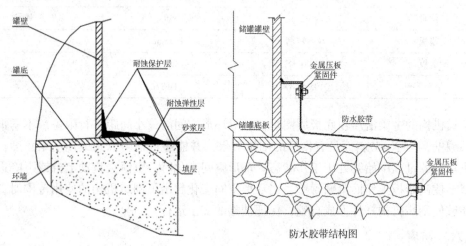

图 12.2 – 37　边缘板防水结构示意图

（七）罐内搅拌

油罐储存重质油品时，需要设置搅拌器定期对罐内油品进行搅拌。防止罐内油品沉淀物堆积，增加油罐的有效容积，提高油品的周转效率。一般大型油罐多用于储存原油、燃料油等重质油品，该类油品长时间储存会在罐底形成油泥沉积，而且随着时间的延长，油泥厚度会越来越厚，这些油泥的堆积不但会降低油罐的有效容积，还对油罐的地板造成局部腐蚀，影响油库的正常运营，为防止油罐内油品沉淀物的堆积，提高油品的周转效率，增加油罐的有效容积，一般要在油罐内设置搅拌器，定期对罐内油品进行搅拌。目前国内最常用的搅拌器主要有侧向伸入式搅拌器和旋转喷射式搅拌器两种。

1. 侧向伸入式搅拌器

侧向伸入式搅拌器是通过油罐侧壁伸入罐内，通过法兰盖与罐体的开口法兰相连接，搅拌器的叶轮为船用螺旋桨型。由于叶轮的转动，使罐内原油体产生两个方向的运动，一个沿着螺旋桨的轴线方向向前运动；另一个沿螺旋桨的圆周方向运动，其方向与螺旋桨旋转方向相同。轴线方向的运动，由于受到罐壁的阻碍，而使罐内原油沿着罐壁作圆周方向的运动。原油沿着螺旋桨圆周方向的运动，就会使罐内原油上下翻动，从而使油罐内的原油得到搅拌。侧向伸入式搅拌器可分为固定插入角型和可变插入角型两种类型。固定插入角型搅拌器，它的轴只旋转而不摆动，这时油罐内原油的流动状态是固定不变的，搅拌时死角区域较大。可变插入角型搅拌器，按操作需要，轴与油罐中心线的夹角可在 30°左右的范围内变动。与固定角度搅拌器相比，这种搅拌器可改变罐内原油的流动状态，从而最大限度地减少死角区域，搅拌效果显著。目前，美、日等国的大部分原油罐上已安装了可变插入角型搅拌器。

2. 旋转喷射式搅拌器

设在油罐中心的旋转喷嘴利用罐区内的泵加压，喷嘴内部带有一个轴流涡轮，压力通过油罐进油管道传递给喷嘴内部的轴流涡轮，由其带动喷嘴360°轴向旋转。每个喷嘴设2～4个喷头，喷头的喷射方向偏离中心，因此由于喷射的反推力，使喷头自动水平旋转，喷头的摆动角度在30°以内。其安装与设在中心的固定喷嘴相同，由于旋转喷嘴是一个旋转喷射的状态，当其不断旋转时，也就完成了整个罐内油品的对流置换和搅拌，从而实现了一种理想的均匀混合搅拌效果。喷射的压力是由外部的泵提供的，其压力可以根据需要达到的有效半径确定，因此是否能够使罐内油品充分搅拌，取决于喷嘴出口处的压力。当油罐较大时，可以依据需求选取流量、扬程较大的泵，以保证喷

图12.2－38　旋转喷射搅拌器简图

嘴出口处的压力。旋转喷射搅拌器简图见图12.2－38。

（八）计量、取样

1. 雷达液位计

雷达液位计是一种俯视式时间行程测量系统，用于测量从参考点（罐顶）到液位表面的间距。天线发出微波脉冲，在被测油原油面产生反射，并被雷达系统所接收，天线接收的微波脉冲传输给电子线路，微处理机对此信号进行处理，识别出微波脉冲在物料表面所产生的回波。需要通过输入空罐高度和满灌高度及一些应用参数使仪表适应测量环境，系统中带有HART协议的4～20mA输出到计算机进行重油液位的显示。高精度智能静压压力变送器将罐顶压力引至压力变送器负压接口，可准确测出总的储原油压强（或压差Δp），获得较高精度的储原油质量和体积值。

雷达液位计在油罐运用推广在于采用混合型油罐计量系统以后，由于是非接触测量，避免了因重油黏度大、杂质多造成的对测量仪表的堵塞。该系统抗腐蚀性强，易于清理，精度高，无可动部件，工作可靠，故障率低。计量系统还可以在计算机上显示出重油的质量和体积等瞬时量和累计量，雷达液位计一般装设在量油管，若量油罐内还有多点温度计等设备，则雷达液位计需在量油罐内增设导波管。

2. 外贴式智能超声波液位开关

油罐一般安装有各种类型的液位计，正常情况下可以满足油罐安全生产的需要。但液位计有时会发生故障，液位数据指示错误，这时就有可能发生超安全高度、冒罐等重大事故。因此需要在油罐的安全高度附近安装高液位报警装置，以及时报警，防止出现各类事故。

外贴式液位开关是一种新型液位监测报警装置，主要用于监测油罐原油液面，实现上下限报警，外贴式超声波液位开关其传感器（探头）产生的高频超声波脉冲可穿过容器

壁，这个脉冲会在容器壁和原油中传播，还会被反射回来。通过对这种反射特性的检测和计算，就可以判断出监测点处容器内是否有原油。同时液位控制器可输出继电器信号给后级电器或其他设备，从而实现对液位的监测或控制。

3. 多点温度计

智能多点平均温度计适用于生产现场存在温度梯度不显著，须同时测量多个位置或位置多处测量的平均值，自动判断原油位置，并输出原油内温度探头的平均值。

（九）取样附件

1. 取样、量油孔

取样、量油孔为脚踏式，垂直焊于油罐顶板上的平台附近，用以测量罐内油品高度和温度及采样。每个油罐顶上设置一个，大都设在罐梯平台附近。测量孔的直径为 150mm，设有能密闭的孔盖和松紧螺栓，为了防止关闭时孔盖与铁器撞击产生火花，在孔盖的密封槽内嵌有耐油胶垫或软金属（铜或铝）。由于测量用的钢卷尺接触出口容易摩擦产生火花，因此在孔管内侧镶有铜（或铝合金）套，或者在固定的测量点外装设不会产生火花的有色金属导向槽（投尺槽）。

为了保证量油时每次都沿同一位置下尺，减少测量误差，在量油孔内壁的一侧装有铝制或铜质的导向槽。正对量油孔下方的油罐底板不应有焊缝，必要时可在该处焊接一块计量基准板，以减少各次测量的相对误差。

2. 自动取样器

罐下自动采样器（图 12.2－39）是指用于采集油罐内油品试样的罐下采样设施，包

图 12.2－39　取样器简图

括罐外和罐内两个部分，罐外主要为操作箱，包括连接管道、法兰、操作箱（操作箱内有紧急切断阀、多位换向阀、手动泵和采样阀等）；罐内部分主要包括等比例伸缩架、上采样管、中采样管、下采样管、连接件（浮球）、罐底焊接支座、连接软管等，一般情况下，罐内主材为 304 不锈钢，与罐体连接部分与罐体同材质；罐操作箱的材质同为 304 不锈钢。

主要适用于浮顶罐和拱顶罐内石油产品上、中、下、底、出口以及上、中、下等比例混合样等采样点的采样，适用的介质主要有原油、汽油、柴油、煤油、沥青、渣油、化工类液体等。

依据等比例伸缩架的特点，将采样点的位置固定在伸缩架上，使得采样的点位会随着液位的变化而变化，以此确保采样的准确性。

不同采样点位的样品管路都是各自独立的，由细管连接至罐外，经由多位换向阀控制，分别采集不同的样品。

（十）波纹管补偿器

补偿器（图 12.2－40）主要作用是使大型油罐与其相连的管道系统由于基础不均匀

沉降、管道热胀冷缩和地震影响等原因产生的相对位移得到适当补偿，合理调节油罐与管道系统连接处的受力情况，最大限度地降低应力集中，保证油罐及与其相连接的进（出）口管道系统安全运行。一般设计主要是有以下几方面考虑：①油罐在进出油前后由于罐内油量的变化，油罐整体的标高会有几毫米的变化，而管线在管墩上的标高基本不变，这样就会在管线和罐壁之间产生一定的剪切应力；②在经过几年的运行后，一般油罐的基础由于有承力桩的支承，不会发生大的沉降，而管线管墩的沉降量较大，尤其是在南方地区的松软地基上建设的罐区，管墩的沉降量可以达到几十厘米，管线和阀门的重力会全部加到罐壁造成罐壁的变形、破裂；③在地震的作用下，由于罐壁发生翘离或罐基础发生不均匀沉降、倾斜，使油罐和配管连接处遭到破坏是常见的地震灾害之一。为防止述几种情况的发生，在与罐壁连接的管道设置金属软管就可以使管道有足够的柔性，可以适应各种变形，避免在罐壁的连接处产生不利的应力，还可以吸收管道的热伸缩变形，降低管道的热应力。补偿器在管道中工作，需要承受一定的压力，以满足补偿器具有足够的耐压能力，防止补偿器波纹段过大，导致补偿器损坏，因此一般油罐补偿器一般设计压力为 1.6MPa、2.0MPa，金属软管补偿量大概为 250mm，大拉杆补偿器补偿量一般为 200mm。考虑到沿海油罐沉降较大和保证软管安全，因此一般都选用大拉杆补偿器。

图 12.2 - 40　金属软管或大拉杆补偿器简图

（十一）呼吸类附件

1. 自动通气阀

自动通气阀（图 12.2 - 41）的作用是当浮顶起升或降落到罐底板期间，通气阀自动闭合或打开，使浮顶下方的气体得以排出或补充，以避免浮顶下方气相空间产生过大的压力或真空，破坏浮顶或其附件。在正常操作状态下，通气阀应能够自动关闭，以防止油品的蒸发损耗。

基本结构包括两部分：阀体组合体、阀罩与支柱组合体，两部分之间应电气连接。

自动通气阀的大小和数量按油罐最大进出流量

图 12.2 - 41　呼吸阀简图

及所储存介质的特性确定。

2. 单盘呼吸阀

油罐在运行中，由于受到太阳光的辐射，浮顶单盘的钢板温度可以达到50℃以上，在单盘下的原油受热挥发大量的油气，积聚在单盘的凸出部位；随着运行时间的增加，单盘下积聚的油气会越来越多，可以在单盘下面形成十几厘米的气体隔层。为消除单盘下的气体空间，所以有些油罐在浮顶的单盘上增加呼吸阀，以及时排出单盘下的气体，但呼吸阀安装时要有一定的高度，以防止油气从呼吸阀排出时将原油挟带出来，造成对环境的污染。

（十二）消防系统

1. 消防泡沫管线

油罐的泡沫系统主要用于扑灭油罐浮顶密封圈处发生的火灾，主要有两种结构。一种是由固定在罐壁上的泡沫管线和泡沫发生器组成，由于泡沫发生器安装于罐壁上部，当浮顶处于低位时会影响到泡沫的灭火效果；但优点是结构简单，维护方便，造价较低。还有一种是将泡沫管线从原油下经金属软管引到浮顶上的分配器，再通过管线接到处于泡沫围堰内的泡沫发生器上，这样可以大大提高泡沫的灭火效率，保证在浮顶处于任意位置时都能及时扑灭火灾。这种结构的缺点是造价高，单盘上泡沫管线多，影响美观；处于原油下的金属软管一旦破裂就会造成部分泡沫系统无法使用的情况，对金属软管的要求比较高。

2. 水喷淋冷却系统

油罐喷淋装置是油罐上装设的一种水冷却降温设施。在夏天气温高的时候，对地面油罐不断均匀地进行喷淋水冷却，水由罐顶经罐壁流下，使冷却水带走油罐所吸收的太阳辐射热，降低油罐气体空间温度，使昼夜油面温度变化幅度减小，大大减少油罐小呼吸损耗。

当油罐区某个油罐发生初期火灾时，监测该油罐的火灾检测探头即产生动作，发出报警信号，同时打开相应的雨淋阀，并自动启动消防泵，向消防给水管网供水，着火罐立刻被水雾覆盖，使火焰因与空气隔绝而熄灭，同时细小的水雾滴带走大量的热量，冷却罐体从而避免爆炸。相邻的油罐水喷雾系统同时启动，大量的水雾由上而下起到屏蔽作用，使其与着火罐产生的热空气隔绝，同时冷却罐体，防止该罐因受热、升压而导致爆炸，阻止了火灾的蔓延。在自动灭火的同时，报警系统启动，消防人员及时赶到，采用水枪灭火，以便更快地控制住火灾。

3. 泡沫挡板

泡沫挡板的作用是将泡沫消防原油集中于需要消防的浮顶边缘密封处的环形区域。泡沫挡板的高度一般高于二次密封0.3m，与罐壁之间的距离为0.9~1.2m，国外浮顶罐一般不设置泡沫挡板，而是将泡沫消防原油直接打到浮顶与罐壁的密封环形空间，即一次密封的上部，二次密封的下部。这种消防方式的泡沫管是从罐内直接到浮顶，使用类似于浮顶排水管的结构到浮顶后，先经过分配器、通过放射状布置的分配管线直接打到密封环形空间处，需要的泡沫更少，灭火更为有效。国内目前也开始采用这种消防方式。不过是将泡沫消防原油打到二次密封处，还需要设置泡沫挡板。

4. 泡沫发生器

泡沫发生器是一种固定安装在油罐上，产生和喷射空气泡沫的灭火设备。当泡沫混合液流过泡沫发生器喷嘴时，形成扩散的雾化射流，在其周围产生负压，从而吸入大量空气形成空气泡沫，空气泡沫通过泡沫喷管和导板输入储罐内，沿罐壁淌下，平稳地覆盖在燃烧原油面上。

5. 感温光栅

光纤光栅（见图12.2-42）是一种通过一定方法使光纤纤芯的折射率发生轴向周期性调制而形成的衍射光栅，是一种无源滤波器件。由于光栅光纤具有体积小、熔接损耗小、全兼容于光纤、能埋入智能材料等优点，并且其谐振波长对温度、应变、折射率、浓度等外界环境的变化比较敏感，因此在光纤通信和传感领域得到了广泛的应用。

GB 50116—2013《火灾自动报警系统设计规范》规定，外浮顶油罐宜采用线性光纤感温火灾探测器，且每只线性光纤感温火灾探测器应只能保护一个油罐，并应设置在浮盘的堰板上。除浮顶和卧式油罐外的其他油罐宜采用火焰探测器。采用光栅光纤感温火灾探测器保护外浮顶油罐时，两个相邻光栅间距离不应大于3m。火焰探测器安装应符合设计规定。火灾报警信号宜联运报警区域内的工业视频装置。

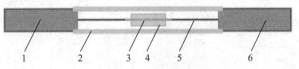

图12.2-42 光纤光栅示意图

1—连接光缆；2—探头保护管；3—测量光栅；4—寻热感温元件；5—单模光纤

国内大型储罐主要采用光纤光栅感温火灾探测器，而日本主要采用融栓式火灾感应系统（图12.2-43），它主要是在油罐浮顶周边安装氮气配管，平时用氮气加压。当发生火灾时，融栓就会熔化，造成管内氮气泄漏，当达到设定压力以下时，发出报警，通知发生了火灾。我们目前常用的感温光缆（或感温光栅）仅能实现发现火灾，融栓式火灾感应系统的优点在于不但能发现火灾，还能利用氮气控制火情，在初期小火时，也有可能起到灭火的作用。如图12.2-43所示。

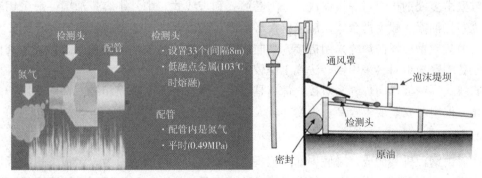

图12.2-43 融栓式火灾感应系统示意图

第三节　立式拱顶金属油罐

固定顶油罐按罐顶形式分为锥顶油罐、拱顶油罐、伞形顶油罐和网壳顶油罐，由于长距离输油管道中间站只涉及拱顶油罐，因此本节将重点围绕立式拱顶金属油罐进行介绍。

一、拱顶油罐基本结构

拱顶油罐（图 12.3 − 1）的罐顶是接近球冠状，罐体是圆柱形的容器。拱顶的荷载靠拱顶板周边支撑于罐壁上，为了防止油罐一旦发生事故扩大受灾面积，一般在此处做成"弱顶结构"，即外侧连续焊，焊脚高度为罐顶厚的 3/4，内侧不予焊接，这样一旦油罐发生事故可将罐顶先揭掉，不至于损伤罐体。拱顶油罐制造简单、价格低廉，是国内外广泛采用的一种油罐。国内最大的拱顶罐可达 $3 \times 10^4 \mathrm{m}^3$，国外较大的拱顶罐可达 $5 \times 10^4 \mathrm{m}^3$（直径 50.3m，罐高 23.67m），建在日本。

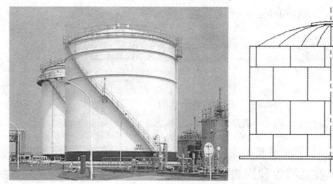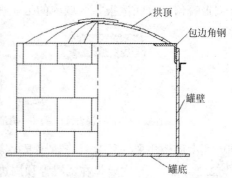

图 12.3 − 1　拱顶油罐结构示意图

拱顶油罐由罐壁、罐顶、罐底及油罐附件组成。

1. 罐壁

罐壁由多圈钢板组对焊接而成，分为套筒式和直线式。中，小容量油罐一般采用套筒式，大容量油罐一般为混合式。罐壁钢板必须满足强度要求，还要满足稳定性的要求。

套筒式罐壁板环向焊缝采用搭接，纵向焊缝为对接。拱顶油罐多采用该形式，其优点是便于各圈壁板组对，采用倒装法施工比较安全。

直线式罐壁板环向焊缝为对接。优点是罐壁整体自上而下直径相同，特别适用于内浮顶油罐，但组对安装要求较高、难度亦较大。

2. 罐底

罐底由钢板拼装而成，罐底中部的钢板为中幅板，周边的钢板为边缘板。边缘板可采用条形板，也可采用弓形板。一般情况下，油罐内径 < 12.5m 时，可不设环形边缘板，油罐内径 ≥ 12.5m 时，宜采用环形边缘板。

3. 罐顶

罐顶由多块扇形板组对焊接而成球冠状，罐顶内侧采用扁钢制成加强筋，各个扇形板之间采用搭接焊缝，整个罐顶与罐壁板上部的角钢圈焊接成一体。

二、罐体附件

拱顶油罐的一般附件包括人孔、透光孔、量油孔、进出油短管、放水管与放水阀、排污槽或齐平型清扫孔、梯子和栏杆等。

1. 人孔

直径通常为600mm，人孔中心距底板一般为750mm，便于工作人员在安装、清洗、维修时进出油罐和通风。

2. 进出油短管

进出油短管在罐底圈板上，其外侧与进出油管道上的罐根阀相连，内侧大多设成呈45°，角坡口朝上形式，以利导出静电。

3. 放水管

放水管是为了排放油罐底水而设置的。常用的放水管有固定式放水管和装在排污盖上的放水管。放水管的直径从50mm、80mm到100mm不等。

4. 梯子和栏杆

梯子是为了操作人员上下油罐进行量油、取样而设置的。目前油罐大多采用罐壁盘梯形式，且按工作人员下梯时能右手扶梯的形式设置，其底层踏板靠近油罐进出油管线，以利操作，有些小油罐亦有设置成斜梯的。此外，为消除人体静电，扶梯始端扶手1m处一般不涂油漆，罐顶、扶梯均做成防滑踏步。

5. 机械呼吸阀

机械呼吸阀的作用是，保持油罐气体空间压力在一定范围内，以减少蒸发损失，保证油罐安全。

由压力阀和真空阀组成。当罐内气压超过油罐设计压力时，压力阀被气体顶开，气体从罐内排出，使罐内压力不再上升；当罐内气压低于设计的允许真空压力时，大气压顶开真空阀盘，向罐内补入空气，使压力不再下降，以免油罐抽瘪。机械式呼吸阀是按油罐顶盖所承受的最大压力和最大真空度来设计的。呼吸阀的通气量如表12.3-1所示。

表 12.3-1　呼吸阀的通气量

规格 DN/mm	50	80	100	150	200	250	300	350
额定通气量/（m³/h）	150	300	500	1000	1800	2800	4000	5400

6. 原油液压安全阀

保持油罐气体空间压力在一定范围内，以减少蒸发损失，保证油罐安全。

当机械呼吸阀锈蚀或冻结不能动作时，原油液压安全阀可保证油罐安全。其压力和真空值一般比机械式呼吸阀高出10%。正常情况下并不动作，只在机械式呼吸阀不起作用时工作。为确保在各种温度下均能工作，阀内装有沸点高、不易挥发、凝点低的原油体作为原油封，如变压器油、轻柴油等。

当罐内压力增高时，罐内的气体通过中心管的内环空间，把油封挤入外环空间；若压力继续升高，内环油面和中间隔板下缘相平时，罐内气体通过隔板下缘逸入大气，使罐内气体压力不再上升。反之，当罐内出现负压时，外环空间的油封被大气压入内环空间，外环原油面到达中间隔板的下缘时，空气进入罐内，使罐内压力不再下降。

原油液压阀内的轻柴油常因挥发而使密度增加，数量减少，汽油罐上的原油液压阀由于汽油易蒸发凝结到阀内，使轻柴油的密度和数量均有变化。因此必须定期检查，予以校正。校正时若呼吸阀内油量不足，可以加同种油料，至溢出口溢出为止。同时测量槽内的油料密度，若与原来不符，且相差很大时应更换新油，按规定每年应定期更换槽内油料，同时清洗呼吸阀，除去污物和铁锈。因原油液压安全阀经常发生喷油现象，影响安全和污染罐顶，近来已逐渐被淘汰，而采用两个机械呼吸阀或对原油液压安全阀进行改型。特别要强调的是，不论用两个呼吸阀还是一个呼吸阀、一个原油液压安全阀，安装时应保持在同一水平高度，避免有高差存在。

7. 阻火器

经呼吸阀从油罐排出的油气－空气混合气，遇到明火时就可能发生爆炸或燃烧。为避免出现"回火"现象，阻止火焰向罐内未燃爆混合气传播的装置称为油罐阻火器（图12.3－2）。阻火器按功能可分为防爆型、耐烧型和防爆震型三种。用于油罐的阻火器通常为防爆型，阻火器安装在油罐顶部、机械呼吸阀下方，与机械呼吸料阀串联安装。阻火器主要由壳体和滤芯两部分组成。壳体应具有足够的强度，以承受爆炸时产生的冲击压力。滤芯是阻止火焰传播的主要构件，常用的有金属网滤芯和金属折带滤芯，滤芯材质当前普遍使用铝合金。金属网滤芯的机械强度低、易变形、不耐烧，对高速燃烧火焰的阻火能力差，因而目前已很少使用。金属折带滤芯具有强度高、耐烧、不易变形、便于清洗等优点。试验表明，在燃烧速度高达1703m/s时，仍能成功地阻止爆燃。

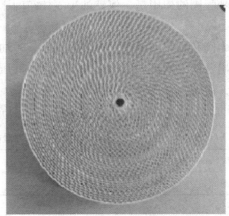

图12.3－2 阻火器

第四节　内浮顶油罐

内浮顶油罐（见图 12.4－1）是在拱顶罐内增设内浮盘构成的，浮盘的结构和作用与外浮顶罐相同。浮盘的结构和作用与外浮顶罐相同。为保证浮盘上部空间有一定的换气次数，以防止油气集聚到爆炸极限以上，在罐顶与罐壁上部开设若干通气孔。罐顶通气孔开在罐顶中央，孔径一般在 250mm，通气孔上加装防雨罩。罐壁通气孔等间距布置在罐壁上部，相邻油罐的通气孔的环向间距不大于 10m，且总数不得少于 4 个罐壁通气的总开孔面积，可按照每米油罐直径不小于 0.06m² 确定。

内浮顶的油罐附件比外浮顶罐少得多。由于有固定顶盖的遮挡，浮盘上不会集聚雨水，而且可以避免风沙、尘土对油品的污染，因而不必设置排水管、紧急排水管；由于操作人员不宜进入固定顶与浮盘之间的空间操作，因而不必设置转动浮梯和导轨；由于有固定顶，因此中小型油罐不必设置抗风圈和加强圈。由于内浮顶兼顾拱顶罐和浮顶罐的优点，又可以降低油罐蒸发损耗，而且油品不会被风沙雨雪玷污，因而广泛用来储存汽油。

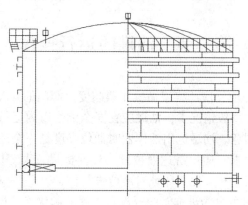

图 12.4－1　内浮顶油罐结构

思考题

1. 阐述拱顶油罐的基本结构。
2. 浮顶油罐有哪几种类型？
3. 浮顶油罐中央排水管有哪几种机构？
4. 油罐基础有哪几种类型？
5. 内浮顶油罐有哪些优点？

第十三章　油罐使用与维护

油罐在日常运行过程中，操作人员发现以下情况应立即采取紧急措施，并及时进行报告。

(1) 油罐的主要受压元件发生裂缝、鼓包、变形、泄漏等危及安全的缺陷。

(2) 油罐安全附件失效。

(3) 油罐接管、紧固件损坏，难以保证安全运行。

(4) 油罐发生火灾直接威胁到容器安全运行。

(5) 油罐过量充装。

(6) 油罐容器液位失去控制，采取措施仍不能得到有效控制。

(7) 油罐与管道发生严重振动，危及安全运行。

第一节　油罐的运行操作

(1) 油罐进出油操作前，应严格遵循操作票制度。阀门的开关作业等应缓慢平稳，防止管线内压力突升突降。一般情况下，油罐应在安全油位以内运行，需要在极限罐位运行时，必须征得上级调度同意。油罐进出油作业时油位高度是一个运行控制的关键点，应明确和落实油罐液位检查要求，通过雷达液位计、外浮标尺、人工检尺以及高低液位报警、罐顶巡护检查等多重手段，相互比对印证对液位进行监护。

(2) 浮顶油罐运行时可分为进油管线浸没点、浮舱起伏点、最低极限液位、最低安全液位、最高安全液位、最高极限液位等6个区间点。新投运油罐应编制好进油投产方案，明确各区间进油量要求，尤其是进油管未浸没前，应严格控制油流速度，防止静电危害以及造成罐顶喷油。浮舱浮起前，罐内油气主要通过罐顶通气阀排出，此时应注意检查通气阀以及浮舱立柱、一二次密封等设施，若有油流喷出应控制进油速度。油罐初次进油直至达到目标液位期间，均应做好油流速度及浮舱液位的检查和监护，确保各阶段进油量平稳过渡。拱顶油罐等进出油过程中，单位进出油流量应控制在安全阀和呼吸阀设计排气量的90%以内。浮顶油罐在低液位进出油期间，在浮舱起浮前，进罐的单位流量应不大于通气阀总排气量的80%。

(3) 进油时应缓慢开启进罐阀，在收发油管未浸没前，进油管流速应控制在1m/s以下，浸没后管线油流速度应控制在3m/s以下，浮舱最高进油液位的升降速度不应超过1m/h，油罐在收发油的过程中，应密切观察液位变化，新建或修理后首次进油时，液位升降速度0.3m/h。油罐应在安全罐位范围内运行，特殊情况需在极限罐位范围内运行时，应经上级调度主管部门批准并采取降低收发油速度、严密监视液位等措施。

(4) 浮顶油罐日常运行过程中不宜将浮顶支柱落到罐底，在浮顶油罐需要将立柱落到罐底时，应得到调度中心的同意，降落过程中严格控制外输速度，并进行人工现场监护。使用搅拌器的油罐宜在出油前2h启动搅拌器，侧向伸入式搅拌器在罐位降至5.0m及旋转喷射搅拌器在罐位降至7m时停止使用。浮顶油罐进出油开始时，应检查浮顶有无卡阻、倾斜及冒油现象，查看浮梯有无卡阻和脱轨现象，如有异常，应采取紧急措施处理。固定顶油罐每次进出油开始时，应上罐检查呼吸阀和安全阀是否运行正常；雷雨天气不宜大量收油作业。新建或修理的油罐在第一次进油时，应达到极限罐位。

（5）取样作业：取样前应了解罐情，待油罐原油静置时间大于30min后再进行取样。检查取样壶是否严密、取样绳是否磨损，且连接完好。取样人员应根据储存介质佩戴劳动保护用品，取样前，应徒手触摸静电消除设施。取样罐区如有热工、高空作业，需待停止作业后方可取样。取样时应站在上风处，取样壶应按下降速度不大于1m/s、上提速度不大于0.5m/s操作，且取样绳不得靠取样口壁，以防摩擦生热着火。使用罐下取样器取样时，应检查取样器气动或手摇泵是否完好，各密封点有无泄漏；接样前必须严格按照规定的循环时间完成循环，并遵循取样器的操作规程操作。对含硫化氢原油的油罐进行上罐巡检、计量及人工取样时，应携带便携式硫化氢气体检测仪并有2人同时到场。必需佩戴适用的防护器具，站在上风口，1人作业，1人监护。手工取样时，量油、取样孔要轻开轻关，量油和取样时，油污不应洒落在平台或浮顶上。手工取样时，应使用柔软的不会产生火花的金属线绳；若使用不导电线绳，应将绳子通过金属导静电线与油罐做可靠连接。当遇有雷电及六级以上大风（风速大于10.8m/s）时，禁止在油罐上取样。当在夜间人工取样或检尺时，应使用防爆灯具，灯具的开、关操作应在防火堤外进行。

（6）人工检尺作业：检尺作业时，操作人员应穿戴好劳保用品，准备好必要的工具。了解上次检尺数据及油罐收付情况，上罐前应用手触摸静电释放器；检尺应在油罐装原油完毕原油静置30min后再进行。检尺时人应站在上风口，检尺应在检定上基准点处下尺。量油尺、测温盒上提速度不得大于0.5m/s，下落速度不得大于1.0m/s。取样测温及擦尺用纱头必须用导静电纤维制成。当铜锤接近罐底时，应减缓下尺速度，触到罐底立即收尺。手工检尺时，检尺孔要轻开轻关，检尺应符合有关安全规定；检尺时，尽量避免将油滴洒到量油口外、平台及盘梯上，如有滴洒应立即擦拭干净；量油取样后应将孔盖盖好。禁止在孔盖上放置杂物。当遇雷电以及六级以上大风（风速大于10.8m/s）时，禁止在油罐上手工检尺。人工检尺时，应使用柔软的不会产生火花的金属线绳，应将绳子通过金属导静电线与油罐可靠连接。当在夜间人工取样或者测量液位时应使用隔爆型便携照明灯具，便携照明灯具的开、关操作应在防火堤外进行。油罐操作人员应定期进行液位计与人工检尺数据的对比，发现问题及时处理并报告。

（7）储存油品的温度应高于油品凝点3℃以上，否则应投用油罐内加热器，使油温达到运行要求。加热器投用时先开回水阀，后开进水阀。打开回水线上的泄放针型阀，查看是否有渗油等异常现象，发现异常应及时处理。

（8）储存高含蜡原油的油罐，在进、出油前应投用蒸汽除蜡装置。投用前先排放完管内存水，投用后应每班检查，发现蒸汽除蜡装置泄漏或其他问题后应及时处理。油罐伴热停运后，应及时关闭罐区热水或蒸汽伴热管线。

（9）油罐用蒸汽或热水加热时，先开启加热系统出口阀，再缓慢开启进口阀，避免发生水击。其工作压力应控制在设计值内。停止加热时，先关闭进口阀，后关闭出口阀。用热油加热时，先开启罐前进油阀和泵入口阀，然后启动泵，再开启泵的出口阀。停止加热时，先关闭泵的出口阀，然后停泵，再关闭泵的入口阀和罐前进油阀。浮顶油罐加热除蜡装置启动时，应先开启出口阀，后开启入口阀，其工作压力应控制在设计值内；停用时应先关闭入口阀，后关闭出口阀，然后在加热系统的低位打开放空阀放空积水，以免冻裂管线。油罐液位高出加热盘管 50cm 以上时，方可对油罐实施加热。油罐不能加温时，应加密检测储油温度，缩短原油储存周期，防止凝罐。原油加热温度应符合工艺规程的要求，但最高不应超过初馏点，最低应高于凝点 3℃。

（10）旋转喷射搅拌器操作启动前，向调度请示，批准后做好相应记录。搅拌作业时，先打开搅拌器罐前阀，再启动搅拌泵，避免发生水击。停止搅拌时，先关闭搅拌泵，后关闭搅拌器罐前阀。搅拌器运行过程中，应加密对给油泵区、罐前管线及罐顶的巡检。如发现异常情况，应立即分析并处理。严密监控流量、入口压力等参数，其工作压力、流量应控制在设计值内。

（11）油罐切水操作：作业周围环境应整洁，无动火作业，杂物清理干净；核对油罐脱水设备完备，环境安全，具备作业条件；确认油罐脱水流程：油罐处于静止状态，脱水阀关闭，污水去污水池流程打通，含油污水池液位处于低位。事故池与污水池连通阀关闭；佩戴人身防护用品及作业工具；接到班长油罐脱水指令，记录指令，做好相应的计量及联系工作；组织安排专人进行作业。同时还必须安排专人监护操作；操作人员站在上风方向进行作业，防止脱水时间过长，导致某些有毒有害气体中毒；脱水时，应缓慢打开油罐脱水阀，一般以"先小、中大、后小"的原则，仔细观察排水情况，尽量使水中少带油。一般来说，罐底水量大，阀门开度大；水量小，开度小。阀门不可全开，防止流量过大，脱水带油，造成油品损失。脱水见油后，应逐渐关小脱水阀直至全部关闭，待油水界面稳定一段时间后再适度打开脱水阀，缓慢脱水。如上反复操作，直至不见明水关闭阀门。脱水时操作人员不得离开现场，严禁同时打开两个以上油罐进行脱水。遇罐底油品乳化严重时，经过确认可请示相关部门并同意后方可脱除乳化原油。油罐脱水时，要采用听、看、试的方法，即：根据脱水过程油水颜色不同，落到下水道时响声不同及滴在板上形状不同等特点，随时观察。脱水作业时，周围区域禁止动火作业。如要脱水必须做好预防硫化氢中毒，脱水时应携带便携式硫化氢报警仪、对讲机，并必须佩戴有效防毒器具，且需 2 人同行，其中一人在上风向监护。油罐脱水结束后，关闭脱水阀门。

第二节　维护保养

一、保养方法

（1）清洁：对油罐本体（罐顶、罐壁）外表面、附件、电气仪表控制系统、附属管网、排水系统、罐区防火堤、堤内附属设施及地面等进行清洁整理。

（2）润滑：对罐上滚轮轴、侧向伸入式搅拌器等相对运动部位、阀门丝杠等用润滑油（脂）进行润滑。

（3）紧固：对人孔、清扫孔、量油孔、管线和阀门连接部位及压盖、呼吸阀盖等密封部位进行检查、紧固，以消除或防止渗漏；或对密封压板、浮梯踏步附件、电气连接端子、接线盒、接地装置等进行检查紧固，确保连接可靠。

（4）调整：调整密封导电片、密封压板固定螺栓，确保压紧力；调整量油导向管及通气阀垫子等，确保密封效果；调整原油液压安全阀油位、紧急排水装置水位等。

（5）防腐：对油罐顶部、浮舱、罐壁、罐底边缘板、附件、附属钢结构进行整体或局部除锈，并用配套的防腐涂料进行涂刷，以达到防止腐蚀的目的。

（6）检测：一、二次密封油气浓度检测，电气连接及防雷接地检测，罐本体及附件厚度检测，罐底沉积物厚度检测，罐形体检测，基础沉降检测等。

（7）检查：根据油罐技术及完好标准，对油罐本体及附件进行检查，发现、记录并上报隐患及缺陷。

二、检查保养注意事项

（1）按照现行法规及企业管理规定做好劳动保护。

（2）罐区防火堤内及罐上作业应使用防爆的电器和工用具。

（3）上罐时应先消除人体静电。

（4）雪天应清除盘梯和浮梯上的积雪。

（5）油罐盘梯同时上（或下）不宜超过 4 人。浮顶油罐的浮梯同时上下不应超过 3 人且不应同一步调行走；固定顶油罐顶上人数不应超过 5 人，且不应集中在一起，上、下油罐时应抓稳扶手。

（6）作业环境要求：作业时应站在上风口并注意风向变化。

（7）作业前应根据作业性质检测油气浓度、气相环境硫化氢浓度。

（8）接触油气等特殊作业应有专人监护并采取可靠的防护措施。

（9）遇五级以上大风或雷雨天气时不宜上罐作业。遇有特殊情况上下罐时，应采取必要的安全防护措施。

（10）登上储存有高含硫化氢原油的油罐时，应按规定佩戴防毒面具或空气呼吸器、便携式硫化氢检测仪，站在上风口，并有专人监护：

①硫化氢浓度小于 6.7ppm 时，可正常作业；

②硫化氢浓度小于 33.5ppm 时，佩戴过滤式防毒面具进行作业；

③硫化氢浓度大于等于 33.5ppm 时，暂缓作业，并在确保自身安全的情况下，实时监测硫化氢及可燃气体浓度。

（11）对含硫化氢原油的油罐及附属设施进行巡检、保养时，应做到：

①在可能存在或泄漏硫化氢的油罐、附件、附属设施上进行检修、更换阀门、垫片、仪表及清扫、堵漏等作业时，必须按规定办理"检修施工安全许可票"，落实好安全防护措施，安排专人监护；

②对含有硫化氢原油的油罐、阀门、管线等设备进行人工作业时，应有 2 人同时到场，佩戴适用的防护器具，并站在上风向，1 人作业，1 人监护；

③对含硫化氢原油的油罐进行上罐巡检、计量及人工取样时，应携带便携式硫化氢气

体检测仪并有 2 人同时到场，佩戴适用的防护器具，站在上风口，1 人作业，1 人监护。

三、维护保养

输油站库的储油设备是保证油库及时、准确地储存和收发油品的物质技术基础。其技术状态是否良好，不仅关系到油库的经营效益，而且直接影响油库的安全，必须高度重视。为了安全收发作业，保证储油质量，延长油罐使用寿命，必须正确地使用油罐，加强对油罐的管理和维护。油罐的维护保养主要是做好油罐的防腐保温，油罐及其附件的检修和清除罐内沉积物等工作。

（一）日常维护保养

（1）罐底、罐壁、拱顶、浮盘、浮舱等处无渗漏。

注意：大角焊缝是罐壁的垂直柱而钢板与罐底板正交的一条焊缝，该部位的焊接结构在静或动原油压力作用下，受力非常复杂，它不但受液位升降的影响大，形成所谓的低周高应力状态，而且对基础地基的不均匀沉降和地震作用也极敏感，油罐的恶性事故大多由此产生，所以此处是罐体的关键部位之一。

（2）浮梯、导轨：浮梯运行正常，轨道无杂物，滚轮灵活、无卡阻、损坏。

（3）一、二次密封：密封可靠，无明显变形、褶皱及破损；导静电片与罐壁紧密接触。

（4）量油管导向管与导向装置之间无卡阻和严重磨损，密封可靠，浮舱升降正常。

（5）浮顶排水、紧急排水系统及其附件完好，清洁，无渗漏。

（6）拱顶罐原油液压安全阀油位正常，机械呼吸阀工作可靠。

（7）防雷、等电位连接线连接可靠，无缠绕。

（8）感温光栅（电缆）无异常、无破损或断裂现象。

（9）罐根阀、罐前阀等阀门支托可靠，无悬空和相邻法兰渗漏或焊缝开裂等问题。

（10）液位计和高低液位连锁保护装置等完好，无异常。

（11）基础圈梁无开裂情况。

（12）护栏或扶手无腐蚀开裂情况。

（13）大拉杆（或波纹）补偿器完好。大拉杆补偿器或金属软管专项检查表见表13.2－1。

表13.2－1　大拉杆补偿器或金属软管专项检查表

类别	检查项目	检测结果	备注
通用	□表面清洁，无杂物		
	□两端法兰连接牢靠，无渗漏		
	□补偿器处于活动状态，补偿器下方不应有支撑		
	□波纹管管前管墩支撑牢靠，无悬空		
	□波纹管两端管段错位严重		
	□波纹管补偿器轴向、横向、扭转，无严重变形		

续表

类别	检查项目	检测结果	备注
大拉杆补偿器外观检查	□铭牌清晰，介质流向箭头明显		
	□补偿器表面防腐漆完好，无脱落，无腐蚀		
	□波纹管表面无划痕和凹陷		
	□波纹管焊缝无弧坑、无咬边、无焊瘤、表面平整		
	□大拉杆补偿器小拉杆未去除		
	□大拉杆补偿器外螺母固定牢靠，无松动		
	□大拉杆补偿器环板无变形		
	□波纹管不应敲击，同时无划伤、焊接飞溅等缺陷		
	□波纹管波纹成形均匀有规则，无变形		
	□拉杆式膨胀节拉杆、螺栓、连接支座无异常现象，限位合理可靠		
	□大拉杆补偿器波纹管无物体遮挡		
	□带保温波纹管要定期打开查看波纹变形情况		
	□管线测厚		
金属软管外观检验	□波纹补偿器网套断丝和严重变形		
	□波纹补偿器网套紧固件，连接牢靠，无松动		

（二）雷雨季节重点日常保养内容

1. 防雷防静电

（1）油罐防雷接地系统经检查完好，接地电阻符合标准要求。

（2）油罐浮顶、转动浮梯、罐壁之间的静电导出线连接牢固，导线完好。

（3）油罐密封装置与浮顶、配线金属管与罐壁、取样口、通气阀、阻火器、呼吸阀、人孔等附件电气连接线完好、无松动。

（4）油罐二次密封导静电片与罐壁紧密接触。

2. 罐体附件

（1）密封装置：一二次密封完好，密封可靠。二次密封内外油气浓度＜25% LEL。

（2）浮顶排水系统：集水坑排水畅通、无杂物，排水阀门完好，启闭灵活并保持常开。

（3）紧急排水装置完好，定期补水，确保水封正常。

（4）泡沫堰板底部排水孔畅通，无杂物堵塞。

（5）原油液压安全阀、呼吸阀、阻火器等附件完好。

（6）浮顶、浮舱、底板、罐壁及附件无渗漏。

（7）罐顶感温光栅固定牢固，无脱落、无异常，报警测试良好。

（8）罐顶操作平台应保持清洁，取样口应处于关闭严密。

3. 罐区排水系统检查

（1）防火堤内截油排水阀完好，启闭正常，阀井内清洁无沉积物和漂浮物。

（2）防火堤外排水阀开关灵活。

（3）防火堤严密，无开裂、局部下沉和变形。

（4）罐区排水沟畅通、无堵塞。

（5）雷雨季节前电视监控：电视监控系统运行可靠，摄像镜头清洁，图像清晰。明确监控人员职责和监控周期。

4. 罐区雷电预警系统正常，手动报警及事故广播完好可靠。

（三）冬季日常维护保养内容

（1）检查保养内容：油罐呼吸阀、阻火器、安全阀应每周检查一次。原油液压安全阀内原油封油的凝点应低于当地的最低气温，阀内无沉积水，原油封油无乳化现象；机械呼吸阀保持动作灵活。

（2）罐内油温应高于油品凝点5℃以上，否则应投用加热设施，确保油温达到运行要求；

（3）储存高含蜡原油时，在油罐进出油前应投用蒸汽除蜡装置。

（4）保温油罐应检查油罐及其附属管路的伴热及保温是否正常，罐排污、排水阀应做好防冻保温措施。

（5）经常清理罐壁及密封等处凝油。

（6）及时清理盘梯、平台、量油（导向）管与浮舱密封处、浮梯及其轨道等处积雪及结冰。

（四）月度重点维护保养内容

（1）每月应对呼吸阀、原油液压安全阀、阻火器进行一次检查，冬季应每周进行一次检查，确保灵活好用。

（2）每月应对可燃气体检测报警器进行一次检查，确保报警器检测灵敏、运行正常。

（3）每月应对供配电系统、火灾报警系统、泡沫灭火系统、冷却水喷淋系统和电动阀、消防炮的电动旋转部件进行一次检查。

（4）雷雨季节每月至少检查1次浮顶、扶梯、罐壁之间的电气连接线有无断裂和缠绕，如有问题及时修复。

（5）雷雨季节每月至少检查1次密封装置与浮顶、配线金属管与罐壁的电气连接情况，如有连接线松动、断裂等情况及时修复。

（6）每月检查1次浮顶上和浮顶密封装置内是否有积油，并及时清理。

（7）雷雨季节，每2周检查1次浮顶排水系统和泡沫堰板底部排水孔是否畅通，及时清除浮顶的杂物，每2周检查1次浮顶密封装置的密封状况，如有异常情况及时处理。

（8）雷雨季节应每周检查2次密封上的导电片与罐壁的压接情况，确保导电片与罐壁接触良好。

（五）季度重点维护保养内容

（1）每季度应对油罐火灾报警系统和罐区手动报警装置进行一次试验，确保灵敏好用。

（2）每季度应对消防喷淋系统、消防水炮进行一次出水试验，确保管路和水喷淋系统畅通。

（3）每季度对油罐液位计与人工检尺进行对比、校正，确保灵敏准确。

（4）完成月度维护保养的内容。

（六）年度重点维护保养

（1）每年应对固定、半固定式泡沫灭火系统和冷却水喷淋竖管排渣日进行一次检查清理。

（2）每年应对油罐高低液位报警器进行一次试验。

（3）每年应委托有检验资质的单位对油罐呼吸阀、原油液压安全阀、阻火器进行一次检验，并出具检验报告。

（4）每年应委托有检验资质的单位对油罐区内的可燃气体检测报警仪进行一次检验，并出具检验报告。

（5）每年应委托有消防检验资质的单位对消防系统进行一次检测，并出具检测报告。

（6）每年雷雨季节之前应委托有防雷检测资质的单位对油罐防雷、防静电装置进行一次检测，并出具检测报告。春秋两季应各对油罐的防雷接地进行一次检测，电阻值宜小于 4Ω，同时，雷雨季节前应检测一次。检测、检验中发现的问题应及时处理。

（7）每年应委托有消防检验资质的单位对消防系统进行一次检测。

（8）每年应对罐体至少做一次测厚检查。

（9）完成季度维护保养的内容。

详细的维护保养内容参见《立式圆筒形钢制焊接油油罐操作维护保养修理技术手册》。

第三节　故障及处理措施

一、油品冒罐事故

（1）事故定义：油罐进油时，油品自罐顶溢出。

（2）事故现象：油品沿罐壁流下，罐区内有油气味，可燃气体报警仪报警。

（3）事故原因及预防措施见表13.3－1。

表13.3－1　原油冒顶事故产生的原因及预防措施

原因	预防措施
液位开关故障	加强维护
联锁未投用	严格执行联锁变更程序
雷达液位计故障	定期校表，加强维护
改错流程	加强培训，严格作业程序
收油切换罐不及时	加强培训，增强责任心
高位罐排水不畅，导致雨水进罐	加强浮顶排水日常检查

（4）事故可能产生的后果：造成经济损失；油品流入明沟进入雨水池，外排污染水体；油品溢出遇雷、火、静电等引燃发生火灾爆炸；油品挥发出有毒气体易造成人员中毒伤害及空气污染；造成油罐附件损坏。

（5）事故处置步骤：迅速汇报当班班长；拨打库区消防电话或火警电话（119）；将正输转的油品改进同品种油罐，同时联系调度停止卸油作业；关闭防火堤外排雨水电动阀；关闭防火堤外含油污水阀；到主要路口引导消防车；设置警戒线，禁止机动车辆和行人通行；检查有无电、气焊等动火作业，如有应立即停止；开泵或用自压的方式将罐内油品倒至同品种油罐。

二、油罐本体泄漏事故

（1）事故定义：从进出罐第一道法兰面到罐本体发生泄漏。

（2）事故现象：油品从罐壁或罐底渗出，浮盘有油渍，中央排水管漏油，罐区异味，人孔密封处渗油，可燃气体报警仪报警。

（3）事故原因及预防措施见表 13.3-2。

表 13.3-2　油罐本体事故产生的原因及预防措施

原因	预防措施
罐壁、底板或浮盘腐蚀穿孔或焊缝有砂眼	做好定期维护和巡检，加强阴保运行监护
人孔盖密封缺陷或螺栓未紧固	均匀把紧螺栓，密封面平整无划痕
中央排水管漏油	加强巡检

（4）事故可能产生的后果：造成经济损失；油品泄漏引起环境污染；油品流入明沟进入雨水池，外排污染水体；油品泄漏遇雷、火、静电等引燃发生火灾爆炸；油品挥发出有毒气体易造成人员中毒伤害及空气污染。

（5）事故处置步骤：发现原油泄漏后立即报告当班班长，说明泄漏地点和泄漏情况；立即汇报领导并组织人员进行前期抢险救援，根据泄漏量大小情况进行处置，处于罐前管线或阀门，能够采取工艺处置消除泄漏的，可以先进行工艺处置再制定后续堵漏方案。对于无法采取工艺处置，持续泄漏的，应采取快速封堵手段，将泄漏点封堵住或使泄漏量变小。关排雨水电动阀，防止进入明沟；关闭防火堤外含油污水阀；无法封堵，且泄漏量大的应采取倒罐或外输等手段将罐内原油导出，同时对泄漏原油加紧回收处置，避免防火堤内原油过多，引起其他次生灾害。要立即封闭所在罐区，设警戒线，禁止机动车辆和行人通行；检查有无电、气焊等动火作业，如有应立即停止；如泄漏过大，联系操作人员将泄漏油罐的原油倒入其他同品种油罐并切断进罐阀门；如发现罐底板泄漏，在条件许可的情况下，可向罐内注水，并联系操作人员将罐内油品倒入同品种油罐。清罐后进行堵漏处理。配合抢险人员对泄漏油品进行围堵清理，对泄漏点进行封堵。

三、油罐脱水口跑油事故

（1）事故定义：油品从脱水口处大量漏出。

（2）事故现象：油罐脱水口处大量漏油，罐区内有油气味，含油污水收集池内有大量油品，可燃气体报警仪报警。

（3）事故原因及预防措施见表 13.3 – 3。

表 13.3 – 3　油罐脱水口跑油事故产生的原因及预防措施

原因	预防措施
脱水时现场离人	加强责任心，严格执行作业程序
脱水阀内漏或损坏	加强巡检，做好维护

（4）事故可能产生的后果：造成经济损失；油品泄漏引起环境污染；油品流入明沟进入雨水池，外排污染水体；油品泄漏遇雷、火、静电等引燃发生火灾爆炸；油品挥发出有毒气体易造成人员中毒伤害及空气污染。

（5）事故处置步骤：发现油罐跑油后立即报告当班班长，说明泄漏情况。如因脱水离人造成跑油，操作人员应立即关闭脱水阀并报告；若因脱水阀损坏或内漏造成跑油应立即关闭第一道手阀；班长立即组织本班人员进行现场确认，视跑油情况采取相应措施；如跑油溢出污水井，应立即关闭排雨水阀，防止进入明沟；设立警戒区并疏散无关人员，禁止机动车辆进入事故区域；检查附近有无动火作业，若附近有动火作业则立即停止动火；组织配合抢险人员对泄漏原油进行围堵清理。

四、油罐火灾爆炸事故

（1）事故定义：油罐出现明火或爆炸。

（2）事故现象：油罐顶部出现明火、黑烟，发出巨大爆炸声。消防喷淋系统启动，火灾报警器报警。

（3）事故原因及预防措施见表 13.3 – 4。

表 13.3 – 4　油罐火灾事故产生的原因及预防措施

原因	预防措施
油罐密封泄漏	定期检测
浮盘浮仓漏油	加强日常检查
单盘漏油至上表面	加强收油时检查和维护检查
静电	控制流速、消除人体静电
雷击	定期检测防雷接地
使用非防爆工具	禁止使用非防爆工具
违章动火作业	加强监护，严格执行作业程序
产生油气爆炸空间	禁止下浮盘

（4）事故可能产生的后果：造成经济损失；引起环境污染；产生有毒气体易造成人员中毒；可能造成人员伤亡；造成设备损坏；高温、爆炸、沸溢可能造成事故的扩大化。

（5）事故处置步骤：立即启动现场手动报警器并迅速汇报班长，停止着火油罐的一切作业，采取初期火灾的抢救措施，控制火势，防止事故扩大；对现场火势大小进行研判，罐顶仅密封圈着火，固定消防系统已经启动，火势没有迅速发展，研判具备登罐条件，立即组织人员登罐灭火，利用平台两分器铺设水带接泡沫枪对着火密封圈处进行泡沫覆盖，固定消防系统无法使用可采用垂直铺设水带由消防供泡沫进行灭火；迅速关闭着火罐的所有阀门，并立即启动消防泡沫系统，向罐内打入泡沫，打开相邻罐的消防喷淋水进行冷却；使用测温仪等仪器持续监测周围温度和辐射热，注意登罐人员安全，严密监控原油泄漏到船舱，防止发生爆炸等事故扩大。对浮顶罐或罐顶已损坏的罐，应倒出罐内存油，倒油时油温控制在 90℃ 以内并通知变电所切断油罐电源。在主要路口引导消防车进入现场；关闭防火堤外含油污水蝶阀及雨水监控池外排阀门；迅速关闭罐区防火堤排雨水电动阀；根据情况，组织本班人员将附近油罐的油品向安全区域同品种油罐转移。

五、油罐沉盘事故

（1）事故定义：浮盘因外部因素沉入油面以下。

（2）事故现象：油罐液位发生变化，浮盘上部有大量原油，地面有原油，可燃气体报警仪报警。

（3）事故原因及预防措施见表 13.3 - 5。

表 13.3 - 5　油罐沉盘产生的原因及预防措施

原因	预防措施
浮舱腐蚀严重，导致内漏，油品进入浮舱使浮盘失去平衡	加强日常检查和维护
中央排水管、紧急排水管排水不通畅，遇暴雨浮盘大量积水造成沉没	对中央排水管定期维护，保证畅通
罐体变形导致浮盘卡涩造成沉盘	定期检查，及时采取措施
油罐收油时，流速过快或是油品夹入大量气体，使浮盘漂移，发生气举现象，导致浮盘受力不均卡涩造成沉盘	严格操作程序及操作规程，加强责任心
浮盘密封不严或气温过高，油品大量油气挥发至浮盘顶部泛液	定期检查，及早发现

（4）事故可能产生的后果：油品遇雷、火、静电等引燃发生火灾爆炸；造成油罐附件损坏；造成环境污染；油品挥发出有毒气体易造成人员中毒伤害及空气污染；造成经济损失。

（5）事故处置步骤：发现浮盘沉没立即通知班长，停止该罐的进出油作业，禁止周围一切动火施工作业和机动车辆通行；通知消防队对油罐进行泡沫覆盖。拨打库区消防电话或火警电话（119），设立警戒线，并在主要路口引导消防车进入现场；立即关闭中央排水管的阀门，防止油品大量外泄，并做好个人防护，防止产生静电及中毒事故；立即关闭雨水外排阀门，防止污染水体；关闭雨水明沟排雨水电动阀；通过自压或倒罐方法将油品倒入其他同品种油罐；配合抢修人员清理现场。

六、油罐卡盘事故

（1）事故定义：油罐浮盘卡住，不能随油面上下浮动。

（2）事故现象：油罐浮盘不能上下浮动，造成油品溢出到浮盘上表面或呼吸阀负压阀盘会打开，罐区内有油气味，中央排水管跑油，可燃气体报警仪报警。

（3）事故原因及预防措施见表 13.3 – 6。

表 13.3 – 6　浮盘卡住产生的原因及预防措施

原因	预防措施
导向管变形	落实检查制度，做好油罐维护
量油管变形	落实检查制度，做好油罐维护
浮盘限位装置故障	落实浮盘检修检查验收制度
浮盘变形	落实检查制度，做好油罐维护
罐体变形	落实巡检制度，做好油罐定期检测维护
油罐基础倾斜	定期沉降观测，做好油罐维护

（4）事故可能产生的后果：造成经济损失；造成计量不准；在收油过程中卡盘，造成沉盘和跑油，引起火灾爆炸事故和环境污染；在付油过程中卡盘，呼吸阀负压阀盘会打开，大量空气进入油罐，形成油气混合爆炸空间，引起火灾爆炸事故和环境污染。

（5）事故处置步骤：迅速汇报当班班长；视现场情况拨打库区消防电话或火警电话（119），并汇报领导；安排操作人员停止收发油作业；加强现场监护，设警戒线，禁止周围动火施工和机动车辆通行；关闭中央排水管阀门、雨水外排阀门；关闭排雨水电动阀。

思考题

1. 雷雨季节油罐重点检查哪些内容？
2. 油罐雷雨季节的维护保养内容是什么？
3. 油罐冬季日常保养的内容有哪些？
4. 油罐溢罐的原因及处理方法是什么？
5. 油罐跑油的原因有哪些？发生跑油时应如何处理？
6. 分析油罐浮舱卡阻或倾斜的原因是什么？如何处理？

第十四章　油罐检测与修理

第一节　油罐机械清洗

一、机械清洗原理

图 14.1 - 1　油罐清洗设备简图

油罐运行一段时间后，油中的杂质就会沉积在罐底上，造成油罐有效容量减少，影响油罐的使用效率，因此油罐需要定期进行检修和清除罐内淤渣。目前大型油罐的清洗基本都采用机械清洗，机械清洗是利用临时敷设的管道，将 COW 原油油罐机械清洗装置、要清洗油罐及清洁油罐连接成一个密闭的系统，用设置在清洗油罐上的清洗机，喷射清洁油罐所供给的有一定温度、压力和流量的清洗油来溶解淤渣，罐内淤渣分解后，抽取渣油过滤，再将其送回清洁油罐中，最后用温水进行循环清洗，分离出的原油也送回清洁油罐。通过机械清洗，油罐直接达到动火检修条件。油罐清洗设备图见图 14.1 - 1。

二、机械清洗的技术优势

COW 原油油罐机械清洗系统的主要优点：①原油回收率高；②清罐周期短；③不直接用蒸汽或热水加热，不影响原油的质量；④投入人力少，安全有保障；⑤无环境污染；⑥清洗效果好。

三、主要设备

清洗机械设备种类较多，主要清洗设备有清洗机、燃油锅炉、真空抽吸设备、惰气发生器、制氮机、增压式原油氮罐、清洗管道、空气压缩机等。

（1）清洗回收设备：利用真空原理将油罐内油品抽出，通过清洗泵加压，换热器升温，送上罐顶清洗机喷射清洗油罐，或者直接移送到其他油罐中。

（2）油罐清洗机组：清洗机通过气动马达提供动力，水平 0 ~ 360° 旋转、垂直 0 ~ 140° 升降，清洗机出口压力最高可达到 0.8MPa，正常工作压力为 0.5 ~ 0.7MPa。

（3）惰气发生装置：燃烧和爆炸的三要素是可燃气体、氧气和点火源，只要控制住三要素之一就可以避免产生燃烧爆炸。清洗油罐作业时，油罐内部可能产生静电，为了保证施工安全，将惰性气体注入罐内，控制原油罐内氧气浓度在8%以下。

（4）油水分离箱：在温水清洗作业时，将回收的油水混合物进行油水分离，分离出来的水进行温水循环清洗，分离出来的油送入回收罐。

（5）附属设施：主要由一些管材、阀门、工具等构成。

四、机械清洗的主要工艺

油罐机械清洗是在油罐封闭的情况下将罐内原油转出，清洗前向罐内加注惰气，降低罐内氧气含量在爆炸范围以下，使用加热的清洗油和水作为主要的清洗介质，通过泵和喷枪向罐内各表面依次喷射，主要依靠清洗介质的机械冲击作用、熔化作用、溶解作用，使罐内壁的残油熔化、溶解、脱落。清洗下来的残油等污物随清洗原油一起回收到油水分离器，残渣经过滤器清出，残油转入回收罐。先后经过油洗和水洗后，当油水分离器内无残油时，机械清洗过程结束。经过开罐通风、检查、清理，使油罐内清洁无油污，油气检测在爆炸下限20%以下，即达到动火条件，机械清洗结束。

原油罐机械清洗原理图见图14.1－2。

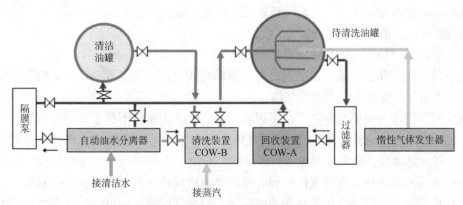

图14.1－2　原油罐机械清洗原理图

油罐的机械清洗程序主要有储原油转出、惰气加注、油清洗、水清洗、残渣清理、竣工验收。

（一）油罐储原油转出

油罐转入清洗阶段后，油罐已退出运行，罐内剩余储原油要根据清洗的不同需要分阶段转出。残油移送工艺流程为：清洗油罐→过滤器→抽吸装置→回收泵→清洁油罐。

对于罐内有沉积物的油罐，应根据罐内沉积物的多少和沉积物的性质，确定罐内残油是否转出。如罐内沉积物主要成分为蜡质或胶质等加热后可熔，或沉积物遇轻质油可溶，或沉积物受到机械搅拌后可在残原油中悬浮，油罐内剩余储原油可用于清洗沉积物使用，在搅拌完成后转出。

按顺序打开管道的各个阀门，将真空泵投入运行，使抽吸装置吸油。在抽吸装置的油面高度到达中位线后，将回收泵投入运行，确认压力上升至关闭压力（0.8MPa），略打开回收泵的排出阀，向移送管道通油，用移送管道末端的排气阀排出空气。

注意不要带负荷启动设备，即阀门先关，待电压转换正常后再缓开阀门。

降罐位之前应确定清洗罐内沉积物最高点距浮顶内顶板的距离，降罐位期间应将该距离控制在 0.5m 以上。

移送作业期间应在罐顶设专人监视浮顶的升降过程，若有不均匀升降或卡死现象发生，则应立即通知地面操作人员停止作业。

（二）惰气加注

油罐机械清洗加入惰气是保证油罐清洗过程中通过控制罐内含氧量在 8% 以下，避免发生油气爆炸事故。

将惰气、气体取样和废气管线通过罐顶上的支柱、人孔、量油口等处插入罐内，插入的部分应与罐内油品原油面保持 200mm 以上的距离。气体取样管应保证畅通，气体取样管应在罐顶上经过脱水装置脱水，废气通过废气管线导回罐内。

检测油罐内含氧量应进行多点检测，观测点不少于 3 个，测点在罐内分布均匀。进行浮顶罐机械清洗时，罐顶上部应设置 1 个检测点，以保证浮顶上作业人员的安全。

油罐加入惰气多为锅炉燃烧的尾气，经过惰气发生器，向罐内注入。锅炉燃烧是否充分决定惰气产生的纯度，惰气的含氧量越低，惰气加注效率越高。

当油罐清洗加入氮气时，可采用制氮机或自增压原油氮罐。

向油罐内注入惰气时应注意：

（1）清洗罐内的氧气体积浓度应控制在 8% 以下；

（2）降罐位期间，当罐内油品表面与浮顶内顶板之间出现不超过 20cm 的气相空间距离时，应开始向清洗罐内注入惰性气体；

（3）惰气的注入量要充分考虑以下因素影响：罐顶的密封不良、外部温度低、气温的急剧变化（室外气温急剧下降）、油罐因大雨而冷却、强风、罐内油的蒸气压升高等，都会使罐内氧含量增大，要采取相应措施保证施工安全；

（4）向清洗罐内注入惰性气体期间，清洗罐内应保持不低于 10mm 水柱的微正压；

（5）从开始注入惰性气体到热水清洗结束，只要清洗罐内的可燃气体和氧气浓度不符合清洗要求，就应不停地向清洗罐内注入惰性气体。

（三）油清洗

当油罐内沉积物较多、罐壁附着物较多时，应首先进行油搅拌、油清洗。油搅拌、油清洗的主要作用是通过油（凝点应低于环境温度 10℃ 以上）的溶解作用，或通过换热器加热的原油的溶化作用和机械冲击作用，将较难清洗的油泥从附着处清洗下来。

进行同种清洗时，宜在油罐内淤渣上无原油态油覆盖、处于裸露状态下清洗，尽量减少油罐内可流动的油。

如需给清洗罐内的油加热，加热前应对该油品进行分析，根据分析结果制定升温方案。

开始作业时，须由罐上与罐下人员沟通好，确认切换好清洗工艺流程，要先开后关，缓开缓关，防止憋压。打开与清洗油供给油罐的连接阀门，向清洗油供给油罐与清洗泵间的管道通油，从过滤器及清洗泵的排气阀排放出残留的空气。启动清洗泵，缓慢打开清洗泵的排出阀，调整出口压力为 0.8MPa，要保证罐顶管线油压不低于 0.5~0.7MPa，打开主蒸汽供给阀，通过清洗设备上的热交换器给原油加热。蒸汽压力为 0.5 ~ 0.8MPa。

（四）水清洗

水清洗的目的是将罐内残油清洗干净，温水清洗工艺流程为：油水分离槽→清洗泵→热交换器→清洗机→清洗油罐，确认油清洗结束后进行温水清洗。油水分离器中注入一定量清水，边抽吸循环加热边清洗，油水混合物经油水分离后，将原油回收，温水循环利用。

结束温水清洗的判断条件为：油水分离槽浮油变少；循环水中取样油分基本上没有；通过人孔等处探查罐内已无含油污物；罐内已无浮油；油罐内可燃气体含量下降；残油的移送量已经接近预测值。

温水清洗工艺参数控制：给水温度为 60 ~ 80℃，罐上压力为 0.5 ~ 0.7MPa，气压力为 0.5MPa。

清洗方位：先洗罐底板，再全方位清洗，必要时加洗顶板，水清洗角度和时间控制见表 14.1 - 1。

表 14.1 - 1 水清洗角度和时间控制

清洗方式	喷嘴角度/(°)	时间/h
底板方式 R	45 ~ 100	2
全面方式 A	0 ~ 140 ~ 0	3
顶板方式 R	100 ~ 140	2

（五）残渣清理

水清洗完毕后，需要进入油罐内将剩余的残留物进行清理。清罐人员进罐前，应恢复因清洗拆除的立柱并确认安全后方可进罐，同时还应确认与罐相连的管线已经用盲板隔离。罐内搅拌设备、阴极保护系统已经断电并挂牌。罐顶透光孔已打开。强制通风运行正常。

油罐通风采用罐顶引风或罐底通风方式时，应使用蒸汽或空气驱动的轴流风机。当使用防爆风机进行罐底通风时，应用长度不小于6m 的帆布风筒，安装在距罐壁3m 以外，架设高于防火堤，配电箱安装在防火堤外。强制通风应采用间歇式通风，每通风4h，间隔1h。每小时通风量宜大于油罐容积的 12 倍。

清洗部位包括罐内所有金属结构部分的表面、焊缝、罐顶内外表面和油罐的附件。清洗后应达到动火要求，表面无污油、积水及其他杂物。

清洗污油时应使用防爆工具。清理过程中不应使用轻质油或溶剂擦拭油罐体和附件。清理出的油污应采取防护措施，不得污染罐体及周围场地。

五、机械清洗交工验收

油罐机械清洗交工验收要求：

（1）油罐外部无油污；

（2）油罐罐底板上表面及附件、浮舱以下罐壁板、浮舱下表面无油污，罐内无积水、废渣及其他杂物；

（3）施工作业区域打扫干净，无垃圾；

（4）罐内油气含量在爆炸下限20%以下；

（5）清罐施工中拆除的油罐附件已恢复或已完整移交业主。

六、机械清洗安全管理

对于储存高硫、高凝油的油罐进行机械清洗前，应将罐内高硫油置换为低硫、低凝油。

长期储存高硫油的金属油罐，机械清洗前应对罐内残油进行检测，确定是否含有硫化亚铁。在进行清洗前应制定防止硫化亚铁自燃的专项清洗方案。

清洗之前应与属地单位进行沟通，了解油罐浮顶是否存在浮舱穿孔等问题，防止恶劣天气下浮舱发生倾斜。

（一）机械清洗人员安全要求

参与机械清洗的施工队伍，应设置组织机构，设置项目经理、技术负责人、安全负责人。

所有参加机械清洗的人员，应配备进行机械清洗作业相适应的劳动保护用品，作业前应进行安全技术培训。

机械清洗使用专用设备、特种设备较多，清洗操作频繁复杂，需要配置专业的清洗操作人员。

使用锅炉、起重设备、电器设备、高处作业等进行机械清洗时，应由有相应操作资质人员操作。

（二）机械清洗机械设备安全要求

机械清洗设备机具，应具备合格证，运抵清洗现场时应安全好用。特种设备应有使用许可证、检验合格证。在防爆场所使用的设备应符合防爆要求，现场的安装拆卸操作应使用防爆工具。

通风使用的轴流风机应使用蒸汽或空气驱动的方式。清洗管道布置应整齐，操作设备、阀门应编号并应与操作流程图相对应。管道安装应牢固，并安装防静电设施。热油、蒸汽管道应有保温措施，防止人员烫伤。

在线油气/氧检测抽吸管线，应设置脱水装置，防止检测仪器失效。锅炉尾气应通过惰气发生器后进行油罐。

（三）机械清洗施工材料安全要求

油罐机械清洗过程，特别是加热清洗时要求清洗持续工作，直至清洗完成，对燃油、水等耗材需准备充足。

如对含有硫化亚铁油罐机械清洗时，应根据罐内残油量及罐容积，计算所需钝化剂，及时准备充足。

（四）机械清洗施工过程安全要求

机械清洗作业可能涉及起重、临时用电、高处、进入受限空间等作业，在进行作业时，应按照直接作业环节管理要求执行。

进行机械清洗作业前，应进行安全技术交底，对清洗施工方案进行学习，严格按照施工方案施工。

机械清洗时，现场操作及罐顶操作人员，应随时观察检测数据，防止硫化氢、一氧化碳中毒或缺氧窒息。在进行开人孔操作时，应防止操作人员窒息。

机械清洗过程中，应保持罐内氧含量在8%以下，达不到要求时应采取措施加大注入惰气量，必要时停止清洗。

机械清洗过程中应打开透光孔并使用软材料密封，防止罐内蒸汽含量较大时，天气骤冷造成油罐负压过大罐体变形损坏。

（五）机械清洗施工环境安全要求

油罐机械清洗时，清洗油罐应退出运行并与系统进行隔离。清洗时需要稳定提供清洗油的供油油罐和转出油的回收油油罐。机械清洗所需电气设备较多，清洗现场应具备安全供电、供水条件。场地道路具备大型起重设备安全工作的空间条件。

第二节　油罐检测

油罐检测分为在线检测和开罐检测两部分内容，具体的检测内容可根据实际情况进行调整。

一、运行油罐的检测

运行油罐检测指油罐带油进行的日常管理性的检测，主要包含油罐基础沉降检测、油气浓度检测、罐壁测厚、接地极检测及声发射或 RBI 检验。

1. 油罐基础检测

对于新建油罐投产后 3 年内，应每年对基础进行 1 次检测，储罐投用 3 年之后，结合储罐大修进行检测，在运行过程中，发现罐体或基础存在异常情况，应立即对基础进行检测，检测数据的判定执行 SY/T 5921—2017《立式圆筒形钢制焊接油罐操作维护修理规范》5.8.2 要求。

2. 一二次密封油气浓度抽查

雷雨季节每月通过二次密封承压板检测孔检测每个油罐二次密封内外可燃气体的浓度，容积大于等于 $10 \times 10^4 m^3$ 油罐检测点 8 个（周向均布），小于 $10 \times 10^4 m^3$ 油罐检测点 4 个（周向均布）。对可燃气检测浓度超过爆炸下限 25% 的油罐应及时查找原因，具备条件的应立即采取整改措施，不能立即整改的，应尽量将易挥发原油储存在油罐密封较好的油罐内，同时在雷雨天重点加强消防监护。

3. 罐体测厚检测

每年应对罐体至少做 1 次测厚检查。测厚检查应对罐壁下部一圈壁板的每块板抽测 2 个点，其他圈板可沿盘梯每圈板测 1 个点。单（双）盘上面每块板应检测 1 个点，测厚点应固定，设有标志，并按编号做好测厚记录。有保温层的油罐，其测厚点处保温层应制做成活动块便于拆装。如测厚值偏出规范要求，应在临近处加密检测。罐壁、罐顶及浮舱板材减薄量应符合 SY/T 5921—2017《立式圆筒形钢制焊接油罐操作维护修理规范》的 5.4.3 的要求，检测数据的判定执行 SY/T 5921—2017《立式圆筒形钢制焊接油罐操作维护修理规范》要求。

4. 接地极检测

春秋两季应各对油罐的防雷接地进行 1 次检测，电阻值宜小于 4Ω，同时，雷雨季节前应检测 1 次。

5. 油罐声发射和 RBI 检测

声发射检测手段是延长油罐修理周期的一种目前较有效的措施，油罐声发射检测是在油罐不开罐的情况下，通过在油罐第一层壁板上布置声发射传感器，采集油罐底板的腐蚀和泄漏发出的声发射信号，进行数据分析，判断油罐底板的腐蚀情况及是否存在泄漏。评定等级参照相关标准执行。

基于风险的检验是对油罐群中运营的油罐逐一进行风险评价、危险源辩识、失效机理分析并进行风险计算，根据风险的大小和风险的发展趋势以及检验的有效性确定检验策略（包括检验类型、检测方法、检测部位和下次检验时间）。

二、开罐检测

开罐检测是在油罐机械清洗后、油罐大修前进行的有针对性的检测，是对油罐本体进行椭圆度、垂直度检测及浮舱试压、附件检查、本体腐蚀等开展的检测工作，检测结果将作为大修的主要参考和依据。

油罐检测的主要内容有：

（1）基础的检测（同在线检测）；

（2）罐体的腐蚀；

（3）罐体的几何尺寸及变形；

（4）油罐附件；

（5）防腐和保温。

（一）罐体腐蚀程度检测

1. 检测范围：罐壁板、罐底板、浮顶

采用超声波测厚仪对油罐罐壁进行测厚（当平均减薄量大于设计厚度的 10% 时，应增加检测点）。

测量时测量每一块钢板及每一块钢板上每一个腐蚀区的平均减薄量，并检测腐蚀严重点的腐蚀深度。对于直径小于 5mm，深度大于 1.2mm 的坑点，使用深度游标卡尺进行间接测厚。

2. 检测范围：罐壁板

底圈壁板 1.0m 高以下，罐内壁板每块板检测 10 个点（当有腐蚀深度超过原设计厚度 10% 点时，增加 5 ~ 10 个点）。对其他壁板腐蚀深度超 1.5mm，腐蚀面积大于 40cm² 的，标出密集腐蚀点的深度和腐蚀面积（长×宽）。

各圈壁板的最小平均厚度不应小于该圈壁板的计算厚度加腐蚀裕量。

各圈壁板上局部腐蚀区的最小平均厚度不应小于该区底部边缘处的计算厚度加腐蚀裕量。

分散点蚀的最大深度不得大于原设计壁板厚度的20%，且不得大于3mm；密集的点蚀最大深度不得大于原设计壁板厚度的10%；点蚀数大于3个，且任意两点间最大距离小于50mm时，可视为密集点蚀。

3. 检测范围：罐底板

（1）中幅板：罐底板中幅板每平方米不少于2个点。当平均减薄量大于设计厚度的10%时，加倍增加检测点，标出严重腐蚀点的深度和密集腐蚀区域的腐蚀面积（长×宽）。

罐底边缘板罐内每平米不少于2个点，罐外边缘板每米布1点。对于点蚀处应全部进行布点，标出严重腐蚀点的深度和密集腐蚀区域的腐蚀面积（长×宽）。

边缘板腐蚀平均减薄量不大于原设计板厚度的15%。

中幅板的平均减薄量不大于原设计厚度的20%。

点蚀的最大深度不大于原设计厚度的40%。

当腐蚀深度超过以上规定的、腐蚀面积大于一块被检测板的50%，且在整块板上呈分散分布时，宜更换整块钢板；面积小于50%时，应考虑补板或局部更换新板。

当罐壁板根部沿圆周方向存在带状严重腐蚀时，应考虑切除严重腐蚀部分并更换边缘板。

罐底的局部凹凸变形，不应大于变形长度的2%，且不大于50mm；但当不影响安全使用时，允许适当放宽要求。

（2）（单、双）盘板：（单、双）盘板、浮舱顶板上表面每块板检测8~10个点，每平方米不少于1个点。当平均减薄量大于设计厚度的10%时，应增加检测点。标出严重腐蚀点的深度和密集腐蚀区域的腐蚀面积（长×宽）。

浮舱采用目测方式逐个检测内外表面的腐蚀情况，对腐蚀明显处按罐底板布点原则进行布点检测。浮舱内的渗漏点需现场标记清楚，并做好详细记录。

单盘板、船舱顶板和底板的平均减薄量不得大于原设计厚度的20%。点蚀的最大深度不得大于原设计厚度的30%，现场检测缺陷情况见图14.2-1。

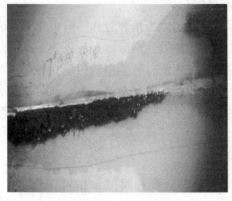 

图14.2-1 浮舱底板母材穿孔渗油

（二）罐体焊缝检查

（1）对罐底板、浮顶板的所有焊缝（除角焊缝外）进行100%真空试漏检测。现场检测缺陷情况见图14.2-2。

（2）对罐底板与壁板间大角焊缝、单盘板与浮舱角焊缝、浮舱角焊缝进行100%渗透检测或100%磁粉检测。现场标出上述焊缝的腐蚀位置，并画图标出腐蚀深度和长度。罐底板T形焊缝、单盘T形焊缝、罐体底部与罐体相连管线的焊缝进行100%磁粉探伤。不能进行磁粉探伤的进行100%渗透探伤，现场检测条件允许的情况下推荐进行磁粉检测，现场检测缺陷情况见图14.2-3。

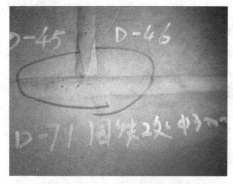

图14.2-2　罐底板焊缝漏点

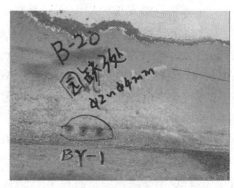

图14.2-3　油罐外大角焊缝圆形缺陷

（3）对底圈罐壁板纵焊缝进行15%超声波抽检，第一圈与第二圈壁板对接丁字焊缝100%超声波探伤。

图14.2-4　浮舱隔仓板与浮舱顶板
焊缝未焊满、串气

（4）对浮舱、浮舱底板焊缝采用气密性试验的方式检测。

对浮舱人孔密封后，使用空压机对浮舱打压，气压达到785Pa（80mm水柱）后停气，稳压至少保持10min，观察浮舱顶板、底板焊缝、隔舱角焊缝是否有漏气现象，并将查出的渗漏点现场标注并记录，现场检测缺陷情况见图14.2-4。

（5）对浮舱边缘板角焊缝和隔舱角焊缝采用煤油试漏。

将浮舱边缘板角焊缝和隔舱角焊缝表面的脏物、铁锈去掉后，刷涂白石灰浆，干透后，在角焊缝背面至少喷涂2遍煤油，每次要间隔10min，如果煤油喷涂浸润以后过12h，在涂白石灰焊缝的表面没有出现斑点，焊缝就符合要求；如果环境气温低于0℃，则需在24h后不应出现斑点。冬天为了加快检查速度，允许用事先加热至60~70℃的煤油来喷涂浸润焊缝。此时，在1h内不应出现斑点。

（三）罐体几何形体检测

罐几何形体检测主要内容：罐外基础相对（绝对）高程及散水相对（绝对）高程、罐内底板相对（绝对）高程、浮顶板和浮舱底板相对（绝对）高程、罐主体倾斜程度、罐壁板椭圆度、罐外边缘板宽度、浮舱偏移度、量油管、导向管的垂直度。

1. 罐外基础相对高程及散水相对高程

采用水准仪测量，以正东方向（或以某物如人孔等做标记）外边缘板上表面为第一点，按顺时针方向沿罐壁均布 $4n$ 个测点，且测点间距不大于 9m；散水测 3 个点（内、中、外）。

2. 罐底板相对高程

采用水准仪以罐底板中心为圆心，将底板分成若干个等距离同心圆，环间距离不大于 5m，外环紧靠外壁分点。

3. 浮顶（单、双盘）相对高程

采用水准仪测量，以浮顶（单、双盘）中心为圆心，将浮顶分成若干个等距离同心圆，环间距离不大于 5m。

4. 罐主体倾斜程度

以第一（二、三）圈板 1/4（3/4）处为基准，以正东为第一点，按顺时针方向沿罐壁均布 $4n$（$n=2$、3、…）个基准点，且测点间距不大于 9m，基准点数量与罐外基础高程测点数量相等。对数据进行汇总计算得出主体最大倾斜度、倾斜角。

罐壁垂直度允许偏差不应大于罐壁高度的 0.4%，且不得大于 50mm。

5. 油罐各圈罐壁板椭圆度

以东西向直径和南北向直径与罐壁的 4 个交点为圆心，正东方处为测量第 1 点，按顺时针方向在罐内壁均布 48 个测点，并进行汇总计算得出各圈壁板平均直径、最大、最小直径值。底圈壁板 1m 高处内表面任意点半径的允许偏差见表 14.2-1。

表 14.2-1 底圈壁板 1m 高处内表面任意点半径的允许偏差

油罐直径 D/m	半径的允许偏差/mm
$D \leqslant 12.5$	± 13
$12.5 < D \leqslant 45$	± 19
$45 < D \leqslant 76$	± 25
$D > 76$	± 32

6. 罐外基础边缘板宽度、外壁板外露高度

测量方法与罐外基础高程布点原则相同，每一测点用钢板尺测量其宽度，并且每块板不少于 3 点。

7. 浮舱偏移程度

采用钢板尺测量浮舱与罐壁之间的距离，将测量结果进行计算，分析浮舱偏移情况。

8. 底圈壁板、导向管和量油管的垂直度检测

采用全站仪将其放在罐内底板、浮舱顶板中心处，用全站仪和钢板尺测量量油管和导向管的环向倾斜。

量油管、导向管的不直度和垂直度偏差均不得大于 15mm，在不影响安全使用时，允许适当放宽要求，附件应转动灵活，浮舱升降无卡阻。

9. 对罐底板内直径、浮舱顶板直径测量

将全站仪置于罐内底板、浮舱顶板中心处，通过相应公式进行计算。

（四）附件检测

1. 浮顶的立柱、套管加强板检查

重点检查是否有腐蚀，甚至穿孔。对套管的焊缝、加强板焊缝进行外观检查，焊缝应无裂纹、严重腐蚀，现场检测缺陷情况见图 14.2－5。

2. 喷淋管线和泡沫消防管线检查

测量喷淋管线和泡沫消防管线长度、直径；采用数字超声波每间隔 2m 环向测厚 4 个点（上、中、下）。编制消防、喷淋管线检测图，现场检测缺陷情况见图 14.2－6。

图 14.2－5　单盘浮顶的立柱套管　　　　图 14.2－6　喷淋及消防管线防腐漆
腐蚀穿孔渗油　　　　　　　　　　　脱落、锈蚀

3. 中央排水管及中央排水口水封装置检查

检查测量中央排水管长度、直径，采用数字超声波每间隔 2m 环向测厚 4 个点（上、中、下），并对中央排水管以 390kPa 的压力进行水压试验，稳压 30min 应无渗漏。编制中央排水管检测图。

4. 浮梯各部位有无腐蚀检查

浮梯各部位有无腐蚀，主要指踏步和中心轴的情况检查。

检查浮梯中心线投影与浮梯轨道中心线偏差。检查测量或计算浮梯在油罐极限罐位时，浮梯与轨道的平行度夹角及两端的富裕长度。

5. 检查其他部件

（1）检查罐前阀、补偿器、呼吸阀、刮蜡机构、弹性密封装置、自动通气阀、紧急排水装置、泡沫发生器状况、抗风圈、加强圈、泡沫挡板的腐蚀情况。自动通气阀、抗风圈锈蚀案例见图 14.2－7、图 14.2－8。

（2）检查人孔、清扫孔、量油孔及孔盖腐蚀及平台变形、腐蚀情况。

（3）检查油罐防雷、防静电设施，采用接地电阻测试仪测试接地电阻。

（4）检测保温层：保温层外防护层采用目测检查和选点取样检查记录锈蚀或破损位置。

图 14.2 - 7 自动通气阀锈蚀　　　　　图 14.2 - 8 抗风圈锈蚀

（5）检查罐内牺牲阳极的完好情况，罐内牺牲阳极腐蚀案例见图 14.2 - 9。

（6）检查盘梯、抗风圈平台等护栏，抗风圈平台护栏严重锈蚀案例见图 14.2 - 10。

图 14.2 - 9 罐内牺牲阳极腐蚀 80%　　　　图 14.2 - 10 抗风圈平台护栏严重

第三节　油罐大修

　　油罐经过一定周期运行后，罐底板、顶板、壁板会存在腐蚀及罐本体安全附件发生老化腐蚀等问题，这些问题若不能及时得到解决，油罐可能会发生泄漏等事故，为了避免事故的发生，就需要定期对油罐进行全面检验和检修，以确保油罐的运行安全。

一、油罐修理周期

　　据有关资料统计，油罐的漏油事故多发生在 7 年以后，运行 10 ~ 15 年时孔蚀次数频率增加，也有少数油罐使用 30 年以上未发生漏油事故的，但为了确保油罐的安全，需要定期对储罐进行检修。按照相关规范规定，油罐的修理周期一般为 6 ~ 9 年，新建油罐第一次修理周期最长不宜超过 10 年。经过可靠检测分析评价油罐状况，根据评价结果，油罐修理周期可适当延长或缩短。

二、油罐清罐修理条件

　　具备下列情况之一者，油罐应进行清罐修理：

（1）罐体、罐顶或罐底腐蚀严重，超过允许范围需动火修理；

（2）油罐内部附件损坏，必须进入罐内修理的；

（3）基础沉降严重影响油罐正常运行的；

（4）必须清罐后才能修理的其他项目。

三、修理要求

（1）油罐修理前，应由有资质的检测单位进行现场调查，作出规范的检测评定报告。

（2）油罐修理的设计应委托有相应油罐设计资质和经验的单位进行。

（3）油罐的修理技术方案，应报主管部门批准。

（4）油罐修理应在保证安全生产的前提下进行。

（5）油罐修理应由具备油罐修理资质的单位承担。

（6）处于地震烈度6度及其以上地震区、未做抗震验算的油罐应按有关标准进行抗震验算。

（7）罐体上的消防、电气、仪表及附属设施的修理应按规定与油罐修理同步进行。

（8）油罐修理完毕后，以罐计量的站库所属油罐应根据要求进行容积标定。

四、油罐修理流程

油罐修理流程见图 14.3 – 1。

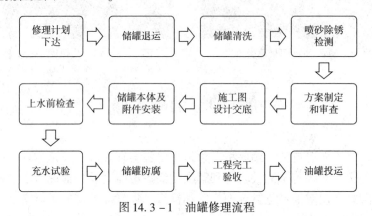

图 14.3 – 1　油罐修理流程

五、油罐修理工作内容及修理内容

油罐修理工作内容及修理内容见表 14.3 – 1。

表 14.3 – 1　油罐修理工作内容及修理内容

序号	工作内容	修理内容
1	材料的选用	附件更换
2	罐底、罐壁、罐顶及附件设计	油罐本体及附件必修
3	部件拆除	消防系统检修

续表

序号	工作内容	修理内容
4	部件预制	仪表系统检修
5	组对安装	土建
6	焊接	防腐
7	检验、试验	上水试验
8	防腐	容积标定

六、油罐一般故障

(一) 防火堤内一般常见故障

油罐在大修期间，一般连同防火堤内的设备设施一并进行修理，防火堤内设备设施主要存在以下问题。

（1）防火堤伸缩缝开裂及罐基础圈梁开裂：防火堤应为不燃烧材料建造，且需保证密实、闭合、不泄漏的效果。防火堤常出现鼓包、开裂、脱落或孔洞密封不严、防火堤及伸缩缝出现缝隙等故障，应按照防火堤设计规范的要求进行修理修复。油罐基础环梁一般会出现边角水泥破损、基础表层水泥脱落、钢筋裸露，观察孔堵塞等现象，应及时视情况进行维修维护。

（2）补偿器常见故障：油罐补偿器通常有大拉杆补偿器、金属软管两种结构形式，常见有两端高程超差、表面锈蚀、变形、断丝、安装不规范等故障。

（3）阀门内漏，可分为阀门故障及异物堵塞两类。

（4）操作平台或工艺管线腐蚀：主要由于沿海环境腐蚀和日常维护保养不到位造成。

（5）接地极腐蚀或安装不规范：由于罐区沉降造成接地极断裂或由于环境腐蚀造成接地极电阻值偏大超出国家规范要求。

（6）油罐边缘密封开裂，主要由于老化或施工质量不当造成。

(二) 罐壁板及其附件常见故障

罐壁板常见故障有罐壁板腐蚀、穿孔及罐体变形等。因罐壁板上部设有加强圈、抗风圈、外保温层、消防喷淋管线等，罐外壁板的腐蚀及穿孔也多与这些附件有关。

一是加强圈、抗风圈排水效果较差，与罐壁连接处往往会出现积水腐蚀，加强圈腐蚀照片见图 14.3-2。二是外保温层进水后在罐外壁形成"湿棉袄"，对罐壁板造成大面积的腐蚀，现场腐蚀情况见图 14.3-3。三是受原罐焊接质量影响，若存在焊接缺陷可能会造成罐壁板焊缝腐蚀穿孔。四是罐壁变形，导致浮舱允许卡阻。五是罐壁板壁厚由下至上逐渐减小，上部罐壁板因设计壁厚较薄，在遭受腐蚀情况下可能会出现穿孔现象。除上述故障类型外，开罐修理过程中罐内壁板也应引起相关重视。受建造质量影响，罐内壁板可能会遗留有焊疤、存在机械损伤等（见图 14.3-4），在油罐运行过程中可能会对一二次密封等设施带来伤害。油罐开罐维修过程中受原穿罐管线位置影响可能还会涉及罐壁板开孔等修理内容。

图 14.3-2　加强圈处腐蚀

图 14.3-3　保温层进水后的罐壁腐蚀

图 14.3-4　罐壁腐蚀或机械损伤

图 14.3-5　罐壁保温层损坏

外保温层外部一般用瓦楞板防护，瓦楞板搭接后固定在保温骨架上，内部填充岩棉或聚氨酯泡沫材料，对油罐起到保温及防护作用。外保温层上部设计有防水檐，可防止雨水等进入外保温内部。油罐外保温层防水是一个关键点，防水效果不好，消防喷淋水或雨水会进入到保温层内部对保温骨架、罐外壁板等造成腐蚀，而且一般性的外观检查很难以发现。瓦楞板固定点的开孔处也容易锈蚀导致瓦楞板出现开裂、脱落等现象（见图 14.3-5）。主要是自攻螺钉安装时容易造成瓦楞板外部涂层破损。保温骨架的锈蚀可能会带来外保温层的大面积脱落，造成人员或设备伤害。

（三）罐底板及其附件常见故障

油罐内壁下部和底板内表面的腐蚀情况比较复杂。罐底油有一定高度的沉积水，沉积水腐蚀性强又是导电介质，罐底板会受到油品、积水、温度、腐蚀防护措施等多方面因素影响，罐底板的腐蚀也呈现多样性。罐底板靠近内边缘板的中幅板是腐蚀的重点部位，油罐储油后该区域为最低点容易存水，水中又含有一定量的氯离子、H_2S 与溶解氧，这样会加重罐底的腐蚀。而且其上部往往还布设有罐底加热盘管，这样在沉积水、含硫物质以及温度等多重因素影响下，此处会出现较为严重的电化学腐蚀，甚至出现穿孔现象（见图14.3－6）。油罐内外边缘板也是腐蚀防控的重点部位，罐底外边缘板受温度变化会发生径向伸缩，在油罐收发油过程中会发生变形，从而产生边缘应力甚至带来塑性变形。受此变形影响，外边缘板与基础承台间密封就容易失效。一方面基础承台上的雨水会积聚在外边缘板上部的密封层内，形成"湿棉袄"现象，造成外边缘板大面积腐蚀；另一方面雨水可能会进入到内外边缘板底部，造成罐底板下表面的减薄腐蚀甚至穿孔。油罐底板上焊接安装的垫板受焊接质量影响会出现焊缝腐蚀，还有在落地频繁的油罐内，受浮舱起落影响，垫板上会出现较为明显的坑状腐蚀，甚至发生穿孔现象。

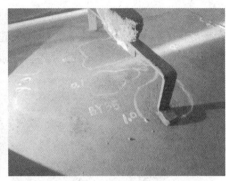

图 14.3－6　刮蜡机构损坏及牺牲阳极消耗

罐内牺牲阳极或阴极保护系统是腐蚀防控的关键屏障。GB/T 50393中提出因罐底有一定高度的沉积水，沉积水的腐蚀性强。沉积水本身是导电介质，不会产生静电积累，所以不必采用导静电涂层，而应采用绝缘型防腐涂层和牺牲阳极联合保护技术。因为强制电流阴极保护系统要使用电源，而且电器回路连接复杂，存在产生电火花而引燃易燃易爆介质的可能性，所以采用牺牲阳极保护方法对罐内壁下部和底板内表面保护更为合理。不论如何，牺牲阳极或阴极保护系统都是腐蚀防控的关键屏障，在存在腐蚀的区域应首先由牺牲阳极或阴极保护系统发挥作用。罐底板的腐蚀受多方面、多重因素影响，腐蚀防控措施的选用和安装位置等都会对罐底板的防腐蚀能力带来显著影响。近年来开罐检验发现，部分牺牲阳极块下部罐底板容易出现较为严重的腐蚀，其主要原因就是牺牲阳极安装高度较低，且与下部的罐底板形成死角，无法进行有效防腐，导致罐底板发生较为严重的腐蚀。

油罐罐内有中央排水、加热盘管、刮蜡机构、量油管及导向管及其支撑等，中央排水及加热盘管若发生故障，直接影响到油罐的安全使用，因此应提高警惕。在修理过程中应严格按照设计及规范要求完成相关的预制、焊接作业、试压、检测等，以确保设备完好。中央排水管及加热盘管常见故障是渗漏，通常发生在焊缝、管线弯头或法兰连接处。焊缝腐蚀与焊接质量相关。弯头部位长期受冲刷较大，相邻处焊缝较多，会因为焊接、冲刷腐蚀等因素影响造成腐蚀穿孔。法兰连接处与安装质量以及垫片质量等息息相关，一个微小的细节失控就可能带来非常严重的后果。此外，中央排水系统罐顶部分应设置过滤罩，在过滤效果不好或者有大量泥沙进入的情况下，中央排水系统还可能出现堵塞现象。目前常用的刮蜡机构为重锤式刮蜡机构，往往会出现刮蜡板变形、压紧力不足等现象，当然在安装过程中也可能因为焊接作业等造成浮舱底板的腐蚀穿孔或者重锤与浮舱立柱等打架现象。量油管及导向管一般不会出现故障，但会存在一个垂直度问题，需结合检测结果确定检修方案。雷达液位计一般安装在量油管或导向管上，在油罐修理过程中应对量油管及导向管内油泥进行清理，防止影响到雷达液位计的精度。

（四）浮舱及其附件常见故障

外浮顶油罐分为双盘浮顶罐和单盘浮顶罐。浮舱常见故障多是顶板腐蚀。双盘浮顶罐有两个较为集中的腐蚀区域：一是泡沫挡板下部的浮舱顶板；二是浮舱中圈区域。两者都是因为浮舱凹凸变形、排水不畅造成局部腐蚀，严重时会发生穿孔（见图14.3-7）。浮舱内浮舱也常出现渗油、进水等现象。渗油点多集中在底板焊缝处，浮舱进水往往因为浮舱顶板、浮舱盖或浮舱伸出浮顶的短节腐蚀穿孔造成。浮舱上附件有静电导出线、浮梯（含浮梯滚轮和轨道），紧急排水装置、自动通气阀、呼吸阀阻火器、一二次密封、限位装置等。常见故障有静电导出线拉断、浮梯滚轮偏斜及损坏、限位滚轮磨损、阻火器网罩破损等，偶见浮梯踏步失效、二次密封翻卷等故障。

图14.3-7　浮顶腐蚀穿孔及泡沫挡板底部腐蚀

七、常见故障的解决方案及设备安装要求

油罐本体的检修作业涵盖了罐底板检修、罐壁板检修、浮顶的检修及罐体附件的检修内容。

（一）重要附件修理

1. 中央排水管等附件

中央排水管的规格及数量应根据建罐地区的降雨强度按浮顶处于支撑状态确定。浮顶排水管出水口应设置切断阀，单盘式浮顶排水管进水口应设置单向阀。浮顶排水管的单向阀、旋转接头及出口切断阀不得采用铸铁件。单向阀应设置在集水坑内，阀前应有过滤装置。旋转接头应有良好的密封性能和足够的强度，且转动灵活。用于浮顶排水管的挠性管或柔性接头应具有足够的抗外压能力。浮顶排水管在任何位置均不得与罐内部件相碰撞，当采用整体挠性管时，应采取有效的保护措施。中央排水管制造完毕后应进行水压试验，试验压力为1.0MPa，并在试压时模拟工作状态做升降试验。反复升降应转动灵活，稳压30min无渗漏为合格。上水试验完成后应再进行一次静态试验。排水管对接焊缝应按要求进行超声及射线探伤。中央排水管修理应尽可能避免在罐壁上重新开孔，原穿罐壁短节做好腐蚀检测，满足使用条件的尽量利旧使用。施工过程中应注意中央排水管的成品防护，并采取有效的防护措施，防止石英沙等杂质进入到管线内。

2. 重锤式刮蜡机构

目前常用的刮蜡机构多为重锤式刮蜡机构，由加力机构和刮蜡板组成。加力机构通过连杆机构设计，利用杠杆原理，借助配重通过压块向刮蜡板施加压紧力，并带动刮蜡板随浮舱上下移动。刮蜡板一般沿罐壁周向布置、紧贴油罐内壁，在随浮舱上下移动过程中刮除附着在罐内壁呈"蜡"状油层的专用压型板。刮蜡机构的到货验收颇为关键，重点应检查刮蜡板的厚度、长度以及刮蜡机构总重等是否满足设计和规范要求。刮蜡板一般为奥氏体不锈钢材料。在浮舱整个运行过程中，当浮舱与罐壁之间的环形间距发生变化时，加力机构对刮蜡板的压紧力应保持恒定。安装前应将油罐内壁焊瘤、毛刺打磨光滑，安装过程中应注意选取起始点，做好排版图，防止加力机构与浮舱立柱、量油管、导向管以及人孔等出现"打架"现象。安装后的刮蜡板应与罐壁之间紧密贴合，上下滑动不得有卡阻和翻卷。在任何位置，刮蜡板均应紧贴罐内壁，所有刮蜡板宜在同一高度，而且在刮蜡板之间不应存有漏刮区段。浮舱底板上焊接作业时应注意起弧、收弧不得对底板造成损坏，焊接过程中控制焊接电流，防止底板烧穿，并及时清理药皮。安装后要组织人员对浮舱底板、刮蜡机构等进行全面检查，保证设施运行安全。

3. 一二次密封装置

一二次密封装置安装前应做好罐体外边缘板非标孔等尺寸的测量，并做好相关记录。修理罐退运前宜对油罐运行过程中浮舱至罐壁的环形间距进行测量，以掌握不同液位下罐体变形的详细数据，按照该尺寸设计制作一二次密封。到货后应做好物资验收，重点对钢板厚度、胶带宽度等进行复核，确保规格尺寸满足设计要求，必要时应对胶带等材料进行复验。现场保管时应落实防护措施，防止日晒雨淋、防止机械撞击，禁止与酸碱及影响质量的物质接触，并避开热源及动火作业区域。一二次密封安装时浮顶应保持清洁，检查安装作业区域内有无焊疤等尖锐物，周边有无喷砂、动火等作业，防止造成密封胶带摩擦损伤或引燃。一次密封托板应按照设计高度进行安装，外边缘磨圆。安装后下部突出应规则，无扭曲现象，上部应平整。在浮顶外边缘板与罐壁之间的环形密封间距偏差为 ±100mm 的条件下，一次密封和二次密封的密封件应保持与罐壁良好接触。二次密封安装过程中应按照说明书或在厂家指导下安装，注意螺栓的紧固顺序，防止出现二次密封压紧力不足等现象。油罐上水试验期间要对一二次密封的运行效果进行观察记录，重点测量浮舱与罐壁间环形间距，检查一次密封的密封效果，观察二次密封橡胶刮板有无翻卷、承压板有无折痕等异常迹象，出现异常应及时处理。

（二）罐底板故障修理

1. 一般修理

油罐开罐后应对罐底板进行全面积喷砂检测，针对检测结果制定合理的维修方案。罐底板腐蚀大于 2mm 的应进行补焊处理，深度超过 0.5mm 的划伤、电弧擦伤、焊疤等的有害缺陷应打磨平滑。腐蚀严重的区域可采用局部换板、补板的方式进行修复。首先将腐蚀板割除，检查下部沥青沙层是否平整密实，无凸出的隆起、凹陷及贯穿裂纹。新更换的板材下表面应提前做好防腐。采用对焊连接时板材底部应加装垫板，并按要求进行坡口处理。底板任意相邻焊缝之间的距离不应小于 300mm。局部更换新板上面可加装补板并与原底板搭接焊连接。底板焊接前应将构件的坡口和搭接部位的铁锈、水分以及污物等清理干净，钢板表面的焊疤应打磨平滑。罐内拆除组装工卡具时不得损伤母材。中央排水、加热盘管等设施安装时涉及支架垫板的焊接，此时应注意垫板焊缝与周边焊缝之间的距离，确保满足设计要求，垫板焊接完毕后应逐个进行检查，防止焊缝遗漏或出现焊接缺陷。底板焊接焊缝应在充水前后各进行一次检测。罐底边缘板、罐底外边缘板常用防水弹性胶等进行包裹式防护。目前应用较多的是 JDP、CTPU 等弹性密封胶，也有采用纳米类等新材料。上述密封胶在适应外边缘板运行形变的同时对边缘板起到有效的防护作用，其使用寿命也一般要求能够满足一个大修周期的需要。密封胶施工过程中应做好施工计划，防止其他防腐、焊接等作业对其造成影响，此外，还应考虑天气因素，防止雨雪天气等降低施工质量。

2. 施工技术

（1）底板拆除：全部或大面积更换中幅板、拆除龟甲缝时，不得损伤边缘板或非拆除部位的钢板；全部或局部拆除边缘板，应用电弧气刨刨除大角焊缝的焊肉，不得咬伤壁板根部；在全部或局部更换边缘板时，要采取措施防止壁板和边缘板的位移。

（2）底板预制：整块更换中幅板或边缘板，应符合 GB 50128 的规定。

局部更换底板要求如下：按照设计图纸的要求，认真确定更换底板的几何尺寸，然后进行板材的预制加工。边缘板及采用对接接头的中幅板的坡口形式和尺寸，应按设计图纸要求进行加工。

（3）底板组装：全部更换中幅板，中幅板的铺设符合 GB 50128 的规定。

局部更换中幅板或补板要求如下：确定更换中幅板或补板部位时，应尽量避开原有焊缝 200mm 以上。如果更换中幅板的面积较大，应注意先把新换的钢板连成大片，最后施焊新板与原底板间的焊缝。在焊接过程中，应采取有效的防变形措施，以保证原有中幅板和新更换中幅板施工完成后符合 GB 50128 的要求。

更换边缘或补板要求如下：认真确定更换部位的几何尺寸，边缘板下料时应考虑对接焊缝收缩量。更换边缘板施焊前，应采取必要的防变形措施，边缘板如采用搭接结构，要处理好压马腿部位，以保证两板间错边量不大于 1mm。距离大角焊缝 300mm 范围内不应有补板焊接，但允许进行点蚀的补焊。

（4）底板焊接：罐底板的焊接，应采取收缩变形最小的焊接工艺和焊接顺序。罐底板的焊接宜按下列顺序：中幅板焊接时，应先焊短焊缝，后焊长焊缝，初层焊道应采用分段退焊或跳焊法。对于局部换板或补板，应采用使应力集中最小的方法。

边缘板的焊接应符合下列规定：首先施焊靠外缘 300mm 部位的焊缝；在罐底与罐壁连接的角焊缝（即大角焊缝）焊完后，边缘板与中幅板之间的收缩缝施焊前，应完成剩余的边缘板对接焊缝的焊接。边缘板对接焊缝的初层焊，应采用焊工均匀分布，对称施焊方法。收缩缝的初层焊接，应采用分段退焊或跳焊法。

罐底与罐壁连接的大角焊缝的焊接，应在底圈壁板纵焊缝焊完后施焊，并由数对焊工从罐内、外沿同一方向进行分段焊接。初层焊道，应采用分段退焊或跳焊法。

3. 罐底边缘板更换技术

油罐罐底部边缘板由于腐蚀减薄量较大而影响油罐运行安全。因此，腐蚀严重的边缘板应及时进行更换。施工前需检测油罐底圈壁板的垂直度，油罐底圈壁板的椭圆度等技术参数，同时确定罐底圆心和测量基准圆至罐壁板的距离。然后沿罐底圈壁板向上适当位置划切割线，再向上划火焰切割机的轨道标志线，施工前还要将所有与罐体连接的管道断开。

（1）用火焰切割机切割罐壁板：采用碳弧气刨切除大角焊缝，一次切割长度不宜大于边缘板长度，且不得损伤中幅板。取出旧边缘板，处理好罐基础，达到要求后装入新的边缘板，调整好后加临时支撑固定。

（2）罐整体下降复位，边缘板外端对接焊缝检验合格后，可逐步退出楔块，缓慢地将罐体下降复位，每次下降量不宜超过 5mm。支撑罐壁处焊缝应事先磨平。

（3）罐底大角焊缝的焊接以原罐壁板的圆度为准，然后进行罐底大角焊缝的焊接，焊接时应先内后外，焊缝的焊接严格执行 GB 50128—2014《立式圆筒形钢制焊接储罐施工规范》规定。罐底边缘板对接焊道见图 14.3 – 8。

图 14.3 – 8　罐底边缘板对接焊道

（4）上水试验前应完善的项目：适当降低进出油管道支架的高度后，将原所有断开的管道与罐体连接。对相关项目进行检测，并同施工前的检测数据比较。

（三）罐壁板及附件修理

1. 一般修理

油罐壁板的常规修理一般是打磨补焊，局部开孔、支架垫板安装等。上水试验期间应对油罐内壁进行检查和修复，尤其是存有的一些焊疤等凸出物，要保证罐内壁光滑。加强圈、抗风圈与罐壁连接焊缝处容易出现积水腐蚀，应检查油罐抗风圈、加强圈的排原油孔以及排原油效果，局部积水严重的可根据情况加开排原油孔。随着油罐的使用运行，加强圈、抗风圈对接接头容易出现开裂现象，修理时应对上述区域进行重点检查，结合油罐几何形体检测数据对开裂的接头处进行修复。油罐外保温层修理期间最好进行抽检检验，对罐外壁板进行外观检查和测厚，掌握保温层内部腐蚀情况。外保温层要保证修复后的严密性，防止喷淋水以及雨水的进入。

涉及罐壁开孔的，罐体开孔接管中心位置偏差不应大于 10mm，接管外伸长度的允许偏差应为 ±5mm。开孔补强板的曲率应与罐体曲率一致。开孔接管法兰的密封面不应有焊瘤和划痕，法兰的密封面应与接管的轴线垂直，且应保证法兰面垂直或水平，倾斜不应大于法兰外径的 1%，且不应大于 3mm，法兰的螺栓孔应跨中安装。罐壁上连接件的垫板周边焊缝与罐壁纵焊缝或接管、补强板的边缘角焊缝之间的距离不应小于 150mm；与罐壁环焊缝之间的距离不应小于 75mm；如不可避免与罐壁焊缝交叉时，被覆盖焊缝应磨平并经射线或超声波检测合格，垫板角焊缝在罐壁对接焊缝两侧应至少留 20mm 不焊。有以下情况的，开孔接管与罐壁板、补强板焊接完并经检验合格后，均应进行整体消除应力热处理。①罐壁钢板的最低标准屈服强度小于或等于 390MPa、板厚大于 32mm 且接管公称直径大于 300mm；②罐壁钢板的最低标准屈服强度大于 390MPa、板厚大于 12mm 且接管公称直径大于 50mm；③齐平型清扫孔。

2. 施工工艺

（1）壁板拆除：

整圈更换第一圈壁板：环缝为对接结构时，切割线应在环缝以上不小于10mm。

局部更换壁板：更换整块壁板，环缝切割线宜不高于原环焊缝中线；立缝切割线距罐壁任一条非切除纵焊缝距离应不小于500mm，距切除环焊缝应不小于30mm。更换小块壁板的最小尺寸取300mm或12倍更换壁板厚度两者中的较大值。更换板的形式可以是圆形、椭圆形，带圆角的正方形、长方形。

（2）壁板预制：整块更换壁板预制应符合GB 50128的规定。

局部更换壁板：按照设计图纸的要求，结合实际切割部位情况，认真确定更换壁板的几何尺寸，然后进行板材的预制加工。

焊接接头的坡口形式和尺寸应按设计图纸要求进行加工。

对于板厚大于12mm且屈服强度大于390MPa有开孔接管的壁板，在开孔接管及补强板与相应的罐壁板组装焊接并验收合格后，应进行整体消除应力热处理。

（3）罐壁组装：整圈或局部更换罐壁板应符合GB 50128的有关规定。

严格按设计要求确定更换部位，局部更换壁板应采取防变形措施，确保更换部分几何尺寸，与原罐体一致。

（4）壁板焊接：罐壁的焊接工艺程序为先施焊纵向焊缝，然后施焊环向焊缝。

3. 罐壁变形整治

大型油罐往往在多年运行后，由于罐体不均匀沉降等原因导致罐壁变形影响到浮舱正常的生产作业。

（1）第一次上水试验期间，浮舱上升至罐壁变形处时，将罐壁内凹变形处的加强圈、抗风圈与罐壁断开，利用水压校正、千斤顶、倒链等对罐壁内凹变形进行整治。

（2）在罐区地面上打地锚，根据具体罐壁变形情况制作弧形胎具，将弧形胎具焊接在罐壁变形处（图14.3－9）。在第一次上水及放水过程中，利用牵引机施加外力从高液位开始逐圈校正罐壁内凹变形。保证校正效果使环形空间增大1～2cm后，将罐壁与抗风圈、加强圈恢复焊接，同时测绘环形空间。

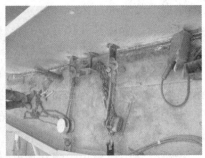

图14.3－9 罐壁变形校正

（3）放水试验结束后，根据校正后的环形空间测绘值，将环形空间低于150mm处的浮舱进行切割处理，保证环形空间最小值达到150mm以上。焊接完成后，所有浮舱焊缝进行无损检测，浮舱进行气密性试验，确保浮舱无渗漏。

（4）整改完成后，安装刮蜡机构、一次密封，进行第二次上水试验，在上水过程中监控整改部位，同时测绘罐壁环形空间。

（四）罐顶板及附件修理

1. 一般修理

罐顶腐蚀大于1.5mm的应进行补焊处理，腐蚀严重的外浮舱顶板或浮梯轨道下部顶板区域可采用局部换板措施进行修复。浮舱存在渗漏的部分就行补焊，确保每个浮舱都是密闭的独立舱室，针对泡沫挡板高度不足或距离浮顶板较近区域腐蚀的问题，一般采取切除下部钢板200mm，将泡沫挡板移位到距离油罐1.1m位置，原浮顶焊缝进行磨光打平处理，施工时一定要注意不要伤及浮顶板材。

浮梯滚轮外包铜板厚度一般为5~8mm，用沉头螺钉固定在滚轮轮盘上，铜板与轮盘之间用铜焊焊接固定。滚轴与滚轮一般为一体式结构，滚轴与浮梯之间采用轴套连接。浮舱上下运行过程中会有一定的漂移，浮梯滚轮可能会与道轨发生摩擦，严重时会发生卡阻及滚轮损坏的现象。因外包铜板较薄，沉头螺钉固定处会出现应力集中，开孔时铜板也容易受到损伤，铜板与轮盘还存在"两层皮"结构，运行时受挤压后容易造成铜板开裂。为消除以上故障，一是要通过加强罐体检测、限位装置的调整控制浮舱漂移量，保持滚轮运行平稳，防止与道轨发生硬摩擦；二是可通过增大铜板厚度，以及采用浇注铜等安装方式对滚轮结构进行改进，防止频繁出现铜皮开裂的现象。

静电导出线安装时首先应保证其长度尺寸与设计要求相符，可在罐上水试验过程中安装相同长度的旧线缆进行试验验证，检查其运行轨迹，防止其与浮舱、浮舱立柱以及浮梯轨道等设施出现剐蹭，以及设计尺寸不合适等现象。静电导出线浮顶顶板上的接线端子处需要重点检查，浮舱上下运行时检查其摆动角度，摆角不应过大，必要时要调整安装方向及加装套管防护，防止长期运行时损坏。静电导出线接线端子处应用防水胶布进行包裹防护，防止铜线氧化腐蚀造成断裂。

2. 施工工艺

（1）浮顶预制：整体更换浮顶应符合GB 50128《立式圆筒形钢制焊接油罐施工及验收规范》的规定。

局部修理浮顶要求如下：按照设计图纸的要求，认真确定更换部分的几何尺寸，然后进行板材的预制加工。船舱底板及顶板预制后，其平面度用1m长直线样板检查，间隙不应大于4mm。

（2）浮顶组装：浮顶整体组装应符合GB 50128《立式圆筒形钢制焊接油罐施工及验收规范》的有关规定。

浮顶局部整修要求：应确保修理部位与原浮顶的一致性。单盘整修应采取防变形技术措施，尽可能减少变形。

（3）浮顶焊接：局部更换浮顶板或补板，浮顶焊接应注意采用收缩变形最小的焊接工艺和焊接顺序。

3. 单盘板凹凸变形整治

油罐在长期运行过程中由于罐顶积水不均匀造成浮顶排水困难，危及油罐的正常运行；同时，大面积变形，单盘板下方有油气空间处腐蚀严重，单盘板上积油积水处腐蚀加快，缩短单盘的使用寿命。

图14.3－10　单盘焊缝切割刨开

（1）固定浮顶和搭设支撑架：用木块楔入浮顶与罐壁的间隙，且沿圆周均匀分布。在浮顶斜倾或偏移区域，要先找平、调平。在单盘下面搭设支撑架。用管子作支撑柱，上、下两端均点焊上垫板。柱子间隔2m，上部用扁铁牢固地连接在一起。支撑柱上端与浮舱和单盘间的连接角钢根部水平。

（2）用碳弧气刨刨开单盘板搭接焊缝（图14.3－10），气刨时一定不能伤害母材。

（3）布置倒链：为防止将单盘拉坏，倒链挂在卡具上，槽钢与单盘板断续焊倒链拉力方向与自由缝垂直。一个倒链旁站一个操作者，东西缝的倒链同时拉动，在自由缝旁标记钢板收缩量，到10~20mm时停止；同时拉动南北缝的倒链，也在自由缝旁标记钢板收缩的距离，到5~15mm时为止。观察单盘的凹凸情况，对凹陷部位下方增设支撑柱，凸起部位用大锤锤击，并拉紧相应部位的倒链。最后拉动东西缝、南北缝倒链，并记录钢板的收缩量。

（4）单盘的自由焊缝，先焊中心板四周的焊缝，然后由中心向两端焊东西向的短缝，最后由中心向两端焊南北向的焊缝和东西向余下的焊缝。注意要控制焊接变形。

（5）真空试漏：拆除支撑架及焊缝边上的卡具，对单盘所有焊缝进行真空试漏。

八、油罐防腐

油罐防腐目前主要采用喷金属、阴极保护、防腐涂料等技术，为了减少油罐腐蚀，涂料防腐和阴极保护搭配是目前油罐防腐最主要的手段之一。

1. 防腐的部位

（1）内防腐：底板的上表面，罐底以上1m范围的罐壁板内表面及此原油面以下的油罐附件及设施，固定顶油罐的罐顶内表面及其以下第一圈罐壁内表面和构件表面，浮顶单盘与浮舱连接处至少2m宽的环向下侧表面。

（2）外防腐：罐壁外表面及附件，罐顶上表面及附件，浮顶油罐顶部第一圈罐壁板的内表面；浮舱内表面。罐底以上300mm范围的罐壁外表面和罐底边缘板的外伸部分等。罐底边缘板的外伸部分应采取可靠的防水措施。

2. 防腐材料选用

油罐腐蚀维修时应根据油罐的材质、储存介质、温度、部位、外部环境等不同情况采取合理的涂层保护。

油罐罐底板一般选用环氧类耐油防水绝缘防腐涂料，外防腐一般选用环氧富锌底漆、环氧云铁中间漆、丙烯酸脂肪族聚氨酯面漆。

油罐底部：环氧类耐油防水绝缘防腐涂料，涂层干膜总厚度不得小于350μm。

浮顶底面：环氧类耐油导静电防腐涂料，涂层干膜总厚度不得小于300μm。

油罐内部加热器外表面：浸水级酚醛环氧涂料，涂层干膜总厚度不得小于250μm。

罐底外表面（和基础接触一面）：厚浆型环氧煤沥青防腐涂料，涂层干膜总厚度不得小于300μm。

被保温层覆盖的油罐罐体外表面：环氧富锌底漆＋环氧云铁中间漆，其中环氧富锌底漆涂层干膜厚度不得小于80μm，涂层总干膜厚度不得小于180μm。

无保温层的油罐罐体外表面：环氧富锌底漆＋环氧云铁中间漆＋丙烯酸脂肪族聚氨酯面漆，其中环氧富锌底漆涂层干膜厚度不得小于80μm，丙烯酸脂肪族聚氨酯面漆涂层干膜厚度不得小于80μm，涂层总干膜厚度不得小于260μm。

油罐浮舱内表面：水溶性无机富锌漆，涂层干膜厚度不得小于80μm。

表面处理等级不低于GB/T 8923.1—2011《涂覆涂料前钢材表面处理 表面清洁度的目视评定 第1部分：未涂覆过的钢材表面和全面清除原有涂层后的钢材表面的锈蚀等级和处理等级》规定的Sa2.5级，表面粗糙度约为40～50μm。选用的防腐材料产品性能见表14.3-2至表14.3-6。

表14.3-2 水溶性无机富锌漆的产品性能

序号	项目	指标	试验方法
1	在容器中状态	液料搅拌混合后无硬块呈均匀状态 锌粉应呈微小均匀粉末状态	HG/T 3668
2	不挥发物含量	≥70%	GB/T 1725
3	不挥发物中的金属锌含量	≥80%	HG/T 3668
4	干燥时间（常温）	表干≤1h 实干≤12h	GB/T 1728
5	附着力	≥3MPa	GB/T 5210
6	柔韧性	≤5mm	GB/T 1731
7	耐冲击性	≥50cm	GB/T 1732
8	耐盐雾性（720h）	不起泡、不生锈、不开裂、不脱落	GB/T 1771
9	耐湿热性（1000h）	一级	GB/T 1740

表14.3-3 环氧富锌底漆产品性能

序号	项目	指标	试验方法
1	在容器中状态	液料搅拌混合后无硬块呈均匀状态	HG/T 3668
2	不挥发物含量	≥80%	GB/T 1725
3	不挥发物中的金属锌含量	≥75%	HG/T 3668
4	施工性	对施涂无障碍	HG/T 3668
5	干燥时间（常温）	表干≤2h 实干≤6h（25℃）	GB/T 1728
6	外观	涂膜外观正常	HG/T 3668
7	附着力	≥6MPa	GB/T 5210
8	柔韧性	1mm	GB/T 1731
9	耐冲击性	≥50cm	GB/T 1732
10	耐盐雾性（800h）	划痕处单向扩蚀≤2mm，未划痕处无生锈、开裂、剥落等现象	GB/T 1771

表 14.3 – 4　环氧云铁中间漆的产品性能

序号	项目	指标	试验方法
1	不挥发物含量	≥85%	GB/T 1725
2	干燥时间（常温）	表干≤2h　实干≤6h　（25℃）	GB/T 1728
3	附着力	≥7MPa	GB/T 5210
4	柔韧性	1mm	GB/T 1731
5	弯曲试验	2mm	GB/T 6742
6	耐冲击性	≥50cm	GB/T 1732
7	耐盐雾性（800h）	划痕处单向扩蚀≤2mm，未划痕处无生锈、开裂、剥落等现象	GB/T 1771

表 14.3 – 5　丙烯酸脂肪族聚氨酯面漆的产品性能

序号	项目	指标	试验方法
1	细度（A，B组分混合后）/μm	≤55	GB/T 1724
	不挥发物含量	≥65%	GB/T 1725
2	干燥时间（常温）	表干≤2h　实干≤12h	GB/T 1728
3	柔韧性	1mm	GB/T 1731
4	耐冲击性	≥50cm	GB/T 1732
5	人工加速老化（1000h）	涂层无变色和粉化、无泡和裂纹。0级变色（DE≤1.5），1级失光（≤15%）	GB/T 1865

表 14.3 – 6　"环氧富锌底漆 + 环氧云铁中间漆 + 聚氨酯面漆"配套体系的产品性能

序号	项目	指标	试验方法
1	外观	涂膜外观正常，无气泡、缩孔等缺陷	目视
2	附着力	≥6MPa	
3	耐碱性（5% NaOH）（常温168h）	漆膜完好，无剥落、无起皱、无裂纹、无起泡、无生锈	GB 9274 甲法
4	耐酸性（5% H_2SO_4）（常温168h）		GB 9274 甲法
5	耐盐水（3%NaCl）（60℃168h）		GB 9274 甲法
6	耐盐雾性（1440h）	划痕处单向扩蚀≤2mm，未划痕处无生锈、开裂、剥落等现象	GB/T 1771

3. 喷砂除锈

根据表面处理等级要求选择合适的磨料，不得使用海砂。磨料应满足现行国家标准规范要求，并且不得含有腐蚀性成分和影响涂层附着力的污物，目前储罐的喷砂除锈，主要有干喷砂和水喷砂两种。

干喷砂：干喷砂是以压缩空气为动力，将磨料（石英砂或河沙）通过专用喷砂枪以一定的压力喷砂到工件表面，利用磨料的冲击力、切削力及摩擦力去除锈层和污渍。

水喷砂：水喷砂是以高压水为动力，利用高压水射流通过"专用水喷砂枪头"喷射时形成的负压吸入、混合磨料（石英砂或河沙），把水砂混合流高速喷射到工件表面，利用高压水冲击力和磨料的冲击力、切削力及摩擦力去除锈层和污渍。

油罐壁板腐蚀维修前应对罐壁板进行全面检查，重点要对罐壁板容易发生腐蚀、穿孔的部位以及相关的焊缝进行检查、检测。有外保温层的应在修理前对外保温层进行抽检，对罐外壁板进行测厚和外观检查，确定维修方案。罐外壁板防腐层局部维修时，应将旧防腐层清除干净，除锈级别应达到设计要求。局部旧防腐层难以除尽时可保留，应保证新旧防腐层的相容性，层间粘结性良好，不存在咬底、开裂、起皱等现象。破损处附近的防腐层应采用砂轮或砂布打毛后进行修补涂装，修补层和旧防腐层的搭接宽度不应小于50mm。防腐层的维修采用溶剂型涂料时，防腐层实干后应按照设计文件的规定对维修处进行防腐层厚度和漏点检查，应无漏点，厚度应符合设计要求。罐壁板出现穿孔的应结合其具体部位采取补板、局部换板或刮腻子防护等方式进行处理。

喷砂作业前应对修理罐阀门、搅拌器、电气仪表等设施进行防护，防止砂子进入到设备内部，造成设备损坏。表面喷砂处理用的磨料和压缩空气应清洁、干燥，不得含有水分和油污及其他污物，磨料应符合国家有关标准的规定，按要求的粗糙度选择磨料的品种规格，且要有合格证及检验报告。磨料选择3#～4#石英砂，空气压力控制为0.7～0.8MPa，以达到最佳的除锈效果，喷嘴与金属表面距离一般控制为300～500mm，喷射角宜为30°～75°。空压机选用6m³以上的，以保证压缩空气的供给量，施工过程严格执行除锈标准。

为保证除锈质量，石英砂应采用专用场地和防雨措施，必须保证石英砂含水率<1%，否则应将石英砂晾晒，待石英砂含水率<1%后再准许进行喷砂作业；喷砂过程应保证砂粒以高速喷射到须防腐部位上，利用磨料的棱角和冲击力彻底清除锈蚀和氧化皮。该方法效率高，除锈质量好，经喷砂除锈后的金属表面呈瓦灰色，有金属光泽，而且还具有一定的粗糙度，不宜超过40～50μm，从而增强涂料与钢材表面的粘结力，保证涂装质量，延长漆膜使用寿命。喷砂作业应坚持先易后难，由上而下，从左向右的原则，做到布局合理，分格适宜。除锈等级达到Sa2.5级，喷射处理后，应采用干燥、洁净、无油污的压缩空气将表面吹扫干净。经喷砂除锈后，采用清洁干燥无油无水的压缩空气对罐体金属表面进行清扫，除去浮灰和磨料残渣。涂装施工须在高于露点温度3℃以上，相对湿度在80%以下的条件下进行。雨、雪、雾气候环境中不能进行施工。

4. 防腐施工

掌握正确的刷涂方法不但可以节约涂料，更获得符合质量要求的涂层。根据工程施工环境、涂刷面积、质量要求特点，可采用人工滚涂、高压喷涂等方式，通常边角、缝隙或小面积修补可采用人工刷涂。人工涂装时要纵横交错，交替进行，避免漏点。要控制好力道，涂装厚度差异不要过大，以免出现过厚或者过薄的现象。为便于检查油漆涂层涂装时要划分区域，做好排版图标记，且第一区域四周预留50～80mm不涂刷，以备检查和下区域接口，并做好影像记录。

（1）人工刷涂注意事项：

①油漆涂装在表面预处理完成合格后，尽快进行涂装施工；

②涂刷时，蘸油漆不要过深，一般刷毛入油的深度不要超过其长度的一半。蘸油漆后应立即将刷头两面在钢结构各拍打一下，使油漆进入刷毛端部的内处；

③摊油漆时用力要适中，由摊油漆段的上半部向上走刷，耗用油刷背面的油漆，油刷走到头后再由上向下走刷，耗掉油刷正面的油漆，摊油时各刷之间要留有一定的间隙，一般为5~6cm；

④摊油后应一刷挨一刷地用油刷顶部轻轻地将油漆上下理顺，走刷要平稳，用力要均匀。水平面应顺光线照射的方向理油，为避免接痕，刷涂的各片段在相互连接时应经常移动位置，不要总在一个部位相接，涂刷应压半个滚筒；

⑤多层涂刷时，必须上层干燥后再涂刷下层油漆，层间应结合紧密、无分层现象；

⑥施工过程中设专人进行各道油漆涂层的补涂作业；

⑦人工涂刷时，力度要掌握适中，漆膜不能过厚或过薄，如遇局部表面粗糙，边缘弯角和突出部位时，先预涂一道再进行涂敷，对于环氧富锌涂料每次都要搅拌均匀；

（2）表面处理：

①所有被涂表面在涂漆前应进行清理和必要的表面处理；

②所有表面处理后的表面均应在4h内涂底漆，若来不及涂底漆或在涂漆前被雨淋，发现新锈，则在涂漆前应重新进行表面处理；

③处理被涂表面的方法按SH/T 3022—2011《石油化工设备和管道涂料防腐蚀设计规范》相关规定执行，除锈等级为Sa2.5；

④经过表面处理后钢材的表面粗糙度，不宜超过涂层厚度的1/3，一般宜控制在40~50μm；

⑤除锈前均应铲除钢材表面的厚锈层，清除可见的油脂和污垢，应清除钢材表面的浮灰及碎屑，并应采取措施防止重新锈蚀现象的发生；

⑥表面喷砂处理用的磨料和压缩空气应清洁、干燥，没有油脂和污染物，磨料不得使用硅石砂，喷砂除锈后要对表面进行清扫，除去浮灰和磨料残渣；

⑦罐体或浮舱如有焊疤或凹坑等要适当修补，再进行防腐；

⑧如果表面是用未批准的磨料喷砂的，必须用适当磨料重新喷砂；

⑨检查空气温度及湿度，空气相对湿度高于80%时应停止喷砂以保证喷砂作业过程中对湿度控制的要求；

⑩钢的表面温度低于空气露点3℃时，不能喷砂，喷涂及涂层固化前表面会变湿时，该表面不得进行喷砂；

⑪喷砂清理区要有足够的照明或良好光线，可使工人看清他们的工作，方便准确地检查喷砂面；

⑫钢结构缺陷：喷砂过程中发现的缺陷如果从结构上不能接受，应作适当的修补，如果对涂装工作有影响，应磨平或是按业主的指示修补。修补后的地方应重新喷砂；

⑬喷砂过程中，如果出现氧化皮、重皮等现象，一定要对其厚度进行测量，不能超出钢板厚度允许范围之内。

（3）涂层修补：

①对于检验过程中发现的剥落、漏点、厚度等缺陷，在防腐层固化前允许修补；

②对防腐层修补部位的表面处理如不具备喷砂条件，可使用动力工具除锈至St3级；

③修补时，应对防腐层边沿直角接茬处去除沙尘等杂物，用砂纸打毛，平滑过渡，涂敷方法按要求执行；

④修补处固化后，按要求进行检验，修补所使用的材料要与原涂敷材料相同；

⑤对于涂敷过程产生非原料质量、钢板表面处理、原料配比等本质原因产生的剥落，允许修补，将剥落部分的防腐层清除干净，钢板表面处理后，涂敷修补；

⑥发现漏点，将漏点部位的防腐层清除干净，钢板表面处理后，涂敷修补；

⑦将点状、零散分布厚度不足部位的防腐层表面清理干净，防腐层未固化前，涂敷修补，固化后，不得进行涂敷修补，须将不合格部分防腐层清除干净，钢板表面处理后，涂敷修补。

（4）涂敷：

①底漆。材料表面处理合格后，应尽快涂敷底漆，空气湿度小于60%时，等待时间不大于2h，空气湿度大于60%时，应立即涂敷底漆。底漆要求涂敷均匀，无漏涂、气泡、凝块等，干膜厚度满足规范要求；

②中间漆。底漆表干后，固化前涂敷第一道中间漆，每一道中间漆实干后，涂敷第二道中间漆，直至达到要求的厚度。中间漆要求涂敷均匀，无漏涂、气泡、凝块、聚流等；

③面漆。中间漆表干后，固化前涂敷第一道面漆，每一道面漆实干后，涂敷第二道面漆，直至达到要求的厚度。面漆要求涂敷均匀，无漏涂、气泡、凝块、聚流等。

（5）检验：

①外观检查。涂敷完成后，应对100%面积目视检查，涂敷表面应平整光滑，无漏涂、气泡、凝块、聚流等缺陷。

防腐层的表面干性检查：

a）表干：手指轻触防腐层表面不粘手或虽然发黏，但无漆粘在手指上；

b）实干：手指用力推防腐层，防腐层不移动；

c）固化：手指甲用力刻防腐层，防腐层不留痕迹。

②剥落。涂敷完成后，应对100%面积目视检查，检查防腐层是否有剥落。

③漏点。应采用电火花检漏仪对防腐层全面积进行漏点检查，无漏点为合格；检漏电压为2000V或根据防腐材料的性能设定，连续检查时，检漏电压至少4h校验一次；采用电火花检漏仪的探头应为刷状，探头与防腐层有实质性接触，速度不大于0.15m/s。

④厚度。防腐层实干后，用测厚仪随机检测防腐层的厚度；油罐防腐层干膜厚度的验收应符合90-10规则，即至少90%以上的检测点应达到规定膜厚，其余10%的检测点应达到规定膜厚的90%。划定一个100cm×100cm的正方形，将相邻两边平均划分5等分，共计25个交点，测量交点的厚度值，计算平均值，该值必须大于要求的最低厚度。

⑤粘结力。实干后，防腐层只能在刀尖的作用下局部被挑起，其他部位的防腐层与钢板不出现成片挑起；固化后，防腐层很难被挑起，挑起处的防腐层呈脆性点状断裂，不出现成片挑起；粘结力不合格的防腐，应重新涂敷。

（6）其他要求：

①表面处理合格后，应在4h内刷涂第一道底漆，如基体表面在4h内出现锈蚀现象，涂敷前应对锈蚀部位重新进行表面处理，在返锈之前必须涂上底漆；

②每道漆的涂敷间隔时间按防腐规范要求执行；

③施工过程中应在不同部位测定涂层的湿膜厚度，并及时对涂料黏度及涂敷工艺参数等进行调整，保证防腐层最终厚度达到设计要求；

④为了保证防腐工程的质量，施工队伍进行防腐，必须熟练掌握有关标准规范，熟悉防腐材料性能，具有必要的施工机具及质检手段，并有完整的质量保证体系；

⑤金属表面除锈质量的高低，直接影响防腐工程的寿命，必须严格按照设计文件要求的除锈等级进行除锈；

⑥防腐过程中各道工序（如除锈、底漆、中间漆、面漆）之间必须进行质量检查，前道工序经检查合格后方可进行下道工序的施工，最后一道工序完毕后进行彻查，发现有不合格的缺陷时，应修补合格；

⑦材料表面防腐完毕后，应进行膜厚测定，涂层膜厚应满足设计要求。涂料涂层干膜厚度和湿膜厚度测量，按 GB/T 13452.2《色漆和清漆漆膜厚度的测定》规定进行，涂料涂层厚度测量时，以 $10m^2$ 为一测量单元，每个测量单元至少应选取 3 处基准表面，每一基准表面测量 5 点，取其算术平均值；

⑧防腐涂层的表面色和标志色应符合 SH 3043—2003《石油化工企业设备与管道表面色及标志》；

⑨涂料涂层表面平整均匀，不允许有剥落、起泡、裂纹、流挂、气孔，允许有不影响防护性能的轻微橘皮、刷痕和少量杂质；

⑩整个涂装体系层间附着力按 GB/T 9286《色漆和清漆　漆膜的划格试验》规定做划格试验，附着力不低于一级；

⑪防腐结束后，养护周期应符合涂料说明书的规定；

⑫工序及时报验，资料与施工同步，每天都要填写自检记录并向监理报验；

⑬现场挂好温度计、湿度计，最好都配备风速仪，以便根据天气情况从而对施工进一步掌控，随时调整，不要浪费油漆；

⑭盘梯、转动浮梯的第一个及最后一个踏步均刷黄色油漆，其余刷白色油漆；

⑮支柱及套管防腐时编号要进行移植，以免安装队施工时不好辨别；

⑯现场使用仪器、设备等型号要与报验资料一致。

九、油罐充水试验

（1）油罐修理完毕后，应根据油罐修理的具体内容和实际情况合理选择充水。

（2）油罐充水试验检查内容如下：

①罐底严密性；

②罐壁强度及严密性；

③固定顶的强度、稳定性及严密性；

④浮顶升降试验及严密性；

⑤浮顶排水管的严密性；

⑥基础的沉降观测。

（3）充水试验，应符合下列规定。

①充水试验前，所有附件及其他与罐体焊接的构件应全部完工，并检验合格。

②充水试验前，所有涉及密封性的附件必须安装完成，如：自动取样器、罐根阀等。

③充水试验前，与罐体短接阀门连接的管线硬支撑应全部安装到位。

④充水试验前，所有与严密性试验有关的焊缝，均不得涂刷油漆。

⑤充水试验宜采用洁净淡水，试验水温不应低于5℃；特殊情况下，采用其他原油体作为充水试验介质，应经有关部门批准。

⑥充入试验中应进行基础沉降观测，在充水试验中，当沉降观测值，在圆周任何10m范围内不均匀沉降超过13mm或整体均匀沉降超过50mm时，应立即停止充水进行评估，在采取有效处理措施后方可继续进行试验。

⑦充水和放水过程中，应打开透光孔，且不得使基础浸水。罐底的严密性，应以罐底无渗漏为合格。若发现渗漏，应将水放净，对罐底进行试漏，找出渗漏部位，按规定补焊。

（4）罐壁的强度及严密性试验，充水到设计最高液位并保持至少48h后，罐壁无渗漏、无异常变形为合格。发现渗漏时应放水，使原油面比渗漏处低300mm左右，并应按规定进行焊接修补。

（5）固定顶的强度及严密性试验：罐内水位在最高设计液位下1m时进慢充水升压，当升至试验压力时，罐顶无异常变形，焊缝无渗漏为合格。试验后，应立即使油罐内部与大气相通，恢复到常压。引起温度剧烈变化的天气，不宜做固定顶的强度、严密性试验。

（6）稳定性试验时应注意以下两点：

①固定顶的稳定性试验应充水到设计最高液位用放水方法进行，试验时应缓慢降压，达到试验负压时，罐顶无异常变形为合格，试验后，应立即使油罐内部与大气相通，恢复到常压；

②浮顶升降试验，应升降平稳，导向机构、密封装置及自动通气阀支柱无卡涩现象，扶梯转动灵活，浮顶及其附件与罐体上的其他附件无干扰，浮顶与原油面接触部分无渗漏。

思考题

1. 油罐内防腐主要对哪些位置进行防腐？
2. 上水试验主要检查内容有哪些？
3. 机械清洗的优点有哪些？
4. 罐体焊缝主要进行哪些检测？
5. 全部更换浮顶板时，应重点注意什么？

第十五章 油罐故障及事故案例

第一节 油罐基础沉降风险

一、故障经过

某油库15#油罐于2010年6月投产运行，2012年12月23日，某油库维修班在对三期

图15.1-1 油罐沉降导致浮舱
卡阻罐壁剐蹭简图

罐区15#罐进行例行检查时发现该罐存在浮舱一次密封L形压板与罐壁剐蹭（见图15.1-1）及浮舱一次密封不严油面外露的现象。在发现该情况后，某油库立即组织人员对15#罐浮舱与罐壁间的环向间距、一次密封的运行情况等进行了检查；同时，委托检测单位对该罐基础承台沉降观测点标高、罐壁板的椭圆度、罐外壁的垂直度进行了检测。通过检测发现，油罐相邻点高差71mm，远远超过国家规范的25mm，确定油罐基础发生了不均匀沉降。

二、油罐沉降对罐体的影响

油罐沉降可分为基础圈梁沉降和罐底板沉降。基础圈梁沉降可分为整体均匀下沉和整体均匀倾斜与圈梁局部沉陷或不均匀沉降；底板沉降可分为整体均匀凹陷沉降和局部凹陷沉降。

（1）圈梁整体均匀下沉，是指油罐作为一刚性整体向地下平移了一段离。该种沉降不会引起罐体结构的内力变化，但这种沉降过大时，对进出油管线及其与罐体连接部位的可靠性会产生影响，且整体下沉会使罐体更接近场地地面或地下水位，故而这种沉降过大时对罐体防腐非常不利。

（2）圈梁的整体均匀倾斜，是指圈梁平面产生了整体均匀下沉后，绕壁底沉降量最小点的切线，刚性地向下转动了一个角度。这种沉降对罐体有以下四种影响：

①改变了罐体的空间中心轴对称受力状态，使罐体沉降较大侧液位升高从而增大了罐壁的环向应力。

②罐壁均匀倾斜沉降，会使罐壁水平横截面由圆形变为椭圆形。若倾斜过量，可能会使圆形筒壁半径改变，超过环向密封装置允许的伸缩量，从而引起浮顶卡阻或升降困难。

③过量倾斜，可能会使进出油管线及其与罐体连接部位的可靠性受到影响。过量倾斜对罐体防腐也是不利的。

（3）罐壁底端的局部沉陷或不均匀沉降，是指除上述平面沉降外，壁底平面上的某些点又产生的竖向沉降。它可能在壁底局部几处发生，也可能在壁底多处发生。这种沉降对罐体有以下三种影响：

①局部沉降或不均匀沉降，会使壁板与底板连接部位底角焊缝的高应力状态激化和复杂化；

②局部沉降或不均匀沉降，将导致罐壁圆柱度改变，过量时会产生浮顶卡阻或升降困难，使罐体受力复杂化，甚至发生破坏，基础沉降导致罐体变形及受力示意图见图15.1－2～图15.1－5；

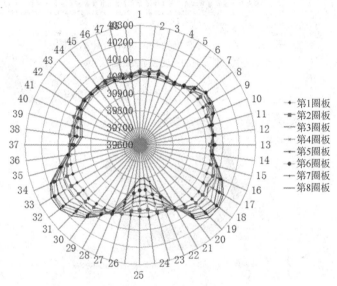

图15.1－2　基础沉降导致油罐罐壁变形示意图

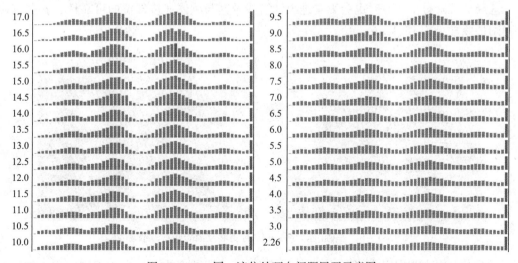

图15.1－3　同一液位处环向间距展开示意图
（其中竖直方向的长度表示间距的大小）

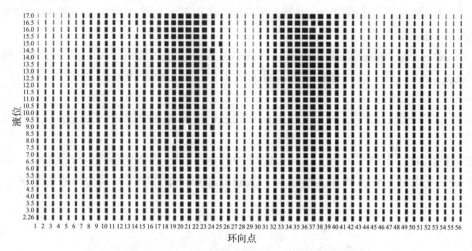

图 15.1-4　不同液位处环向间距展开示意图

(其中水平方向的长度表示间距的大小)

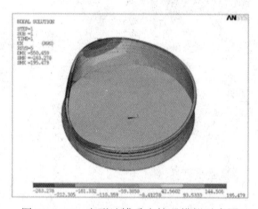

图 15.1-5　变形油罐受力情况模拟示意图

③局部沉降过量，有时也会影响进出油管线及其与罐体连接部位的可靠性，相关沉降影响附件照片见图 15.1-6。

图 15.1-6　基础沉降导致补偿器变形及消防管线软管断裂

（4）罐底板的整体均匀凹陷，是指由于地中应力分布的布辛涅斯克效应，产生的底板中心与边缘的差异沉降。由于在设计时对这种沉降已进行了充分考虑，且采取了处理措施

（如进行地基加固和通过增加基顶坡度来消除这种差异沉降等），故不常发生；若一旦发生，对罐体可能产生下述影响：

①罐底产生死油区，罐体有效容量减小；

②罐底沉淀的污水及污物难以排除，从而会加速罐底板的腐蚀进程；

③使罐底板及其焊缝产生附加应力，受力状态复杂化；

④罐底板的局部凹陷（或凸起），常因基础垫层铺筑不均匀或地基的局部沉陷引起，罐底板的局部凹陷（或凸起），使底板及其焊缝的受力状态复杂化，超量的局部凹陷（或凸起）可能引起底板破裂漏油。

三、防控措施

对油罐本体及油罐管线金属软管或大拉杆补偿器、基础沉降进行定期检测。

四、基础处理措施

（1）将基础整体或局部顶起（吊起），在基础上喷射或灌注施工法：用千斤顶或（吊车）将罐体的全部或局部顶起（吊起）再用浇筑或喷射沥青砂（干砂）将罐底下的凹陷充填好，达到设计要求。

（2）整体移位修复法：

①把罐整体移位到其他地方或吊起，高度一般不宜小于 1.5m，且有可靠的安全措施（如搭道木垛）；

②当用起重机将罐吊起来时，吊耳应经过计算，罐体加固起吊方式应不致使罐体产生整体或局部变形。

此法移位和复位都比较困难，施工费用高，工期也较长，应加强施工中的检测，严格控制和杜绝基础倾斜。

（3）调平法：把基础高处凿掉，使它与地处相平，此法费用低，但基础凿掉后往往难以保证使用要求。

（4）半圆周挖沟法：此法的要点是根据罐基下土质情况和罐体倾斜情况来决定挖沟的位置、长度和深度，再辅抽水进行倾斜校正。

（5）气垫法：将气垫船的气垫顶升原理应用于油罐，其特点是将类似气垫船围裙的构件套在油罐外壁下部，并往围裙内送压缩空气，油罐在气压作用下就升浮起来，不费多大力气就可将油罐浮升、移位。

第二节　油罐浮顶沉没事故

●案例 15.2-1

一、事故经过

1987 年 7 月 19 日晚 7 点华东某输油处首站对 7#$2 \times 10^4 m^3$ 浮顶油罐检尺时为 3.22m，

便开始收油，7月20日早8点，输油工发现仪表液位显示为9.29m，与早6点液位读数9.04m相比较，少了几百方（正常情况2h原油面上升1.06m左右），8点45分，当班输油工上罐检查，发现浮顶已不见了，沿着罐壁四周向下翻油，当即向班长汇报了情况，但未引起班长的注意，也未采取任何措施，直到9点45分上罐检查时，发现浮顶已经完全下沉。因未找到站长，10点30分向调度处汇报，11点该处生产科下令停止向罐内进油并向其他罐压油，这次浮舱下沉报废事故造成直接经济损失约两千万元，浮顶沉没事故见图15.2-1。

图15.2-1　浮顶沉没事故简

二、事故原因

一是7#罐浮舱的舱室因长期腐蚀而漏舱，该站设备管理不善，缺乏严格检查和维护保养，未能及时发现7#罐的漏舱故障，7月19日收油后，油罐南侧部分舱室进油，浮舱失去平衡而进油，在进油过程中发生浮舱卡阻，巨大的上升力使得浮舱变形以至损坏，最终导致已破损的浮舱下沉，浮舱渗漏图片见图15.2-2。

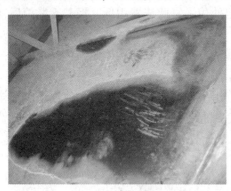

图15.2-2　浮舱渗漏照片

二是7#罐自7月19日19时收油开始至7月20日上午8时45分为止，近14h无人上罐检查及检尺。对这种长时间甚至8h整班不做巡回检查的违章违纪行为，输油班长没有及时纠正制止，反映了该站生产管理工作不严不细，有章不循情况严重。因此未能及时发现浮舱上浮受阻时的异常声响和震动情况，失去了防止事故恶化的机会。

三、处理措施

浮舱渗漏用金属修补胶进行修补，浮顶板出现腐蚀穿孔的可采用胶黏剂进行修复。胶黏剂可选常用的 AB 胶或采用金属修补胶（相关修补胶生产单位见表 15.2－1）。金属修补胶对焊缝渗油等修复效果较好。浮顶板穿孔处可钉入木楔，并将木楔修复平整后再用胶泥进行粘接防护。双盘浮顶罐浮顶穿孔的，可裁剪略大于孔洞尺寸的铝板并利用硅酮密封胶或 AB 胶等进行粘接防护。浮舱积水处应是重点的腐蚀防护区域，可进行加强级防腐。日常运行过程中积水区域的浮舱、自动通气阀等设施也要重点检查，防止腐蚀穿孔造成浮舱积水等后果。

表 15.2－1　堵漏密封材料研究生产单位

品名	生产单位
金属修补胶	北京贝尔佐纳技术服务中心
天山工业修补胶	北京天山新材料公司
乐泰厌氧胶	乐泰中国
堵漏强磁力胶棒	上海昔友
冷焊胶棒	上海尧光

案例 15.2-2

一、事故概况及经过

2005 年 4 月 30 日下午 16 点时，某单位汽油罐区 2#外浮顶罐罐顶可燃气报警仪发生报警，当时 2#罐正在收油，液位高 9.6m，报警后班长立即赶到现场，发现 2#罐周围油气味较大，同时，油罐中央排水管有少量汽油流出来，他马上爬上罐顶，发现 2#罐顶浮顶向北侧倾斜，浮盘上集有少量汽油。马上报告总调度，要求将罐内和浮盘内油品全部安全倒出，浮顶沉没事故照片见图 15.2－3。

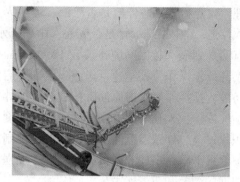

图 15.2－3　浮顶沉没事故

二、事故原因及失效机理分析

（1）外浮顶罐 2#在收油的过程中，浮盘浮舱底板发生腐蚀穿孔漏油，由于浮舱进油导致浮盘失稳，发生倾斜卡住导向柱，导致浮盘沉没。

（2）该罐距上一次大修不到两年，就发生浮舱钢板腐蚀穿孔，说明当时的检测检修防腐就存在问题，有关人员没有把好检修质量关。罐顶凹凸不平积水腐蚀；浮舱内部空间太小，难以防腐，平时检查较困难；导向管的检修、检测规程不明确；操作人员未能及时发现设备缺陷，管理人员也未能及时诊断和发现隐患。

（3）该罐长期储存焦化汽油，对油罐的腐蚀明显比其他汽油要严重。

三、事故原因分类

属维护保养问题。

四、事故教训

（1）对高含硫原油对油罐的腐蚀认识不到位。
（2）检修方案不完善，检修质量把关不严。

五、防范措施

（1）加强巡回检查，力争事故苗头早发现早处理。
（2）举一反三，对所有的外浮顶油罐浮舱及浮舱全部进行认真检查。
（3）重视对炼高含硫原油后油品对油罐的腐蚀，认真抓好油罐的防腐工作，严把防腐质量关。
（4）完善规章制度，进一步明确管理职责，强化各项设备管理制度的执行。
（5）加强业务培训工作，提高管理人员的技术和管理素质。

综上，除浮舱渗漏等因素影响浮顶沉没外，还存在罐壁变形、浮梯卡阻、浮顶中央排水管损坏堵塞、工艺流程操作不当、罐壁结凝油过厚、浮顶积水、导向管或量油管倾斜、罐内油泥过厚、立柱销轴安装不当等因素也有可能引起浮顶卡阻沉没，因此也应得到管理者应有的关注。为预防外浮顶油罐沉盘的措施：运行油罐定期做好油罐本体及附件的维护保养，加强对浮梯滚轮、量油管和导向管限位滚轮、紧急排水装置等附件的维护保养；加强油罐日常巡检管理，提高巡检的质量和发现问题的能力，使隐患能得到及时发现和处理。重点检查油罐浮舱是否渗漏，浮舱人孔顶盖是否盖好（防止因舱盖原因而导致雨水进入浮舱），中央排水管是否畅通，中央排水阀门是否处于开启状态，量油管和导向管是否有明显划痕（接触间隙建议在 12~20mm），浮梯滚轮与轨道是否存在卡阻等；严格按照工艺要求操作，杜绝违章作业；定期开启搅拌器外输原油前 7 天开启旋转喷射搅拌器或侧向深入搅拌器对罐内原油沉积物进行搅拌，尽量减少罐内沉积物的堆积，同时，每月通过立柱或浮顶人孔等部分测量罐内油泥高度，及时调整浮顶安全运行液位，避免浮顶由于沉积物过高，导致浮盘倾斜沉没；严格控制进出油速度，避免原油作业对浮顶的冲击导致浮顶漂移卡阻；定期开展员工的培训，加强对设备操作人员技术水平的培训，增强其对事故初期的判断和应变能力。

大修或新建油罐加大工程质量的检查力度，严把检修质量关。量油管和导向管的垂直度允许偏差（≤10mm）、浮梯中心线与轨道中心线水平投影偏差（≤10mm）、浮舱检测、罐壁的垂直度和椭圆度、浮舱外边缘板垂直度、罐基础不均匀沉降等施工质量应达到设计和生产要求。提高导向管和量油罐的刚度，加大导向管或量油管的规格和尺寸，加大其惯性矩，增加其抗弯截面系数，防止其失稳。

目前，国内双盘外浮顶油罐中间浮舱的设计因 GB 50341—2014《立式圆筒形钢制焊接油罐设计规范》对其密封性没有具体规定，所以大部分隔舱都为非封闭式隔舱，为了在事故条件下，减少雨水或原油注入舱的数量，因此建议将所有浮舱进行密封焊接，防止油品穿入其他浮舱，造成沉船事故；安装浮顶倾斜报警系统及罐顶摄像头，及时监视浮顶情况，一旦发现问题可以及时处理。

第三节　油罐着火事故预防

●案例 15.3-1

一、事故经过

2011 年 11 月 22 日 18 时 30 分，大连新港两个 $10 \times 10^4 m^3$ 油罐发生火情，事故地点与 2010 年 7 月 16 日大连新港火灾罐体（103 号罐）属同一区域，起火点是位于大连港油品码头海滨北罐区的 T031～T032 号油罐。除此之外，2006 年 8 月 7 日某输油站 16#$15 \times 10^4 m^3$ 外浮顶金属原油罐遭受雷击着火，着火部位为油罐边缘密封圈处不同部位共 5 个着火点；2007 年 7 月 7 日某油库 3#$10 \times 10^4 m^3$ 外浮顶油罐遭雷击，造成边缘密封圈三分之一损坏并着火，现场图片见图 15.3 - 1 及图 15.3 - 2。

图 15.3 - 1　2011 年 11 月 22 日晚，大连新港的 $15 \times 10^4 m^3$ 油罐大火

图 15.3 - 2　2007 年 3 月某油库 $10 \times 10^4 m^3$ 原油油罐遭雷击起火

二、事故原因

事故认定 T031 号油罐遭受直击雷、T032 遭受感应雷后，油罐浮顶的一次密封钢板与罐壁之间、二次密封导静电片与罐壁之间的放电火花引起两个油罐的一次、二次密封空间内的爆炸性混合气体并起火。

三、整治措施

1. 采用软密封结构

机械密封难以从根本上解决浮盘与罐壁间形成的油气空间，因此油气形成的危险远远大于软密封结构。

2. 采取主动防御措施

采用安全的工艺及检测进行全天候实时监测，并将检测数据传输给控制中心，完成声光报警功能。在检测油气含量的基础上，也可在一二次密封间安装一套惰性气体灭火释放装置，当可燃气体达到爆炸临界点时自动向一二次密封间释放惰性气体，抑制并冲淡可燃气体，火灾时又能起到灭火药剂的作用。

• 案例 15.3-2

一、事故经过

2018 年 3 月，上海赛科发现苯罐 75 - TK - 0201（内浮顶罐，容积 10000m³，采用铝合金浮箱式内浮顶，浮箱规格：3800mm × 520mm × 80mm，浮箱数量 359 只）呼吸阀有微量泄漏，经检查决定对该罐进行检修。

图 15.3 - 3　罐顶破坏

4 月 19 日进行油罐倒空、加盲板隔离并进行置换。5 月 2 日开人孔，检查发现部分浮箱内存有苯物料。5 月 7 日至 9 日对部分浮箱内残余的苯进行了回收。

5 月 10 日，承包商——上海埃金科工程建设服务有限公司开始进罐拆除内浮顶。5 月 12 日下午 8 名作业人员继续作业。其中 6 人在罐内、1 人在罐外进行浮箱的拆卸和转运作业，1 人在罐外监护。1 名赛科公司人员同时在罐外监护。15 时 25 分罐内发生爆炸并起火，15 时 50 分明火扑灭。事故造成罐内 6 名作业人员死亡。现场储罐损坏照片见图 15.3 - 3。

二、事故原因

初步分析，作业过程中浮箱内残余苯流出、挥发形成爆炸性混合气体；施工人员违规使用非防爆电动工具、铁质撬棍，作业过程中产生的火花引爆了可燃气体。

1. 直接原因

打孔后的浮箱内残存苯原油流出，在罐内挥发形成爆炸性混合气体，在拆除内浮顶油罐浮箱过程中，遇点火源发生爆炸燃烧。

可燃物分析：经初步调查、了解情况与分析测试，结合视频记录与现场状况，综合判断可燃物为苯，来源为浮箱内的苯原油。

可能点火源：

（1）使用非防爆动力锂电钻时产生的火花；

（2）使用铁质工具时产生的火花；

（3）浮盘上的钢制螺栓在拆除或搬运过程中可能与罐体摩擦产生的火花。

经过分析，认为使用非防爆动力锂电钻时产生的火花是最大可能性的点火源。

2. 间接原因

（1）违章作业。承包商擅自使用非防爆动力锂电钻和铁质撬棍拆除浮盘。

（2）施工方案存在漏洞。在确认浮盘已无修复价值后，决定整体更换浮盘。施工内容发生重大变化，施工方案没有进行相应的调整。

（3）施工人员佩戴空气呼吸器，没有佩戴便携式可燃气体检测仪，不能及时掌握作业环境中可燃气体浓度变化情况。

（4）施工方案审查不严，没有发现承包商施工方案中无浮盘拆除内容的问题，导致风险识别不充分，未识别出浮盘拆除时存在苯原油挥发导致燃爆的风险。

（5）施工现场监护不到位。一是承包商现场监护人变动随意，由其他项目临时抽调；二是未及时发现并制止非防爆工具的使用，在发现浮箱有苯原油后，未告知爆燃风险，也未将异常情况上报并采取安全措施。

（6）施工环境可燃气体浓度检测不规范不科学。取样点不具代表性，仅在一个人孔附近进行可燃气体浓度检测。

三、事故暴露出的突出问题

这是一起严重违反有关作业规程、制度，野蛮违规作业导致的恶性事故。一是安全风险意识缺失，大量苯漏出后仍在罐内盲目作业；二是在防爆区域内违规使用非防爆工具；三是承包商安全管理存在严重漏洞，作业方案审核把关不严；四是现场安全监督流于形式；五是非常规作业排查存在不足，内浮顶罐拆卸浮盘高风险作业没有纳入非常规作业管理。

第四节　油罐溢油事故

一、事故经过

2005 年 12 月 11 日凌晨，伦敦北部 Luton 机场附近的邦斯菲尔德油库，发生火灾，共燃烧损坏了 20 多座油罐，现场图片见图 15.4－1。

图15.4-1 油库爆炸前后

二、原因分析

汽油从油槽溢出，与空气混合形成巨大可燃性蒸气云遇到火源，发生爆炸。当晚，工人开启了阀门由输油管向其中的一个油罐供油。然而，那天晚上，那个油罐的正常原油面高度、高原油面高度和超高原油面高度的三个原油面传感器全部卡住失效，就连在罐顶独立于电脑控制的防溢出开关也失效（连续四道防线全部失效），以至于电脑不知道油罐已满，还在源源不断地往油罐里输送汽油。控制室的人员也没有观察出异常。终于，汽油从油罐溢出，顺着油罐流到旁边防溢堤里。后来防溢堤都被灌满，油从防溢堤里又溢了出来。这都是高度挥发性的汽油，在凌晨6点的时候，汽油蒸气已经弥漫了附近整个油罐厂区，现场图片见图15.4-2。

图15.4-2 油气扩散及着火

事故直接原因：罐液位计故障卡住，导致操作工无法判断是否继续进原油；从液位计卡住，液位没有变化开始，到事故发生，中间有 3h 的时间，操作工没有和上游装置电话沟通；液位计故障导致高液位报警失效，傻等的操作工失去了系统提醒的机会；高液位开关联锁失效，导致溢流；罐区没有安装可燃气体报警器，导致溢流后，没有报警；罐区没有安装录像设备，导致溢流后，操作工没法及时发现。

三、经验教训

邦斯菲尔德油库事故主要是油罐本体结构问题，导致泄漏出的油品滴到加强圈上，形成巨大的油气混合物，同时，发生事故后防火堤和管线穿防火堤处密封不严，导致油品泄漏到防火堤外，最主要还是仪表系统故障。由于该油库高液位报警和计量系统连接在一起，当计量系统故障液位不动时，高液位报警在油品超限后也不会进行启动，这就导致了油罐原油冒顶事故的发生。

第十六章 地下水封洞库

第一节 地下水封石洞储油原理

地下水封石洞储油技术是指利用在稳定地下水位以下的岩体中人工挖掘形成的具有一定形状和容积的洞室（组）来储存石油及其产品的技术。地下水封石油洞库的基本原理是利用地下水压力，形成地下水封，在岩洞内储存油品。在地下岩层中，地面水通过岩体中的裂隙渗透到地下，形成地下水，赋存于岩体裂隙中的地下水具有一定的压力，当裂隙水的渗透压力大于储存介质压力时，所储介质不会从裂隙中渗出，因此在稳定的地下水位以下开挖岩洞，利用岩洞周围的岩体和储存于其中的裂隙水，组成密闭的地下空间，用来储存原油、成品油等。地下水封岩洞储油原理见图16.1-1。

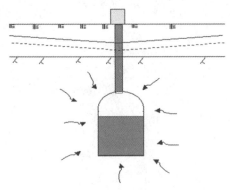

图16.1-1 地下水封岩洞储油原理

第二节 地下水封石洞油库选址要求

（1）选址需要考虑库址区域的稳定性，包括断裂活动、地震及地应力分量之间的活动特性，应选择地应力变化不大或地应力量值低的地段。岩石的完整性，就是尽量岩石质地坚硬，矿物粒度较均匀，抗风化能力强，整体透水性低（有利岩体稳定和施工安全，并降低运营期间的水处理费用）。

（2）水封条件的保证，地下水封洞库特征就是利用地下洞室周围形成的水压大于油压，使油品不能从裂隙中漏走，水封系统受到地下水的影响较大，一旦地下水位不稳定或深度不足，地下水压都会发生变化，容易引起油品泄漏，因此准确确定最低地下水位，合理设置埋深，对保证洞库稳定、密封性以及降低施工造价都有重要的意义。

第三节　地下水封石洞油库的优缺点

一、地下水封石洞油库的优点

与地上油库相比，地下水封石洞油库具有以下优点。

1. 安全

地下水封石洞油库一般位于地面数十米以下岩体中。通常情况下，完全处于封闭隔绝状态，不必担心火灾和原油外流，不受台风、雷电、暴雨、滑坡、地震等自然灾害的影响，完全可以避免平时或战争期间的人为破坏，和地上油库比较，具有明显的安全可靠性，更具有高度的战略性。

2. 环保效果好

由于地下水封石洞储油库位于地下，不会损害地面自然状态，同时地下储油洞罐不需要维修，储存处地温基本恒定，油品小呼吸蒸发损耗可忽略，只有渗透到洞罐内少量地下水需要排出处理。而受大气环境温度影响，地上油罐存在蒸发损耗、污染环境的缺点，此外，地上油罐需要定期进行清罐大修，因此不可避免地会产生油气挥发污染及大量的废水、废渣。

3. 经济

（1）投资少：根据国外建设地下水封石洞储油库的经验及前面对建设此类石油储备库的投资估算结果可知，只要地下石洞油库建设达到一定的规模（一般为 $100 \times 10^4 \mathrm{m}^3$），其建设投资比建设同等规模地上储油库要少。在我国目前形势下，根据调查，开挖出的岩石都可以利用，可用于填海或用于建筑材料。

（2）维修费用低：储油洞罐本身是岩石洞，建成之后不需要维护，日常仅需要对一般地面设施和竖井内的设备及仪表进行维护、维修即可，因此日常维护费用少。而地上油罐至少每 10 年要进行 1 次大修，正常维修费用较高。

（3）寿命长：国外的地下储油库设计寿命一般为 40 ~ 50 年，明显长于地上油设计寿命。

二、地上水封石洞油库的缺点

与地上油库相比，地下水封石洞油库主在存在以下缺点：

（1）库址的选择受水文及地质情况限制大；

（2）不能自留发油；

（3）对设备的可靠性要求高（潜原油泵长期浸泡），污水处理量大（地下库每天都会产生含油裂隙水）。

第四节　结构和附件

洞库由地下工程和地上工程两个部分组成。

一、地下工程

地下工程为地下洞库主体工程，主要由储油洞罐（一组洞罐由 2~3 条主洞室组成）、进、出油竖井，水幕系统，施工巷道，通风巷道和通风竖井以及密封塞组成，地下洞库平面及剖面示意图见图 16.4 - 1 及图 16.4 - 2。

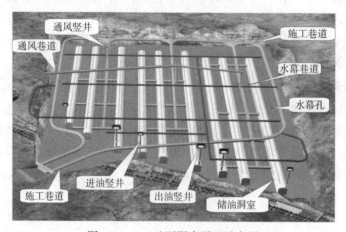

图 16.4 - 1　地下洞库平面示意图

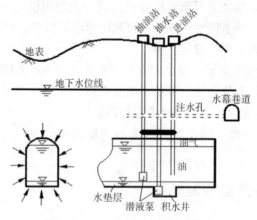

图 16.4 - 2　地下洞库剖面示意图

1. 施工巷道

施工巷道主要作用是满足洞库施工期间设备通行、出渣、通风、给排水、供电、人员通行的需要，从地面通往洞室的通道。施工结束后施工巷道将采用砼密封塞进行封堵，施工巷道简图见图 16.4 - 3。

2. 储油洞罐

储油洞罐由 2 个或以上洞室通过连接巷道相连而成，功能相当于地上库一个油罐，储油主洞室简图见图 16.4 - 4。

图 16.4 - 3　施工巷道　　　　　　　　　图 16.4 - 4　储油主洞室

3. 进出油竖井

由地面或操作巷道至洞室用于布置进出油设施的竖向通道，工艺竖井在洞室内出口处简图见 16.4 - 5。

4. 水幕系统

水幕系统是用于保持洞库水封条件的人工补水系统，主要由水幕巷道和水幕孔组成。水幕孔间距根据水力学试验结果而定一般控制在 5 ~ 10m 左右，长度控制不超过 100m 为宜。运营期水幕系统充水压力根据设计要求结合气密试验结果确定，水幕孔图简图见图 16.4 - 6。

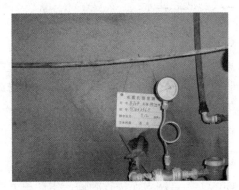

图 16.4 - 5　工艺竖井在洞室内出口处实景　　　图 16.4 - 6　水幕孔

5. 密封塞

密封塞是设置于施工巷道和竖井内，用于封堵洞库的钢筋混凝土结构。

（1）竖井密封塞：竖井密封塞距主洞室顶面 4 ~ 10m，厚度 3 ~ 5m，是整个地下工程最为关键的结构构件，也是受力最为复杂的部分。密封塞及其围岩所形成的结构体系不但要承受密封塞本身所产生的重力作用，还要承受竖井内工艺管线压力、密封膨润土压力、水压力等荷载，因此竖井开挖至密封塞部位时，无论围岩状况好坏都严格进行预注浆加固，密封塞混凝土浇筑完毕后要进行接触注浆加固。

（2）施工巷道密封塞：施工巷道密封塞体积大，属于大体积混凝土构件，在施工浇注期间会产生大量的水化热，使密封塞内外产生较大的温度差，以至于产生较大的温度应力，造成塞体表面产生裂缝。同时，运营期施工巷道有可能充满水，这样会在密封塞施工巷道一侧产生较大的水压力，这样密封塞及其周围的围岩要满足强度、抗裂、稳定性要求。在密封塞内部需布置足够数量的冷却热管，并在施工养护的同时往冷却水管内注入循环水，以达到散出水化热目的。在密封塞所处的围岩进行预注浆加固，以提高围岩的强度和抗渗性能。对密封塞与围岩结合部、人孔与密封塞结合部等容易出现裂缝的部分进行接触注浆加固，同时在密封塞表面配置钢筋网，增强密封塞混凝土体的抗裂性能。

（3）地下工程水文地质、工程地质指标：

①洞罐渗水量：渗水量不能过大，过大导致污水处理系统负荷太大，其主要是施工期对渗水量大的部位采用注浆及后注浆进行封堵控制；

②水封可靠性：工程建设期靠气密性试验评价，运营期通过对水文检测孔水样水质检测、洞罐压力观测用以确定地下洞库的水封可靠性；

③围岩稳定性：通过洞罐区位移计监测数据分析位移变化速率，进而评价地下洞库围岩稳定情况。

6. 大型潜没油泵

安装在地下水封洞库洞室底部泵坑内的潜没油泵，是保证地下洞库长周期、高效率、安全可靠运行的关键设备，主要功用是抽取储存于地下原油储备库内的原油。在第一次注油之前，也用于抽取洞库内的积水。

二、地上工程

（一）地上工程组成

地上工程为原油洞罐的配套工程，有工艺热力管网、供电、自控、给排水、消防、油气回收、污水处理、制氮等单元，还有与市政工程相连的外供电线路、给排水管线、消防道路等工程。

（二）主要生产单元

1. 库区工艺官网

库区工艺官网为连接各洞罐、生产单元的工艺管道，一般有进出油管道、氮气置换管道、油气汇集管道、裂隙水排出管道、污水进出管道、油气和原油的紧急泄压管道等。

2. 制氮装置

由于地下洞库大多用于储备性质储油，周转率低，需要氮气量不是很大，又因分子筛变压吸附制氮装置特性（维护方便、适应性较强、适于中小用户等特点），故一般采用变压吸附制氮装置。

原理：利用吸附剂对吸附介质在不同压力下有不同的吸附容量，并且在一定压力下对被分离的气体混合物各组分又有选择吸附的特性。在吸附剂选择吸附的条件下，加压吸附除去原料中的杂质组分，减压脱除这些杂质而使吸附剂获得再生。工艺主要为空气压缩和净化、变压吸附氮气制取、氮气储存及供气，制氮装置示意图见图16.4-7。

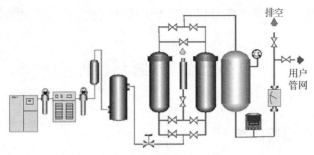

图16.4-7　制氮装置示意图

变压吸附制氮装置主要由离心空压机、冷冻干燥剂和PSA制氮机组成，空气经离心空压机压缩后进入冷冻干燥剂进行降温、干燥（降低露点，保护制氮机吸附剂）处理后，进入制氮机通过变压吸附再生工艺制取氮气。

3. 吸附式油气回收处理装置

油气回收工艺主要为活性炭吸附油气、真空解析油气、原油吸收三个部分。

吸附式油气回收装置主要设备有脱硫塔、吸附罐、真空泵、吸收塔。

原油油气经脱硫塔脱除硫化物以后，进入活性炭吸附罐，油气中的烃类被活性炭吸附，合格气体从排气口排出。吸附罐内活性炭吸附剂经过真空泵真空脱除烃类进行再生，脱除的烃类气体经吸收塔与吸收原油（原油）进行传质交换吸收，再回到洞罐内，油气回收装置简图见图16.4-8。

图16.4-8　油气回收装置

4. 污水处理系统

源源不断的裂隙水往地下洞罐内渗，所以要将洞罐内积累的含油裂隙水抽出洞罐，处理后外排。污水处理的工艺为沉淀、隔油、气浮等物理处理方法。主要设施是隔油池、气浮池、沉淀池及其附属设备等。

5. 安全仪表系统

为保证库区人员和生产设施的安全，减少环境污染，设置安全仪表系统（SIS），实现安全联锁保护和紧急停车。SIS与SCADA进行通信连接，相应的报警显示和操作通过设置在中心控制室的SCADA的操作站和辅助操作台上的开关和按钮来完成。

生产运行中，洞罐液位、界面高高、低低联锁；潜油泵、潜水泵停泵保护；输油管线两端电原油阀的紧急切断；可燃气体检测报警器高高联锁；消防部分的检测、控制和联锁等功能由SIS系统实现。

6. 监控量测系统

为监控洞库水封及围岩稳定情况，洞库工程一般会在洞罐边界附近设置水位、水质监测孔，在洞罐不良地质体及典型断面设置多点位移计或在库区安装微振仪。

第五节　运行管理

一、主要生产运行工艺

1. 进油前氮气置换

洞罐进油前需要对洞罐空间进行氮气置换，使洞罐内氧含量低于8%，以消除洞罐内的爆炸气体。

2. 洞罐进油

洞罐进油过程中，随着气相空间的压缩，开启油气回收装置（或进入火炬进行燃烧），回收油气，降低洞罐内压力。

3. 洞罐进油

洞罐发油时，洞罐气相压力会降低，开启制氮装置往洞罐内充入氮气。

4. 裂隙水处理外排

洞罐内含油裂隙水经过潜没油泵提升至污水处理系统，经处理（主要是物理处理，因为含油裂隙水主要是无机物）合格后外排。

二、运行管理

1. 洞罐渗水量

通过污水体积计量了解渗水量的情况。

2. 水封可靠性

运营期主要通过对库区周边水位孔的水位监测数据及水质孔水样化验结果来衡量洞罐水封性。水质检测结果应满足相关环境影响文件或相关环保法规。

洞罐内气相压力观测也可用以日常观测地下洞库的水封可靠性。

3. 围岩稳定性

通过洞罐区围岩监控系统位移计监测数据分析位移变化速率，进而评价地下洞库围岩稳定情况。

4. 污水处理系统的运行

含油裂隙水的处理主要为物理处理，其最主要的部分为气浮处理。气浮的原理是采用一定的方法或措施使水中产生大量的微气泡，以形成水、气及被去除固相物质的三相混合体，在界面张力、气泡上升浮力和静水压力差等多种力的共同作用下，促进微气泡黏附在被去除的微小颗粒上后，因黏合其密度小于水而浮到水面上，从而使水中细小颗粒被去除分离。

目前气浮主要的方式有涡凹气浮、压力溶气气浮、溶气泵（多相流泵）气浮。因为溶气泵气浮产生气泡细小、均匀，并且运行稳定，逐步受到用户的喜爱。

地下洞库因为裂隙水在泵坑有一个沉淀过程，故裂隙水中石油类污染物的含量很低（小于 10mg/L），故污水处理的负荷与难度并不大。

5. 注意事项

（1）因为洞罐内有裂隙水不断渗入，当有原油收发作业时，有可能会往原油管道内带入少量水，冬季库区管道及阀门要特别注意落实冬防保温工作。

（2）变压吸附制氮装置运行因为需要冷却水循环系统、仪表风系统，故确保辅助系统运行稳定是制氮装置运行稳定的基础。

（3）由于地下洞库一般用于储备性质，故周转率较低，日常运行过程中应做好设备定期试运工作。

（4）洞罐内一般无搅拌设施，应储存低黏度轻质原油。相邻两个洞罐储油应满足液位差不大于 8m 的要求。

（5）洞罐一般会设置压力紧急排放管道，仅用于消除事故状态下洞罐气相压力超高的风险。

思考题

1. 泵坑四周设置围堰的作用是什么？
2. 地下洞库水幕系统是什么？有什么作用？
3. 大型潜没油泵的循环油单元的意义是什么？
4. 吸附式油气回收装置，吸收塔控制吸收原油流量与压力的意义是什么？
5. 地下水封洞库的作用是什么？